本项目获得中央高校基本科研业务费资助
(项目编号:2014B21414)

Social Mechanism of Industrial
Pollution in
China Rural

乡村工业污染的
社会机制研究

顾金土 著

社会科学文献出版社
SOCIAL SCIENCES ACADEMIC PRESS (CHINA)

前　言

对中国来说，这是一个前无古人的新时代。她的人口、财富为整个世界瞩目，但其所消耗的水、电、石油、煤炭、天然气也数量巨大。重工业和以出口为导向的工业化道路也是一条"高投入、高消耗、高排放、低效率、低质量、低效益"的粗放型增长道路，导致过度的资源消耗、生态破坏和严重的环境污染。这个时代幸福和危机并存，英勇与罪恶并存。从环境史的角度，我们测定了地球的边界和环境容量的极限，改变了气候，也接受了相应的惩罚。可是，这种惩罚并不公平，总是强者负担更少，弱者负担更多。这一点特别体现在乡村工业污染纠纷之中。

在乡村工业污染纠纷的研究中，环境社会学者不得不面对的一个问题就是扮演何种角色。污染受害者对于环境社会学者有期待，希望能代为表达诉求、传递声音、传授知识，更希望能够解决污染纠纷，改善周边环境，获得损害补偿。环境社会学者作为关心环境纠纷的专业人士，如何面对污染受害者的殷切期望？如何体现自身的职业价值？环境污染纠纷已经现实地摆在我们面前，它不仅是一个认知问题，还是一个实践问题。正如自然科学和工程科学一样，前者着重于认识自然、认识世界，后者在于改造自然、改造世界。如果效仿一下，社会科学也可以划分为基础社会科学和应用社会科学，社会学也可以划分为基础社会学和应用社会学。对于环境社会学来说，一种方法是自我认定为应用社会学；一种方法是将之两分，即基础环境社会学和应用环境社会学。显然，对于环境污染纠纷研究来说，其最大价值在于对现实环境纠纷产生实在的影响，改变社会实践的运行轨迹，让污染受害者获得因环境权利不公平而受损失的补偿。虽然其中也存在科学认知的内容，但是解决方案比认识现象对污染受害者更有价值。而且，理论的解释和应用方案如果没有得到实践的检验，其科学性也无法体现。华勒斯坦一直呼吁创建一门开放的社会科学，通过来自一切不同的地区、持有一切不同观点的学者真正意义上的集体讨论，寻找解决问题的办法①。环境污染纠纷给了我们试验的机会，问题是如何进行呢？

一个方法论的挑战是传统社会学研究强调价值中立，提防研究者与研究对象的情感联系、共鸣而产生对资料收集、事实解释、结论推断上的偏差。既不怂恿去参与打架，也不支持去拉架，坚持"作壁上观"，这与希望对环境治理有所作为的环境学者的角色相违背。环境社会学者面临的挑战，不是要不要参与污染纠纷，而是以什么身份参与其中。我们认为，参与应坚持如下原则。第一，坚持公允执中的基本原则，即与污染受害者之间保持既不失去同感也不加以偏袒的距离。第二，坚持污染受害者自决原则，肯定其合理诉求，鼓励其寻找合理手段，不煽风点火，挑拨是非。第三，坚持公民身份的基本原则，尽公民责任，联络污染受害者、加害者、地方政府、技术专家等，搭建沟通平台。第四，坚持弱者优先的道德原则。同情弱者是自然也是宝贵的美德，将之表现在实践中，才能完成道德主张的完整循环。面对复杂的现代知识体系、抽象的法律语言，农民仅靠自身的直觉和感官难以准确、客观地获取污染证据，有效地进行维权，援助他们也只是争取一个与污染加害者平等对话的机会。因此，同情弱者与科学精神之间并不矛盾。

科学精神表现为客观、理性、辩证地分析人们的环境行为和环境法规，甄别虚假信息，预测环境、健康和维权前景，寻找环境变革的力量。环境社会学者搜集的信息，既有虚假的，也有真实的。有些真实的信息被披上了虚假的外衣，有些虚假的信息隐藏在真实信息中。作为"加害者"的污染企业不愿意接受民间的

① 华勒斯坦等：《开放社会科学》，刘锋译，三联书店，1997，第82页。

学术调查，甚至地方环保局也不肯将区域内的环境纠纷案例提供给学术机构，担心被媒体曝光，带来麻烦。因此，污染纠纷研究要想获得全面的信息是十分困难的。环境社会学者需要寻找环境治理力量。目前，该力量发育还不充分。人类不缺乏对优美环境的追求，不缺乏对私人空间的投入。真正让人纠结的是破坏环境的后果并不是由破坏者承担，而是由弱势的外部居民承担。这不是"人类中心主义"和"环境中心主义"之争，而是人类内部权益之争。环境社会学者逐渐倾向于在社区寻找力量，从社区人际关系，家庭邻里，社区归属、认同，公众参与等角度，探究社区环境治理的动力机制，并借助政府政策工具和公共监管机构，合力形成稳固的环境治理力量。华勒斯坦希望，社会科学家能够把学术从专横的正统思想的压制下解放出来，对世界进行"脱魅"，以不受启示性的或公认的智慧或意识形态限制的方式追求客观知识。但这是一条行不通的解决途径。对于社会科学家来说，我们不能假借现存权力结构的名义而去改写历史，虚假的中立性的普遍信念，迟早会构成我们发现真知的主要障碍①。现代过程哲学学派认为，应该承认科学家不能从他或者她所处的社会和自然环境中脱离出来，每一次的研究都改变着现实，应该正视"世界的复魅"，并将之转化为一种合理的研究实践。

秉持以上原则，笔者给予了多起乡村工业污染纠纷的协调服务。主要手段如下：一是梳理诉求。乡村工业污染纠纷总是夹杂一系列不太相关的诉求。村民几乎无视现代社会分工和科层分割，而将与己有关的所有诉求反映出来，比如本书中的案例涉及村干部腐败、征地补偿等问题。二是构建沟通平台。如果是外源污染造成的污染纠纷，各相关社会主体一般缺少一个可以坦诚交流的场域。从现有的案例看，污染企业与地方政府、环境评价单位存在协商和沟通。污染企业与村干部之间也存在社会交往。但是污染企业与村民之间、地方政府与村民之间、中央政府与村民之间存

---

① 华勒斯坦等：《开放社会科学》，刘锋译，三联书店，1997，第81页。

在沟通困难。这种沟通困难不利于村民环境权利的维护，而有利于污染企业的机会主义行为。三是环境检测。对于污染区内的水质、噪声进行测量，也动员污染受害者进行了健康检测，了解村民所处的环境质量，破除对环境的无知心理，也抵御"风险的夸大效应"。由于检测设备和资质限制，工作内容还不令人满意。笔者对参与其中的自我定位是"一个谨慎、稳重的行动者"。

这只是一个普通公民的责任。根据对环境责任大小，人类可简单分为三类：环境君子、环境平民、环境小人。环境君子是承担自己的环境外部责任，在不影响他人利益的前提下争取自己的权益，关爱弱势人群的环境权利，主动自愿、力所能及地保护环境；环境平民是与他人承担相同的责任，享受相同的权利，只要是平等的就是可以接受的，标志特征是遵守公约；环境小人就是只要不违法，只要法律没有禁止，尽量减少自己的责任，而又扩大自己的权益，是典型的经济人。从人性上说，人类中的大部分人是平民，既不太好，也不太坏。环境问题面临的困局是环境平民太多。为了激发环境平民的积极性，可以将之分为两大类：一是积极环境平民，二是消极环境平民。前者有内在自觉性，较为容易被激发为环境君子，实施环境保护行动；后者需要外在强制，等待大部分成员履行环保责任之后，才认为到了自己应该承担责任的时候。二者属于一种类型，但存在"五十步与一百步"的关系。笔者主张采用"五十步笑一百步"方式推进环保工作，明确"五十步优于一百步"的社会价值观，二者是有差距的，但差距不是绝对的，而是有限的，是可以转化的。

环境社会学者的专业责任：一是调查研究，了解社会事实，探知事物的真相，传播科学和道德思想，扩大影响力；二是建言献策，以科学认识为基础，以社区工作为纽带，设立群体性目标、社区事务，从内在挖掘治理手段，并借用外在的社会政策工具，实现社区发展目标；三是示范环境君子行为，沟通利益相关者，有条件地提供协调服务，依法监督执法机构，化环境小人为环境平民，化消极环境平民为积极环境平民，化积极环境平民为环境君子。

目　录

第一章　引论

环境问题自成为社会关注的热点以来，就再也没有淡出人们的视野。由于环境是人的立命之基，享受健康的环境是一个人最基本的权利，因此，污染影响区成为环境社会学研究的前沿。正如发达国家环境质量的明显好转与其将污染工业转移至发展中国家有密切联系一样，中国城市居民为了改善环境质量，也逐步将污染工业转移到乡村。结果，乡村地区（包括县域，下同）既面临自身发展所带来的生活污染、农业污染，又面临外界转移过来的工业污染。双重的污染压力使得乡村地区在"发展"和"环境"的选择上更加艰难。大部分地区自觉或者不自觉地走入"先发展，后治理"的轨道。有些地区的发展收益难以达到治理的费用需求，出现"无发展的增长"；有些地区发展到中途，因环境恶化不得不终止，其后果是当地居民因生存环境遭到破坏而沦为"环境难民"。如何解释现存的环境危机？当地居民会进行怎样的环境抗争？环境抗争又可以带来什么环境影响和社会影响？这些问题具有现实意义和理论意义。

第一节　问题提出

水污染、雾霾、土壤污染、光污染和噪声污染等问题已经进入当代中国人的日常生活。城乡对问题的关注有些差别，城市居民更关心今天的环境是否舒适，乡村居民更关心今天的环境是否还会恶化下去，何时才是一个尽头。乡村环境既面临内源污染也面临外源污染；既有因发展所带来的消费污染，也有因希望发展而引入的工业污染。如何理解发展及其代价？如何认识乡村居民对于环境与发展之间的矛盾？本节包括三个部分：首先介绍研究对象，其次引入环境库兹涅茨曲线（KFC），最后是从底层视角分析研究价值。

一　研究对象

1989 年，国家环保总局首次发布环境状况公报。当时的环境状况是：我国大气环境总体来说是好的，污染主要集中在大、中城市；我国大江、大河水质基本良好，但流经城市的河段污染较重；水体污染主要来自工业废水，生活污水、工业废渣、矿业开采、农业生产等也对水体造成一定程度的污染。1995 年的公报首次提到"以城市为中心的环境污染仍在发展，并向农村蔓延"，"随着乡镇工业的迅猛发展，环境污染呈现由城市向农村急剧蔓延的趋势"。2004 年的公报关于水污染的描述：全国工业废水排放达标率为 90.7%，比上年提高 1.5 个百分点。其中重点企业工业废水排放达标率为 91.9%，比上年提高 1.4 个百分点；非重点企业工业废水排放达标率为 80.6%，比上年提高 2.9 个百分点①。根据最新的 2013 年环境统计公报，虽然全国重点调查了 147657 家工业企业（其中，有废水及废水污染物排放的企业 90884 家，有废气及废气污染物排放的企业 109512 家，有工业固体废物产生的企业 102634 家，有危险废物产生的企业 23871 家），但是三废达标率的指标没有了，所有指标只有行业总排污量、地区排污总量以及流域总排污量，公众无法了解这些企业的具体环境信息。

全国环境公报在关键指标上给出了精确数据，但对微观的环境行动影响十分有限。原因是它仅仅提供令人警惕的总量信息，但并不能以之惩罚全国企业和居民，也不可能让所有污染企业承担责任。按照常理，环保部门既然获得了全国的数据，也必然掌

① 国家环境保护总局：《2004 中国环境状况公报》，《环境保护》2005 年第 6 期，第 12 ~ 13 页。

握具体企业的排放数据，否则，无法汇总得出全国性数据。由于没有公布达标和不达标企业的具体分布，因此公众也无法了解这些企业不能达标的原因，不达标的状态已经持续多长时间，对周边环境的累积性影响如何。我们更难以知道，那些受到污染侵害的居民是否意识到了污染，进行了怎样的环境维权活动，又有怎样的遭遇。如果要达到环境信息公开效果，促使污染企业自觉遵守环境法规，那么借助现代信息技术公布具体企业的具体环境信息是更为有效的方法。

环境社会学研究主要解决两大问题：一是环境污染的本质原因是什么，二是如何解决它。遗憾的是，环境污染的成因十分复杂，污染治理的方法也多种多样。让我们首先认识一下环境污染的类型，然后从中选择适合环境社会学研究的紧迫问题。根据不同的区分标准，环境污染可以有多种分类。根据它的来源，可分为服务业污染、工业污染、农业污染和生活污染；根据污染物，可分为有机污染、重金属污染、有毒物质污染；根据环境介质，可以分为水污染、大气污染和土壤污染；根据发生地，可分为城市污染、乡村污染和海洋污染。究竟哪一种分法适合环境社会学的研究？哪一种类型是当前的紧迫问题？

从上述的分类中，我们看到环境污染的基本路径是：生产或生活行为产生污染物（第一阶段），污染物影响环境资源（第二阶段），受破坏或污染的环境资源影响人们的生产和生活（第三阶段）。自然科学和社会科学均参与环境问题的研究。环境自然科学研究的主要任务是：在第一阶段，减少污染物的产生强度和总量；在第二阶段，认识污染物对生态环境的破坏力（在这一阶段，社会科学难以研究）；在第三阶段，正确评估环境变迁对人们的健康影响（疾病发生率和死亡率）和财物损失，以及防治环境污染。环境社会科学研究的主要任务是：在第一阶段，研究什么因素决定人们的排污行为，哪些措施可以控制人们的环境污染行为，哪些措施可以激励人们同环境污染行为进行斗争，哪些措施可以减小污染的社会影响；在第二阶段，正确估计环境污染带来的损失

（特别是明确受害者的损失），化解人们的环境纠纷，规范人们的环境使用权利，约束人类的环境行为，使之与环境协调发展。笔者认为，对环境社会学研究来说，根据污染物的产生来源划分污染类型比较恰当，因为社会学主要研究的是社会行为和社会结构。在社会学视野中，环境问题可以描述为"人们在一定社会结构制约下的环境行为影响环境中的资源质量，进而影响环境资源的其他使用者的生产和生活"，相应的，环境社会学可以研究人们的环境行为和相关的社会结构。根据污染物的产生来源进行研究，这既可以找到环境污染的责任主体，也可以将社会学的研究范式和环境问题的产生根源结合在一起。因此，环境社会学研究使用污染物的产生来源分类法是符合其学科特点的。

在确定环境社会学的污染分类之后，下一个问题就是生产污染和生活污染在本质上是否一致。这是两个不同的逻辑。生产污染主要是废气、粉尘、废水和废渣，其受害者是生产工人和周边居民，遵循的是经济理性逻辑，其矛盾主要是产业利润和排污成本，挑战的是环境正义和社会正义。生活污染，主要是生活废水和生活垃圾，遵循的是便利逻辑，其矛盾主要是生活习惯和环保约束，挑战的是环境正义。因此，相比较而言，生产污染更为复杂，其矛盾更为尖锐。更进一步，生产的产生可以分为第一产业、第二产业和第三产业。这些产业的运作过程中均可能产生污染，比如农业污染、工业污染和服务业污染。其中，工业污染是当前社会的紧迫问题，其理由如下。

（1）危害性大。世界上主要的危险物品是工业制造出来的，主要的废弃物是工业企业附加产生的，重大的环境安全事故发生在工业领域。工业污染物对环境所造成的危害强度和烈度最大。污染企业也是资金、环境科技、检测工具等资源密集的单位。

（2）存在外部负效应。工业污染的加害者和受害者往往不是同一个主体，受害者经受的是加害者的外部效应。如果没有通畅的协商机制，加害者又不愿承担自己的外部责任，那么，双方很容易发生冲突。

（3）引起社会不公正。工业污染的加害者与受害者在经济实力、社会地位和政治势力方面存在巨大的差距。在法律没有明晰环境权利的背景下，前者往往处于主动地位，后者处于被动地位，结果是利益的天平向加害者倾斜，本来处于弱势的受害者变得更加贫弱。因此，工业污染既侵害了环境，也破坏了社会的公平和正义。

鉴于当前污染工业下乡的情势，严重的环境破坏和健康损害事件发生在农村，本研究就是选择了形势最严峻的乡村地区。当然，乡村工业存在多种类型，有村级主办的各类乡镇企业，有地方政府主办的工业开发区或产业园区（主要是私营企业和外资企业），还有国有企业。总体来看，乡镇企业规模小，技术简单，管理松散，造成的污染却不小。由于乡镇企业给乡村带来了不少的公共资金，解决了大量的非农人口就业，为乡村的发展做出巨大贡献，因此，村民与企业的关系相对融洽，不易爆发环境纠纷。工业开发区和国有企业由于没有与当地村民建立密切的经济和社会联系，村民视之为外来工业，没有从心里将之归属为地方工业，因此，二者如果遭遇环境纠纷容易演化成严重的冲突事件。本研究的重点就是后一种环境纠纷。

二　研究主题

在中国，工业污染是环境质量下降的首要因素，也是环境纠纷产生的主要原因。本研究的任务就是认识工业污染的产生原理，总结污染纠纷的发展过程，分析参与各方的行为和利益的合法性，设计避免工业污染纠纷产生或者恶化的社会机制。夏光认为，需在研究中观察经济运行的轨迹，探讨体制变动下环境问题的发生方式和变化过程[1]。

从历史上看，大规模的环境污染确实是伴随经济增长而产生的。自然地，经济增长与环境质量变迁之间的关系成为环境社会科学研

---

[1]　夏光：《环境污染与经济机制》，中国环境科学出版社，1992，第3页。

究的热点。在关于经济与环境关系的研究中，环境库兹涅茨曲线以其简洁的形式和翔实的经验数据，成为最有影响力的解释模型。在此，我们首先简要回顾环境库兹涅茨曲线的相关研究，然后分析其取得的成绩以及存在的不足，其不足之处就是本研究的主题。

1. 环境库兹涅茨曲线研究回顾

1991 年，Grossman 和 Krueger 对 GEMS（Global Environmental Monitoring System）的城市大气质量数据做了分析，发现 SO_2 和烟尘的年度排放量符合倒 U 形曲线关系，顶点在 4000～5000 美元；而大气悬浮颗粒含量随人均 GDP 增长而升高。1993 年，他们引入库兹涅茨曲线[①]后发现：在工业化的初级阶段，污染水平是急剧上升的，因为人们对工作和收入比对清洁的水和空气更感兴趣，对环境的舒适性没有足够的购买力，政府的环境管理也相应较弱；环境质量的转型发生在收入提高之后，由于主导产业已经变成清洁工业，人们对环境的价值评估越来越高，管理制度也越来越有效率，整个曲线就会在中等收入阶段呈现下降的趋势；到了富裕社会，环境质量可以达到前工业社会的水平[②]。这就是环境库兹涅茨曲线的最初表述。

为了正确表达环境库兹涅茨曲线的含义，Grossman 和 Krueger 在 1995 年的论文中强调，没有任何理由让人们相信环境质量的转型（曲线的下降）是自动实现的。一个国家如果使用清洁的技术替换低效的技术，实现产业结构的转型，那么，环境质量的转型可能是自动的。如何解释技术替代背后的动机，是内部主动要求

---

① 1955 年，诺贝尔经济学奖获得者西蒙·库兹涅茨（Simon Kuznets）在研究一个国家长时段的人均收入差异的变化特征及原因时发现：人均收入的差异具有随着经济的增长表现出先逐渐加大，然后逐渐缩小的规律；若以收入差异为纵坐标，以人均收入为横坐标，则两者之间呈倒 "U" 形曲线状态，这条曲线后来被称之为库兹涅茨曲线［Simon Kuznets, "Economic Growth and Income Inequality," *The American Economic Review*, Vol. 45, No. 1（Mar. , 1955）, pp. 1 – 28］。

② Gene M. Grossman, Alan B. Krueger, "Environmental Impacts of a North American Free Trade Agreement," in Peter Garber, ed. , *The U. S. Mexico Free Trade Agreement*（Cambridge：MIT Press, 1993）, pp. 13 – 56.

还是外部强制压力？从现实看，较富裕的国家确实拥有更清洁的空气和水域，更严格的环境标准和环境法律。不可否认，先发展国家的一些污染密集型产业转移给了后发展国家。将后发展国家视为"污染天堂"的做法降低了先发展国家治理环境污染的难度。对于后发展国家来说，它们已经没有机会寻找比自己更穷、环境保护标准更低的国家，它们的未来发展模式将无法模仿过去发达国家的先例。因此，对于收入如何影响环境质量的论题我们需要更多的证据和更进一步的调查[1]。

环境库兹涅茨曲线的提出立即引起其他研究者的跟进。他们对曲线的走向、转型点的人均收入以及指标的选取做了进一步的分析。国内的相关研究有两类：一类是利用地区数据；另一类是利用全国数据。在地区层面上，吴玉萍等选取北京数据建立经济增长与环境污染水平的计量模型，发现了显著的倒 U 形曲线特征，而且比发达国家更早地达到了转折点，认为北京施行了比较有效的环境政策[2]。沈满洪等用 Z 省的经济与环境数据得到各类指标的 N 形曲线[3]，认为我国的发展轨迹与世界上发达国家不同，存在更多波动。凌亢等用行业数据验证了南京的环境库兹涅茨曲线，发现废气排放量和 SO_2 浓度都随收入增长严格递增，整体污染趋势在扩大[4]。另外，有的学者对不同省份的环境与经济增长的关系进行了考察。如沈满洪等发现 Z 省近 20 年来人均 GDP 与工业"三废"之间的关系呈"N"形曲线[5]；李义和王建荣研究发现，陕西省的

① Gene M. Grossman, Alan B. Krueger, "Economic Growth and the Environment," *Quarterly Journal of Economics* 2 (1995): 353 – 371.
② 吴玉萍、董锁成、宋键峰：《北京市经济增长与环境污染水平计量模型研究》，《地理研究》2002 年第 2 期，第 239～246 页。
③ 沈满洪、许云华：《一种新型的环境库兹涅茨曲线——Z 省工业化进程中经济增长与环境变迁的关系研究》，《浙江社会科学》2000 年第 4 期，第 53～57 页。
④ 凌亢、王浣尘、刘涛：《城市经济发展与环境污染关系的统计研究——以南京市为例》，《统计研究》2001 年第 10 期，第 46～52 页。
⑤ 沈满洪、许云华：《一种新型的环境库兹涅茨曲线——Z 省工业化进程中经济增长与环境变迁的关系研究》，《浙江社会科学》2000 年第 4 期，第 54 页。

环境与经济增长呈环境库兹涅茨曲线关系[①]；陈华文和刘康兵对上海的数据进行了研究，发现 TSP 和 NO_x 与人均收入呈倒"U"形关系，SO_2 与人均收入呈正"U"形关系，CO 与人均收入的关系则呈"∽"形曲线[②]。

在全国层面上，陆虹发现全国人均 CO_2 排放量表现出随收入上升的特点[③]。李周等根据"单位 GDP 污染排放量预测"和"GDP 总量预测"方法对"污染物总排放量"进行估算，预测了全国三废排放量达到顶点的时间（固废在 2004 年前后、废水在 2006 年前后、废气在 2010 年前后），而且从东部到西部存在阶梯性差异[④]。张晓对 1985～1995 年的环境污染指标进行分析，发现该时期中国的人均废气排放量和人均 SO_2 排放量与人均收入呈弱倒"U"形曲线关系，而人均烟尘排放量与人均收入呈正"U"形曲线关系[⑤]。陈雯从《中国统计年鉴》和《中国环境年鉴》中选取数据，对 1981～2003 年的人均 GDP 与工业废渣人均产生量、废气和工业废水人均排放量的关系进行分析，说明我国目前并不存在环境库兹涅茨曲线。人均废气排放量与人均工业废渣产生量呈类似"N"形曲线走势，人均工业废水排放量则呈正"U"形。人均工业废渣产生量在人均 GDP 达到 1355～6054 元时保持相对稳定，人均废气排放量在人均 GDP 达到 1879～6045 元时保持相对稳定。但是当人均 GDP 达到 6000 元之后，两个指标又开始以较快的速度增加。这说明到目前为止，我国的经济增长对这两个环境指标没有改善作用，这两个指标还在恶化当中。如果从时间上看，从 1998 年开始，我

---

① 李义、王建荣：《陕西省生态环境与经济发展相关性分析》，《统计与决策》2002 年第 6 期。

② 陈华文、刘康兵：《经济增长与环境质量：关于环境库兹涅茨曲线的经验分析》，《复旦学报》（社会科学版）2004 年第 2 期。

③ 陆虹：《中国环境问题与经济发展的关系分析——以大气污染为例》，《财经研究》2000 年第 10 期，第 56～59 页。

④ 李周、包晓斌：《中国环境库兹涅茨曲线的估计》，《科技导报》2002 年第 4 期，第 57～58 页。

⑤ 张晓：《中国环境政策的总体评价》，《中国社会科学》1999 年第 3 期。

国的环境污染状况不断恶化，且呈递增的趋势，说明近年来我国面临较为严重的环境压力，环境得以改善的转折点还未出现[1]。

陈玲玲等对东莞市 1990～2010 年经济与环境的数据研究表明，二者呈环境库兹涅茨曲线特征，倒"U"形峰值大约出现在 2007 年人均 GDP 为 4.51 万元时，可以通过调整产业结构、加大环境保护投资力度等措施促进经济转型，加速倒"U"型曲线后半段的形成[2]。也有学者研究北京、天津地区发现，雾霾污染与经济发展的倒"U"形关系并不存在或还未出现，原因是产业转移加深了地区间经济与污染的空间联动性，污染的空间溢出效应进一步显现[3]。

2. 环境库兹涅茨曲线研究评价

对于环境社会科学研究来说，环境库兹涅茨曲线研究虽然不能详细解释环境好转的时间和内在机理，但是作为一个模型，它仍然揭示了许多非常重要的研究主题。其成功之处表现为以下四点。

（1）它覆盖环境变迁的发展方向。环境的变迁要么变好，要么变坏。除去自然因素，影响环境质量的社会力量可以分为环境治理力量和环境污染力量。两者的力量对比决定地区环境质量的变迁方向。

（2）它体现的是一种乐观主义倾向。随着经济增长和人们对环境质量要求的提高，恢复工业化之前的环境风貌只是时间问题。它表明，不管是什么原因导致环境恶化，环境总会在一定的时候得到好转。因为科技的潜力是无穷的。

（3）它反映了人类对于生态规律存在一个从不认识到认识的

---

① 陈雯：《环境库兹涅茨曲线的再思考——兼论中国经济发展过程中的环境问题》，《中国经济问题》2005 年第 5 期。

② 陈玲玲等：《剧烈人类活动区经济发展与环境污染水平关系——以广东省东莞市为例》，《生态环境学报》2014 年第 2 期。

③ 马丽梅等：《中国雾霾污染的空间效应及经济、能源结构影响》，《中国工业经济》2014 年第 4 期。

过程。由于不认识生态规律，在经济起飞阶段人们难以取得经济和环境的双赢；但是随着经济增长，人类自身能力的提高，人们逐渐认识和掌握生态规律，逐步实现环境质量和经济增长的双赢结局。

（4）它对未来研究的开放性。环境库兹涅茨曲线的变量只有两个，很难说已经揭示了两者之间的关系。但是，从另一个角度，也可以说这个模型给处于不同国家、文化、制度和技术的研究者更多的应用空间。他们可以在这个大框架之下，建构更细致、更适用的模型。

环境库兹涅茨曲线的研究也存在严重的不足，主要表现为以下四点。

（1）它未能揭示经济增长如何导致环境质量变迁的内在机制。

（2）它未能解释为什么不同的国家会存在不同的环境质量的转折点。

（3）它没有研究怎样的人为干预可以保证一个国家的环境在崩溃之前得以转型。

（4）更重要的是，它未能研究在环境恶化过程中，社会成员是否享受了平等的环境权利，承担了相同的环境义务，是否让社会成员都获得了环境正义。如果用一个命题表示，就是环境正义的实现程度与环境库兹涅茨曲线的走向之间存在怎样的关系。

3. 环境库兹涅茨曲线的社会学视角

经济增长对环境的影响是很复杂的。一方面，经济增长的来源可能是对环境资源的使用，当使用量超过环境容量的时候，环境质量就会出现明显的下降。另一方面，随着人们收入的增长，对于环境质量的要求也会越来越高。产业工人希望有更好的生产环境，居民希望有更好的生活环境。社会的需求迫使工业企业加大在环保上的投入，研发更先进的技术，采用更高的环保标准。因此，经济增长既可能导致环境问题继续恶化，也可能让环境质量得到改善，有时还可能先恶化后改善或者是先改善后又恶化，有时甚至还会出现反复。为了清楚认识两者之间的关系，学术界主张在环境库兹涅茨曲线的研究中引入其他的解释变量，如"投资占比"、能源价格、国民人均负债、"民权自由"（civil liberties）、政治权力、贸易等①。美国著名经济学家阿罗认为，经济增长并不是提高环境质量的灵丹妙药，甚至也不是主要的办法。问题的关键是经济增长的内容——投入（包括环境资源）和产出（包括污染物）的构成。从以上分析可以归纳出，经济增长与环境质量之间的关系之所以复杂多样，主要是因为社会结构多样。经济对环境的影响方式和过程是在一定的社会结构中发生的。不同的社会结构自然会导致人们不同的环境行为，最终影响环境质量。人们的环境行为可以分为环境治理行为和环境污染行为，前者有利于改善环境质量，后者则相反。人们对环境治理行为或者环境污染行为的选择不是盲目的，而是与他们的利益结构有关的。因此，欲解释人们的环境行为必须先考察他们之间的社会关系、利益结构。

笔者最关心的问题是，哪些社会主体是环境治理力量？社会结构如何决定环境治理力量和环境污染力量的大小？环境治理力量如何才能从弱势地位转变为强势地位？只有找到和加强环境治理力量，才能从根本上解决环境库兹涅茨曲线转型的微观基础问题。

三　研究意义

环境库兹涅茨曲线代表发达国家走过的道路，它为发展中国家提供了一个现实的模板。这个模板可能被超越，也可能是一个"理想目标"（虽然不是最理想的）。环境库兹涅茨曲线给了人们一个乐观的期望，只要不超过环境的不可逆转的界限，任何国家和地区都可以使环境好转。在没有能力既保持环境质量又增加经济发展水平的时候，环境质量在短期内必然是下降的，这是发展的

---

① 陈东、王良健：《环境库兹涅茨曲线研究综述》，《经济学动态》2005 年第3 期。

必要代价。对发展中国家来说，需要研究的主题是如何协调环境质量的下降速度和相应的经济增长速度。但这是一个宏观层面的社会现象，如何在微观层面上考察它们之间的关系，进而发掘经济、制度、文化、技术和社会关系对环境行为的影响，给宏观的环境变迁提供一个扎实的微观基础，是另一个更为根本的问题。研究这个问题的主要意义有以下几点。

1. 明确环境破坏的责任人

环境恶化的责任应该由人类承担，但并不是每一个人都需要承担，或者承担相同的责任。不同的环境行为对于环境质量的影响是不同的。根据人们行为的环境破坏程度承担相应的责任，是符合"谁污染、谁治理"的原则的。如果从宏观层面的数据探讨环境治理责任，那么研究者只能找到某一个国家或者地区的责任，难以确定做出具体行为的自然人（或者法人）的责任。笔者认为，没有具体责任人的环境治理方案是空洞的、于事无补的。只有确定环境破坏的责任人之后，环境治理的责任才能有明确的行为主体。当然，这个行为主体并不一定直接处理环境污染问题。他可以利用市场分工交给更高效的专业组织或个人处理，但仍然是他承担费用。

2. 认识环境治理的社会力量

环境破坏者是客观存在的，但他们不会主动跳出来承担责任，因此，由谁去寻找、确定环境污染的责任人，是一个待落实的问题。正式制度规定，环境保护机构是地区环境事务的主管单位，地方政府是地区环境质量的责任主体。从理论上看，这个责任主体是清楚的，但是，在现实中，环保机构和地方政府往往难以担当这个重任。如果没有第三方的参与，或者如果地方政府没有硬约束①，地方政府（含环保机构）对污染企业极有可能出现软约束。那么谁来充当第三者，是中央政府还是环保 NGO（非政府组织）？是污染企业中的工人还是污染源周围的居民（受害者）？是

---

① 比如区域环境容量监测，将监测结果作为考核指标。

污染企业主还是污染产业的行业协会？似乎每一个都可能是，但又难以承担全部的责任。如果没有对环境事件进行仔细研究，很难对这些问题做出定论。

3. 认识环境治理的难点

即使明确了环境污染的责任人和环境治理的社会力量，还是难以解释环境恶化和环境优化的原因。我们认为，决定环境质量变迁方向的因素是两者的力量对比。如果环境污染者的力量大于环境治理者的力量，那么环境质量就会向恶化的方向变迁。如果环境治理者的力量超过环境污染者的力量，那么环境质量就会向优化的方向变迁。目前，环境治理者的力量比较弱小。但这种状况不是先天的，也不是与经济水平紧密相关的。通过研究环境库兹涅茨曲线的微观基础，可以测量两者之间力量的差距以及导致这种差距的原因。有些差距是市场造成的，有些差距是政府造成的，有些差距是社会（包括信息、文化、组织化程度等）造成的。准确认识和辨别各种因素，可以为更好地进行制度建设和组织建设提供认识基础。

4. 实现"环境正义"和"社会正义"的结合

"环境正义"的概念与美国的"环境正义运动"有密切关系，它是针对资源利用和环境保护中的不同利益主体的权利分布不平等状态提出的。在美国，少数民族和低收入社区更多地受到环境危险物品的影响[①]。"环境正义"强调的是弱势群体在环境利益分配上遭遇的不公平并提出校正措施。它认为，与人们生活和生存密切相关的环境是当前最需要保护的事物。因此，美国的"环境正义"指向的是人们在环境资源上的利益公平性问题[②]。它的实质是"社会正

---

① Robert D. Bullard ，"Solid Waste Sites and the Black Houston Community，" *Sociological Inquiry* 53（1983）：273 – 288；U. S. General Accounting Office，Siting of Hazardous Waste Landfills and Their Correllation Racial and Economic Status of Surrounding Communities. GAO/RCED – 83 – 168. Washington，DC：U. S. General Accounting Office，1983.

② 熊小青：《人的生存旨趣与环境正义的理性解读》，《赣南师范学院学报》2005 年第 1 期，第 6 ~ 9 页。

义"在环境权利中的表现。笔者认为，即使大家有相同的环境权利，如果听任环境污染行为的发生，"公地悲剧"的现象在环境资源上很可能重演，结果是大家公平地走向环境的死亡和自身的灭亡。这样的定义难以反映"环境正义"概念中环境的主体地位。

"环境正义"的概念不是"社会正义"概念的重复，而是对环境主体与社会主体之间的权利与义务的界定，其目标是保证环境质量的保持或恢复。"环境正义"是从环境的角度对人类行为的一种限制，它要求人们对环境的索取不能超过环境的容量，对环境的破坏必须与对环境的治理结合起来，使得环境资源始终处于平衡之中。如果将"环境正义"的概念与社会行为联系起来，那么，也可以将之定义为"每一个社会主体从环境中获取的权利与他承担的环境责任相一致，任何人都应对自己的环境影响行为负起责任"。这样人类与环境之间的收支是平衡的，才能保证环境质量不会下降。

"环境正义"的实现离不开"社会正义"，只有实现"社会正义"，才可能有效实现"环境正义"。"社会正义"是调节人与人之间关系的标准。罗尔斯明确规定，"正义"的对象是社会的基本结构，即用来分配公民的基本权利和义务、划分由社会合作产生的利益和负担的主要制度。符合正义的制度应该满足两个基本原则：一是平等自由原则，二是机会的公正平等原则和差别原则的结合。一个社会的分配制度应该是：平等地分配各种基本权利和义务，同时尽量平等地分配社会合作所产生的利益和负担，不允许那种能够给最少受惠者带来补偿利益的不平等分配。台湾学者纪骏杰认为："社会正义即弱势群体、民族和国家的正义，反对以人类的普遍性名义和共同命运为借口来掩盖环境保护当中的不公正行为。"[1] 在"社会正义"条件下，人们之间通过一致同意制定契约，所产生的结果也将是公平的[2]。为了个体或者群体的利益，

---

[1] 纪骏杰：《环境正义：环境社会学的规范性关怀》，第一届环境价值观与环境教育学术研讨会，台湾，1996。

[2] 罗尔斯：《正义论》，何怀宏等译，中国社会科学出版社，1988，第6~7页。

每一个社会主体承担自己行为的所有效应，承担对生存环境的平等责任。因此，"社会正义"的实现保证了"环境正义"实现的外部环境。反之，"社会正义"的缺失导致强势集团将自己行为的外部负效应转嫁到弱势群体的身上，毁灭弱势群体的生存环境，也会最终导致"环境正义"的丧失。

环境社会学的使命是分析和解决因环境权利损益而引发的社会矛盾。研究环境事件中的污染力量和治理力量之间的相互关系，可以总结"环境正义"和"社会正义"的实现水平和实践形态，寻找既满足"社会正义"又满足"环境正义"的解决路径，界定相关机构之间的权利义务和连接方式。如果实现"社会正义"，就可以维持社会秩序；如果实现"环境正义"，就可以维持健康环境。环境纠纷既是社会问题，也是环境问题。如果仅以解决社会问题为目的，那么可以实现社会秩序（如环境移民），但环境质量难以彻底得到改善；如果将环境问题看成单纯的生态问题或者科技问题而忽视其中存在的社会矛盾，那么将找不到环境治理的社会力量，问题的解决将会是事倍功半。因此，只有将两者结合起来，才能在社会结构中利用环境治理的力量制约环境破坏的力量，建立社会的长效机制，实现各种区域（国家或地区）在环境容量的约束下发展经济和社会各类主体在尊重他人环境权利的前提下追求财富，实现"环境正义"和"社会正义"的双赢局面。

本研究的目的是分析环境纠纷的演变轨迹，寻找影响乡村工业污染纠纷发生和发展的社会机制，探索新的社会机制保证经济增长与环境保护、眼前利益与长远利益同时实现。

第二节 研究设计

一 概念界定

布迪厄曾经提出过"开放式的概念"（open concepts），意指只有将概念纳入一个系统之中，才可能得到界定，而且设计任何概念都应旨在"以系统的方式让它们在经验研究中发挥作用"，绝不能孤立地界定它们①。这适合于复杂变化的乡村工业污染研究。本书中涉及的关键概念，亦是开放式的，可以在具体的环境案例中进行具体化。

1. 乡村工业污染

乡村工业污染是指污染企业排放的污染物引起乡村居民生产和生活环境功能退化和资源破坏。这些污染企业既可能坐落于村外，也可能坐落于村内；既可能是本村人兴办的，也可能是外来资本投资的。"污染"的定义参照 1974 年 11 月 14 日经济合作与发展理事会提出的概念：污染，是人类直接或间接将物质或能量引入环境而造成的有害后果，可能危害人类健康，损害生物资源和生态系统，减损环境的优美，妨碍环境的其他正当用途。污染是伴随人类创造价值的经济活动而产生的。除非真正实现循环经济，否则，没有污染也就没有了经济价值的产生。但是，我们也应该看到，环境污染也是一个可以控制和改造的事实对象②。因此，从现实来看，发展中国家不是要完全消除污染，而是要将污染控制在一定的"限度"内。这个限度包含两重含义：一种是上限，属于生态学意义，是指污染不能突破"不可逆转"的限度；另一种是下限，属于经济学意义，是指污染治理的收益超过环境治理的成本，或者环境污染的成本要超过环境污染的收益。

2. 周围居民

周围居民是指受到工业污染影响的普通居民。由于污染影响区的边界并不清楚，因此，受影响居民的范围也是有弹性的。可能的界定根据是法律明文规定、居民受影响证据、居民的自我主观判定。三者可能重合，也可能部分重合。也就是说，有的居民提出环境维权诉求，既有法律依据、事实证据，也有自我意识；有的居民只有事实证据，但没有法律证据；有的居民既没有事实

---

① 布迪厄、华康德：《实践与反思》，李猛、李康译，中央编译出版社，2004，第132 页。

② 夏光：《环境污染与经济机制》，中国环境科学出版社，1992，第 1 页。

证据，也没有法律证据，但自我认定是受影响者。周边居民可能是农民，也可能是居住在污染企业附近的职工，也可能是短暂停留的旅行者。周边居民不完全参与环境维权行动。有的居民可能站在污染企业一边，诋毁、打击环境抗争者。有的居民可能选择沉默、观望，根据情势的发展决定自己的行动，因此，他们是潜在的行动者。还有的是不在场居民，比如在他乡就业、生活的原住民，他们虽然常年在外，但是在老家还有亲戚朋友，偶尔还可能回家探亲。自然，为环境权益与环境污染企业做斗争的常住村民是本研究的主要对象。

3. 地方政府

乡村工业污染纠纷也涉及地方政府。通常以为，政府就是一个组织。事实上，围绕乡村工业污染，地方政府存在三个相关机构：环保部门、司法机关和地方人民政府。它们的工作职责和相互关系，由法律明文规定。地方政府有权管理地方的环境事务，监督企业的排污行为，处理环境纠纷，保障公民的环境权利。依据现有法规，地方各级人民政府应当对本行政区域的环境质量负责。企业事业单位和其他生产经营者违反法律法规规定排放污染物，造成或者可能造成严重污染的，县级以上人民政府环境保护主管部门和其他负有环境保护监督管理职责的部门，可以查封、扣押造成污染物排放的设施、设备。企业事业单位和其他生产经营者超过污染物排放标准或者超过重点污染物排放总量控制指标排放污染物的，县级以上人民政府环境保护主管部门可以责令其采取限制生产、停产整治等措施；情节严重的，报经有批准权的人民政府批准，责令停业、关闭。

可是，地方政府组织也是一个利益中心，它在行使公共权力时也反映组织成员的利益。在自上而下的授权和考核的体制下，下级政府的行为受到上级政府的政策和利益影响。地方政府中的环保部门与行政机关存在一定的利益差别。环保部门首先受到群众的投诉和评价的压力，特别是有的地方展开了对政府部门的民意测评，环保部门很可能成为排名最后的部门，因此，它面临着生存压力。司法机关只是遇到环境纠纷的民事诉讼时，才能成为当事人。行政机关是污染企业的审批者，又是重大事务的决策者，但是不直接参与环境治理，也不直接处理环境纠纷，即使接受了信访，仍然会将处理责任转交到环保部门。

4. 环境事件

环境事件是指从污染企业的环境破坏行为开始到行为终止所发生的事件总和。它是由环境变迁引发环境利益相关者的社会行为。环境变迁可以是现实情形，也可以是未来可预见的情形。例如，厦门抵制 PX 项目，就是发生在立项阶段，公众预感到未来的环境危机而做出的抗争行为。有的环境纠纷已经处于污染状态，但并没有表现为环境事件，而是停留在社会怨恨、无奈、默认的负面心态层次。环境事件有两种出现方式：一是对话、沟通协商等和平方式；二是举报上访、阻断交通、冲击企业等冲突方式。环境事件可能一直是一种方式，也可能两种方式交替出现。

二　研究命题

工业污染纠纷可能包含哪些社会主体？Gloria E. Helfand 和 L. James Peyton 在《环境正义的一个概念化模型》一文中，使用工业企业、社区和地方居民建构了工业企业的选址模型，该模型建议由社区和工业企业共同决定企业的地点，地方居民可以通过选举、游说、捐款等方式对社区决策产生影响，也可以向企业的管理者施加压力[1]。显然，他们选择的是社区自治的情形，社区可以决定污染企业的去留，可以管理污染企业的排污行为。中国情形是不同的，有权审批和管理污染企业的机构是地方政府，因此，离开地方政府的工业污染分析是不完整的。国内较早研究环境污染问题的学者夏光在研究环境污染的经济机制时，选择了污染企业、

---

[1] Gloria E. Helfand, L. James Peyton, "A Conceptual Model of Environmental Justice," *Social Science Quarterly* 1 (1999).

地方政府和国家三个主体①。在《环境污染与经济机制》的研究中，他特别强调地方政府对环境事务的责任。他也强调国家偏好结构的重要性，认为只要国家赋予环境质量较大的权重，则无论目前环境如何严重，终会得到改观。但是，国家并不是一个行动者，它只能以法律制定者的身份出现，并不是以执法者的身份出现。执行环境法规的是地方政府。因此，从行动者角度分析，地方政府官员执法行为代表国家意志和地方利益。这就是说，国家意志在具体的环境事务处置中已经不是纯粹的本来面目，而是有所扭曲和变异。扭曲程度或变异程度，取决于地方政府利益与国家利益的重合程度以及中央政府对于地方政府的监管程度。二者的重合程度越高，或者中央政府加强对地方政府的监管，那么其扭曲或变异程度就越低。因此，工业污染纠纷涉及的主要主体是：地方政府、污染企业和周边居民。地方政府向村民征用土地，引进外来投资，进行环境监察和环境裁决。污染企业给地方政府提供税收和政绩内容，向社会提供就业机会，同时排放污染物和面对村民环境维权。为了掩盖非法排污行为，并同时应对村民的维权，污染企业也可能向地方官员施加"寻租"行为，寻求地方政府的保护。周边居民作为环境污染的直接受害者，限于环境知识的不足，往往不能在污染企业建立时就预警到环境污染的危害。可是，一些直观的经验事实会告诉他们，环境已经被破坏，比如农产品数量和质量的下降、奇怪的空气味道、疾病高发等，这使居民开始对污染产生认知，进而对污染的源头进行追踪和反抗。可见，污染企业、周围居民和地方政府可以构成一个行动者的互动体系。

　　上述三个主体如何构成有待论证的研究命题？环境经济学认为，经济增长导致环境质量的变迁，环境质量的好转主要是企业从肮脏的技术转向清洁技术。经济增长所带来的污染增加效应可以解释环境质量的下降，但是难以解释环境质量变迁的速率。对于微观的污

---

①　夏光：《环境污染与经济机制》，中国环境科学出版社，1992，第 2 页。

染企业来说，既可以选择不加限制的污染排放行为，也可以选择分配部分生产利润用于环境治理，承担环境治理责任。污染企业选择清洁技术替代肮脏技术的动力是否仅仅是经济因素？为什么相同的企业在不同的社会环境（与法律无关）之下会有不同的环境行为选择？为什么企业对于环境坚持不可持续的行为？如果单方面研究某一个主体的行为将存在明显的缺陷，因为每一个主体都在与别的社会关系中发生互动行为，而其他的关系的性质以及与其交往的过程均可以影响该主体的行为决策。因此，我们设计的命题是从行为主体之间的关系角度解释稳定的排污行为和艰难的治理行为。

命题1：地方官员与企业主之间的依赖关系导致企业非法排污行为的"合法化"。 地方官员与污染企业不必然结成联姻关系，在其他的制度背景下可能形成不同的关系。但是，为什么在农村工业污染纠纷中，地方官员与企业主之间形成了相互依赖关系？这种依赖关系对于污染企业的排污行为产生怎样的影响？根据笔者对工业污染纠纷案例的考察，地方官员与企业主之间的相互依赖关系导致企业非法排污行为的"合法化"。也就是说，在以经济指标为核心的政绩考核体制背景之下，污染企业选择非法排污行为是理性算计的结果，是考虑了地方政府和周围村民的理性反应之后的行为选择。在经济落后没有条件引进清洁项目的地区，地方官员为了经济总量的提升往往利用地区环境容量而积极引进污染产业。污染企业利用与地方政府的"亲密关系"，仿佛进入"污染天堂"，为了降低成本不加限制地选择排污行为，省下的治污成本成为利润的来源，并迅速扩大了自身的经营规模。地方官员一方面为了维护招商引资阶段的友好联系，另一方面也受到落后环境检测设备和技术的限制，对污染企业的污染治理往往采取消极态度。但也会有一些偶然因素破坏已经达成的均衡，比如生产事故、主管领导被查处，这成为环境破坏和社会罪恶的曝光契机。

命题2：企业与村民之间的社会联系导致企业推卸在环境事务上的社会责任。 污染企业与村民是环境纠纷的当事人，也是直接影响环境质量的主体。他们使用的是相同的环境资源，从属于同一个场域。在同一个场域中，主体之间可以相互照顾，也可以相互竞争，也可能是相互斗争。研究的问题是：他们之间形成的是怎样的关系？为什么会形成这样的关系？这样的关系对于环境质量的变迁产生怎样的影响？作为受害者的村民为什么难以保全自身的环境权益？为了考察这些问题，笔者需要了解企业与村民行为互动的制度背景，了解双方的竞争实力，以及企业主与村民之间的社会联系，也要分析企业主宁愿"与村民保持紧张的关系，而不愿意通过治理污染达标排放等手段与村民改善关系"的背后原因。从理论上说，污染企业的竞争领域应该在其所在的行业，应该与其他企业相互竞争，但是，从现状看，污染企业与村民争取环境使用权而获得成本优势。因此，污染企业是在错误的地方应用了竞争逻辑，使得村民在不对等的条件下被迫参与与污染企业争取环境权益的斗争。改革的出路在于，污染企业放弃在环境资源上与村民的竞争行为，接受并实行国家法律标准，学会承担社会责任，与周围村民和睦相处。

命题 3：地方官员与村民之间的管治关系阻碍了村民环境正义的实现。面对环境污染遭受的伤害，周围村民进行了多种形式的反抗。村民的反抗形式可能是合法的，也可能是非法的。当合法渠道受到阻力之后，村民可能采取激进的维权方式。如果采用激进的维权方式，村民会迅速被地方执法机关处置。在预见到可能被处置的情景下，有的村民可能选择曲折的方式进行环境维权。地方政府的管治范围和手段与村民环境正义的实现之间有着紧密的关系。地方政府拥有的管治权力和手段越少，村民的环境维权成本或风险就越小，村民的环境正义目标就越可能实现。反之，地方政府拥有的管治权力和手段越多，村民的环境维权成本或风险就越大，村民的环境正义就越难以实现。约束地方政府的管制行为的制度主要是监督考核制度。目前，对地方政府实行自上而下的监督方式，群众没有切实的监督权，群众的意愿很难直接反映在政府的决策之中。从各级政府工作报告和汇报材料中可以看到，对地方政府进行考核的制度的主要内容是总体效率指标，而

21

不是社会公平。所谓总体是指以地区整体为核算单位计量各种经济和社会指标，所谓效率是指经济和社会指标的增长速度。合起来即地方政府关心的是地区的经济增长，努力将资源"让渡"给使用效率高的社会主体，而不考虑财富分配的不平等程度，也不关心"让渡"过程和财富获取过程是否遵循社会公平原则。总体效率指标主要有 GDP、财政收入、储蓄率、外资投资额、出口额等，也包括相应的人均指标，因为人均指标的基础仍然是总体指标。如果选择社会公正，政府将依法保护所有合法的权益，对各种利益主体一视同仁。在一定程度上，社会公正与总体效率是矛盾的，牺牲一定的社会公正可能能够提高地区的总体效率。地方政府可能牺牲一部分弱势群体的正当权益来换取总体效率的提高，也可能对各主体利益一视同仁，回避总体效率的最佳捷径。由于村民缺乏对地方政府的监督权，受到地方政府的管治，地方政府可以根据自身利益（接受上级的总体效率评价和考核）进行环境执法和裁决。改革的目标是落实群众对地方政府的监督考核权利，促使地方政府实现总体效率和社会公正。

三 研究理路

环境问题是一个世界性问题。不管是发达国家，还是发展中国家，都有自己的环境问题。如何看待环境问题，环境社会学存在两种理路，一是整体视角，二是局部视角。我们先分析两种视角的异同，然后阐述本研究的分析思路，最后叙述本研究的框架。

1. 视角选择

整体视角将全国或者全人类看作一个利益整体，关注整体命运，集中讨论人类与环境如何相处。该类研究经常阐述当前面临的环境危机，主张人类应该携手共同应付全球的环境问题。整体视角的分析者采用在全社会范围内核算环境资源的破坏、污染的损失、排污的总量、绿色 GDP 等方面的信息说明环境质量的变迁和环境政策的绩效。它只能给人们一种整体的概化信息，我们难以根据这类信息寻找环境恶化的责任人。其优点是：它将人类看作一个共同体，认为可以抛弃内部的纷争，视环境为一个独立的主体；它看到了人类对环境的破坏，以及应该承担的责任，致力于人类与环境的和谐。它的缺点是：没有认识到人类内部对待环境资源存在不同的利益和行为取向，一些人的生产方式有利于环境保护，另一些人的生产方式不利于环境保护；有的生产技术更为先进，有的生产技术较为落后；一些人的生活方式有利于环境保护，另一些人的生活方式不利于环境保护；有的人具备良好的环境意识和环保习惯，有的人则缺少必要的环境意识和环保习惯。环保技术先进、环保意识强、环保习惯好的人希望制定更为严格、更高标准的环境法规。整体论者不仔细考察人群之间的细微差别，忽视了社会内部矛盾的存在，因此找不到能改善环境的坚实的社会力量，寄希望于人们改变消费方式，提高环境估价，培养人们对环境的慈善之心。环境伦理学、环境哲学、环境史学往往采用这种视角，从人口、技术角度评鉴环境问题的环境经济学和环境社会学也属于这种视角。

局部分析视角与上面相反，对环境问题以案例方式加以深描：什么地域，什么污染，加害者、受害者是谁。此类研究分析的对象是环境事件和环境行为。比如过量砍伐木材会导致环境破坏、生态退化、环境危机概率增加，可是，这并不能说明人人都参与了砍伐行为。因此，如果张三有了这种行为，就应该承担这个责任，如果李四没有这种行为，就不需要承担责任。又如"一次性筷子"，如果张三消费一次性筷子而没有缴纳相应的生态补偿费，那么，他就对环境欠下了债务。

环境保护责任必须具体到个体身上，否则，"人人有责"等于"人人无责"。让每一个公民承担相同的责任，无论对公众还是对环境来说，都是不公正的。丹尼尔·科尔曼就认为，如果每个人都同等程度地参与了问题的制造，那就无法让任何具体的机构或人员出来负起责任；如果人人有错，那实际决策祸害地球的人员或机构反倒会溜之大吉。在污染或者有毒化学品的产生问题上，问题的源头是那种只顾降低成本、不计环境后果的生产决策。人所共知的全球环境问题实际肇始于公司具体当权经理们的生产决策，而他们的行为准则就是成本最小化、利润最大化。对个人与机构不做出区分也引致关心环保的公民忽视了政府在环境破坏过程中的同谋角色和应尽责任①。

局部分析的视角，可以给人们的行为以明确的理由，既能使人们在能够承担责任的范围内自由地选择自己的行为（只要知道行为的环境责任，即使不知道中间的环境因果知识，也不会失去行为的自由，不会在环境面前缩手缩脚），又能制裁不肯承担环境责任但危害环境的人的行为。局部分析视角关心的是，环境纠纷的双方是否公平享有了环境权利，环境权利的配置方式是否有利于环境的保护？人们的行为对环境到底产生怎样的影响，是否在环境容量范围之内？

局部视角分析者并不否认环境问题有系统、整体的一面。但是，整体的问题也是由人们微观的行为累积而成的，没有局部的环境公正，怎么会有整体的公平。因此，坚持该视角的人认为，环境整体的改善，不能表明环境质量的处处好转。因为环境破坏和损失的分布可能是不均匀的，存在向某一个局部累积的可能性。即使99%（在检查、评比职能部门的业绩时，这已经是一个很高的业绩）的环境纠纷得到公正的处理，也不能说明环境权利已经得到公正配置，因为对剩下的1%的环境纠纷的受害者来说，仍然是不公正的。环境公正的表现不应该只是大部分（如多数人同意），而是处处（一致同意）。如同失业现象一样，对失业者来说，失业率就是100%，但从宏观层面看则影响不大②。环境法学、环境政治学、环境管理学或者环境政策学往往属于这个视角，环境社会学、环境经济学中的微观研究者往往也是属于这个视角。本研究希望在微观层次对环境事务产生促进作用，因此，选择局部视角更为有利。

---

① 丹尼尔·科尔曼：《生态政治》，梅俊杰译，上海译文出版社，2002，第19页。
② 安妮·克鲁格等：《"意愿很好，努力不够，失败很多"——新兴市场国家的制度改革》，《经济社会体制比较》2004年第3期。

2. 分析思路

环境社会学遵从社会学的分析框架，重心放在人的角色和行为上，分析在何种场合扮演何种角色做出何种行为。角色体现社会的制度特征，反映一个地区的习俗要求，也反映利益相关者的约束。环境社会学应该围绕环境问题分析相关社会角色及他们之间的关系、互动以及环境影响。环境社会学的目标是为了整个社会或者社区有一个良好的生存环境，但是不同的制度（结构）和不同的人际联系会对环境产生不同的后果。这个后果不仅反映在破坏环境上，而且反映在治理环境、优化环境的不同轨迹上。环境社会学希望将环境和人类看成平等的系统，希望环境的社会科学和自然科学在学科上融合，但这只是一种理想的愿望，它既违反了学科分工的正常逻辑，也忽视了环境研究的复杂性。对于环境研究来说，既需要自然科学的知识和力量，也需要社会科学的知识和力量。每一个学科发挥它的最佳力量，就能解决这个复杂的问题。比如自然科学研究的是如何减少单位污染排放量，如何变废为宝，如何实现废弃物的综合利用。但是，自然科学的研究也是有局限的，它不能解决人们的责任界定和动机问题。如果企业主或者生产工人没有减少污染物的动力和压力，就不太可能按照新科技、高科技的方式进行生产，更何况大量的新科技、高科技需要追加投资、更换设备、培训员工、增加成本等。所以，如何给排污企业一定的压力，使它既能顺利开展生产，又不影响周边居民的生产、生活，控制自己的外部效应，是一个人与人之间关于社会责任和环境权利的问题，需要社会科学加以研究和解决。

3. 分析框架

我国著名生态学家、环境科学家马世骏先生早在1984年就提出"社会—经济—自然复合生态系统"的概念。他认为人类社会是以人的行为为主导、自然环境为依托、资源流动为命脉、社会体制为经络的人工生态系统，研究复合生态系统的最终目的是依靠循环原理、平衡原则、生克原则以及自适应原则，探寻环境问题的症结所在，并从人、事、物三个层次去调控生产，协调人与环境的相互关系①。马世骏的系统理论如同社会学中帕森斯的结构功能主义,在没有对内部的各个子系统有清楚的认识之前就试图把握最宏观的系统规律。经过20多年的实践,该理论没有在社会中取得成功。我国的环境法规没有体现系统性,环境检测体系没有体现系统性,环境治理工程也没有体现系统性。本研究与之相反,从微观环境变迁入手,通过剖析典型案例,解释环境污染事件的发生、发展逻辑,并以此为基础探讨环境博弈参与方的权利、义务和责任,以及实现"社会正义"和"环境正义"的路径。根据本研究的任务和特点,本书各章节内容设置如下。

第二章介绍工业污染的一般理论。主要分为三个部分:一是介绍以往关于工业污染的成因研究,从与市场失灵相关的外部效应、失败的政府干预、社区结构和人们的环境素质等角度做了归纳整理;二是总结工业污染的各种基本治理手段,如庇古手段、科斯手段、社区手段;三是介绍纠纷分析的理论工具,阐述了场域理论、正义理论和机制设计理论,将环境纠纷事件置入社会结构背景之中,并探讨环境纠纷事件与环境库兹涅茨曲线之间的关系。

第三章探讨地方政府与污染企业之间的关系。在当前的财政体制和政绩考核体制的背景下,地方政府开始成为一个相对独立自主的利益中心,地区之间展开经济总量的排序竞争。为了提升地方经济总量,地方政府工作的重心转向投资环境建设,希望在"招商引资"工作中取得竞争优势。投资环境建设的一个主要内容是降低企业的市场准入标准和生产成本。由于环境管理体制滞后于经济发展的要求,地方环保部门难以开展严格的环境执法,难以承担保护地方环境的责任,结果是地区之间展开环境标准的"触底竞争",环境成为经济发展的一个牺牲品。我国的工业仍然处于发展中的阶段,受到产业结构、技术结构、能源结构和劳动力素质低下的限制,污染企业对于实现循环经济显得"心有余而

---

① 马世骏等:《社会—经济—自然复合生态系统》,《生态学报》1984年第1期。

力不足"。在"违法成本小，守法成本大"，"小违法小收益，大违法大收益"的利益结构之下，选择"非法排污"成为污染企业的理性行为。地方政府虽然有权监管污染企业，也有权关停污染企业，但是在地方经济总量、财政和就业等排序竞争的压力之下，形成与污染企业相互依赖的关系，因此，在环境执法时表现得就比较松懈。中央政府虽然与污染企业没有直接的污染经济联系，但是由于信息不足，难以对具体的污染企业进行直接执法，除非后者发展成为重大事件。

第四章探讨污染企业与周围村民的关系。污染企业与村民之间的实力存在巨大的差距。表现在三个方面：一是经济差距，二是社会地位差距，三是信息差距。目前，合法的环境纠纷解决机制主要是：协商、行政调解和民事诉讼。前两种没有强制力，只有第三种才有强制力。在乡村，居民的损失内容主要是：身体健康损害、生产损失和生活舒适度下降。在协商或者行政调解的处理方式下，污染企业的补偿数量取决于村民对其可能构成的潜在损害和企业社会责任的承担程度。影响"潜在损害"的主要因素有村民的实力和公共权力的偏向。影响企业社会责任的主要因素有企业的规模、知名度和企业主的道德责任。经过政府的土地征用过程，村民失去了土地的控制权，与相邻的污染企业虽然存在环境使用权利的重叠，但是两者并不发生直接交往，因此，直接协商往往是不现实的纠纷解决途径。行政调解的方式也难以达到补偿村民损失和环境保护的目标。剩余的维权方式只有合法的民事诉讼和非法的"私力救济"。环境权益如不能通过民间协商和行政调解的方式来维护，村民有可能选择"私力救济"。"私力救济"是两败俱伤的维权方式，也是村民无奈的选择。污染企业对于村民的维权行为存在多种对策。双方围绕环境权利的博弈结果是村民的合法权益受到侵害，污染企业也有可能受到损害，但是这种可能性较小。

第五章探讨村民与地方政府之间的关系。由于征地制度服从于工业化，村民获得的征地补偿远远小于市场价值，因此，他们普遍产生对农用土地被征用的不满。但是，在非农产业较发达的地区，征地并不明显减少村民的收入，因此没有出现有规模的反抗。随后，引进企业的污染将村民的生产和生活推入了"深渊"。遇到环境污染侵害的村民，首先想到的还是政府，他们希望政府：制止污染企业的排污行为；解释污染物的危害；检测周围环境的质量；提供保护村民环境权利的对策；主持公道，维护村民的合法权益。如果基层政府难以提供上述公共服务，村民通常选择"上访"，希望上级政府直接解决环境纠纷。上访与起诉相比，操作更简单，费用更低廉，但成功概率较低。在条件成熟的时候，村民也会使用法律的武器对污染企业和环保机构进行民事诉讼和行政诉讼。笔者的案例分析表明，民事诉讼方式并不能满足村民对"公正"的诉求。许多村民"确认"的损害难以得到法律的支持，即使产生判决，是否如实执行仍然存在变数。在地方的行政和司法途径均难以达到村民的损失补偿要求的时候，希望引起国家环保部门的注目成了最后的"救命稻草"。面对大量的环境污染纠纷，国家环保部门只能选择有重大影响的环境事件进行处理。村民也认识到其中的道理，他们希望扩大事态，村民也因此需要付出代价。在这个代价面前，作为一个利益共同体的一些村民存在"搭便车"的依赖心理，由此有可能出现"公共品"供给危机的状况。但这个僵局也有可能打破，条件是：出现有能力承担代价的人，或者出现有能力规避代价的人，或者出现大量愿意承担责任的个体，或者遇到强大外在压力。在前两种情况下的抗争方式一般遵循一定的社会秩序，在后两种情况下的抗争方式可能对社会秩序构成冲击。总体上说，在村民与政府的关系中，政府掌握主动地位。只要政府把握发展的方向，珍视群众的合法权益，主动公开环境信息，那么公正处理环境纠纷是完全有可能的。

第六章探索转型机制。转型机制的目的是加强环境治理者的力量，确保我国的环境质量在不可逆转的高压线下实现环境质量的好转。根据前面论述和机制设计原理，我们对地方政府、企业和村民三方各自的权利、义务和责任进行了重新界定。笔者提出，法律保证所有公民享有最低的环境质量是社会稳定的前提。地方政府之间实行生态补偿机制；地方政府在环境容量、环境规划和产业准入标准的硬约束下进行招商引资，以公正为取向进行环境执法。环保机构有权对企业进行严格、公正的执法，迫使企业寻找优秀的技术，降低污染强度，建设环境资源的交易市场；环保机构应主动向公民提供企业的环境信息、环境标准和环境知识，增加村民对政府的信任；环保机构接受群众的测评。村民有权享受最低的环境质量标准，享有环境的知情权；完善村民自治，提高组织化水平，可以减少污染纠纷的社会成本，也有利于合法、合理、有序地进行环境维权；改变环境权利与义务的不平等现象，诱导村民改变对环境问题的冷漠态度，积极做出有利于环境治理的行为。结论部分归纳了前面几章的发现。

第三节　研究资料

一　调查对象

本书选择了东部 Z 省两个污染纠纷案例（分别记为邬村、王村）和 F 省的张村案例。邬村属于 Z 省的发达地区，所在县区（因撤并关系）经济比较发达。该区经济从 1978 年以来平均增速为 20.4%，至 2003 年，GDP 为 410 亿元，第二产业占 60.5%。2004 年，全区人口 116 万，实现生产总值 500.33 亿元，实现财政总收入 53.51 亿元（原口径），其中地方财政收入 25.70 亿元。各项主要经济指标继续在全省县（市、区）中保持领先。县域社会经济综合发展指数稳步保持全国第 10 位。农民人均纯收入和城镇居民人均可支配收入分别达 8626 元和 16679 元。按照最新统计，2014 年其城镇居民人均可支配收入达 47195 元，农村常住居民人均可支配收入达 26758 元。

王村属于 Z 省的中部地区。所在县 2004 年 GDP 总额为 171.34 亿元（79 万人），第二产业比重为 65.2%。全县人均生产总值达 21645 元。2003 年农民人均纯收入达 5782 元。出口总额从 1990 年的 103 万美元增长到 2003 年的 38295 万美元。财政总收入达107748 万元。2001 年，王村所在县跻身全国百强县市，名列全国各县市第 71 位，2003 年前移了 22 位，列第 49 位。根据 2014 年该县的政府工作报告，其城镇常住居民人均可支配收入达 38105 元，农村常住居民人均可支配收入达 20466 元。

张村所在县属于 F 省西北部，2002 年全县人口 18.8 万，农民人均纯收入为 2809 元，2014 年该地区城镇居民人均可支配收入达23956 元，农民人均可支配收入达 11302 元。该县水力资源丰富，水能蕴藏量达 40 万千瓦。所在地区为国务院批准的全国农村开放促开发扶贫综合改革试验区，人口 325 万。2003 年全市国内生产总值达 271.90 亿元，人均 GDP 达到 8366 元，2005 年全市国内生产总值达 342.27 亿元，人均 GDP 达到 9784.67 元。书中专门提及的氯酸钾厂（化名）的总资产 2002 年达 4.5 亿元，年生产氯酸钾4.4 万吨，是亚洲最大的氯酸钾生产基地，2002 年税利达 2300万元。

这三个地区大致反映了中国东部地区经济发展水平的三种类型：邹村属于发达型，王村属于中等发达型，张村属于不发达型。需要说明的是，这只是根据总体经济水平进行的划分，地区内居民的经济状况不一定是同质的。另外，各自的文化、习俗、社会结构也可能影响环境事件发生的逻辑。我们也不假定经济水平的高低会决定环境意识的强弱和环境维权的坚决程度的强弱。

确定这三个案例的理由如下。

第一，三个案例发生的时间较长，有比较详细的材料。邹村的污染从 1992 年开始，村民的环境维权从 1997 年开始；王村的污染从 2002 年开始，村民的维权从 2001 年开始（项目建设时）；张村的污染从 1994 年开始，环境维权从 1999 年开始。除了第二个案例，其他两个案例的环境纠纷其实还没有解决，处于发展的过程当中。

第二，三个案例的影响较大。邹村案例有中央电视台和国内外媒体的报道，并且作为大陆典型的"癌症村"引起人们的持续关注。王村案例开始有小规模的媒体报道，但是 2005 年的 "4·10" 村民与政府人员的大规模冲突发生后，引起中央政府和国际媒体以及民权人士的高度关注。张村案例通过网络、《新闻调查》节目报道、环保部挂牌督察案件以及原告人数最多的诉讼等方式引起了国内媒体的关注。

第三，三个案例的维权方式各不相同。虽然三个案例都存在多种维权途径，但起关键作用的维权方式是各不相同的。邬村案例的维权方式主要是媒体和舆论；王村案例的维权方式主要是私力救济；张村案例的维权方式主要是环境诉讼。这里应特别关注张村案例，因为该案例反映立法、执法和受害者补偿之间的最正式的互动，它反映了村民为了环境权利通过诉讼的渠道所遇到的困难。整个诉讼充分反映了有效证据、诉讼成本和污染企业的责任规避方式、法律认可的损失赔偿范围。三种维权方式给我们提供了大量关于村民维护环境权利道路的艰辛、失望和无奈的信息。其实，这三种方式就是环境纠纷解决通常采用的方式，虽然笔者不能肯定三种方式在另外的情景之下是否会产生不同的结果，但是可以确切地看到三种维权方式在现实中的展开过程。

二 资料来源

乡村工业污染纠纷是一件具体的案例。案例的场景、人物、事件均是需要收集的基本素材。本研究采用了田野调查、电话访谈、电子文本交流等方式向当事人获取环境事件的相关信息，并对相关媒体的报道进行了仔细的甄别。笔者实地考察了邬村、王村、张村，访谈了环境维权积极分子、普通村民、老人、村干部和部分企业主、工人，还走访了镇政府、开发区办公室和民警，也访问过附近的经商人员和打工的外地人。在写作过程中，笔者还多次与当事人就环境事件的细节进行电话访谈、短信联系以及网络电子文本交流。令人吃惊的是，邬村和张村的两位环境维权者为了更好地进行环境维权，在经济并不宽裕、农村尚未普及电脑的时候，毅然购买电脑，并连通并不便宜的网络，努力学习电脑技术、网络技术。坚定的环境维权者总是有强烈的倾诉欲望，迫切需要与外界联系，他们寻找和接待官员、专家、记者、律师等，随之产生较高的通信费用和差旅费用。为了节省他们的费用，笔者总是主动将电话打过去。当他们遇到麻烦或者对前途迷茫、失望的时候，笔者尽自己的能力进行详细解释和回答，推荐他们可以借助的力量。相比较而言，公职人员对于环境纠纷的态度既谨慎，又冷漠，不希望外界人士了解、调查事件的来龙去脉，反馈当地群众的想法、诉求。

由于三个案例的社会影响均比较大，因此，媒体资料也较为丰富。这些信息主要集中在污染受害者反应激烈的那个时间段，具体主要在 2005～2006 年。其中有些信息比较详细、客观，也有些比较片面或夸大，甚至有一些是谣传。笔者引用这些信息的准则是，能够用已搜集的信息证实，或者客观分析纠纷双方信息，或者进行逻辑推理。笔者不采用不能证实的或自相矛盾的报道。关于网络言论，笔者认为，当事人由于没有正式的公开报道的渠道，寻找到了一个方便的言论发表空间，其目的是扩大事件的影响，引起人们的持续关注，也有些是为了发表自己的看法。将这些言论集中归类，笔者发现其所表达的思想具有相当的稳定性，因此，也可以视为部分群众的心态和看法，是舆论反应的一部分。在王村的案例中，竟然出现官方网民和民间网民之间的"舌战"。本书对网络言论进行环境意识和态度的探讨，并不将之作为证据。

第二章 工业污染的理论解释

随着道路、电力、通信等基础设施的持续改进，农村相对廉价的人力、土地、水资源等优势凸显，乡村工业自20世纪90年代开始迅猛发展。与此同时，污染工业利用农民环境污染知识薄弱、农村环境管理制度和手段滞后的时机进入农村。不良污染企业推卸环境治理责任，明目张胆、肆无忌惮地排放废弃物，毁损环境容量，将农村视为"污染天堂"，也成为农村生态环境问题的一个重要源头。一个明显的道理是，农村首先是农民的生活空间，其次是农业的生产场所。污染企业破坏了农民的生活环境空间，挤占了农业生产的环境资源，自然激起农民的愤然反抗。围绕污染企业和农民之间的环境纠纷成为农村环境治理的重要表现。工业企业的污染问题并不新鲜，经济学、法学、管理学均有研究，一致认为是污染企业行为的外部性引起的[1]。外部性是污染问题的源头，没有外部性，各行其是，权利不再交叠，纠纷也就失去根本。没有外部性的世界只是理想状态，现实并不存在。每一个自然人、法人对于外部环境总会产生一些干扰影响。况且，内外只是相对而言，根据"谁污染，谁治理"的原则，责任者对于外部影响的治理和补偿也成为其应尽的责任。由于现实因果关系并不清晰，因此，以地理边界为"内外"划分的依据成为学理分析的基础。本章我们主要讨论三个问题：一是已有工业污染的成因解释；二是工业污染治理的基本手段；三是环境纠纷分析的理论工具。

---

[1] 刘天齐：《环境经济学》，中国环境科学出版社，2003，第69页。

第一节　工业污染的成因

恩格斯认为工业污染源于人类对自然的过度需求。他在《自然辩证法》中清楚地指出："我们不要过分陶醉于我们人类对自然界的胜利。"对于每一次这样的胜利，自然界都对我们进行报复。每一次胜利，在第一线都确实取得了我们预期的结果，但在第二线和第三线却有了完全不同、出乎预料的影响，它常常把第一个结果重新消除①。关于技术的影响，奈斯比特的观点较为中性，他认为，技术并非天生邪恶，它可以为善也可以为恶，全看我们怎么运用②；捷尔吉·塞尔认为，技术对环境的作用，其实是操纵技术的人类社会对环境的作用③。这些观点将人类看作一个利益共同体，忽视在现实生活中人们内部的利益分化现象。比如工业污染纠纷就是人们内部之间的冲突。综合现有的研究，我们发现工业污染的成因主要在于以下四个方面：公共资源、政府干预、社区结构和环境素质。

一　公共资源

人们言语中的环境主要指水、空气和土壤。自古以来，水和空气不属于特定个人，而是公共的。土壤稍有不同，它往往被人为分割而分属于特定的自然人或法人，他人不经允许是不可以对此进行针对性开发的。可是，由于土壤与空气、水不可能绝缘，水环境和空气环境中的污染物会自然地进入土壤，所以，土壤也是一种公共的环境资源。环境资源如果没有被过度使用，那么，大家各取其所，相安无事。可是，环境资源的容量毕竟是有限的，

---

① 恩格斯：《自然辩证法》，于光远等译编，人民出版社，1984，第304～305页。
② 约翰·奈斯比特、帕特里夏·阿伯迪妮：《大趋势：改变我们生活的十个方向》，梅艳译，中国社会科学出版社，1984。
③ 捷尔吉·塞尔等：《技术、生产、消费与环境》，《国际社科杂志》（中文版）1995年第2期。

随着人口的增加和改造自然能力的提升，保持健康水平的环境容量一旦被突破，环境就处于污染状态，其肩负的自然和社会功能就会逐渐失去。那么，公共资源为什么容易遭到破坏？

从经济学的角度解释就是，破坏公共资源的根源在于外部性。外部性是什么？关于外部性的定义有很多，归结起来不外乎两类：一类是从外部性的产生主体角度来定义；另一类是从外部性的接受主体角度来定义。前者如萨谬尔森和诺德豪斯的定义，"外部性是指那些生产或消费对其他团体强征了不可补偿的成本或给予了无需补偿的收益的情形"①。后者如兰德尔的定义，外部性是用来表示"当一个行动的某些效益或成本不在决策者的考虑范围内的时候所产生的一些低效率现象；也就是某些效益被给予，或某些成本被强加给没有参加这一决策的人"②。经济活动的外部性是被排除在市场机制作用之外的副产品或副作用，它导致社会成本与私人成本、社会收益与私人收益的不一致。从福利经济学的角度理解，外部效应的产生是因为某经济主体的福利函数的自变量中包含了他人的行为，而该经济主体又没有向他人提供报酬或索取补偿。

新古典经济学研究证明，市场机制实现有效配置资源的条件有五大假设：完全理性；完全竞争；完全信息；不存在外部效应；不存在交易费用等③。环境资源的公共性与现代产权制度的排他性相矛盾。具体地说，环境资源的公共性使得现代产权制度产生两大外部性：一是环境损害行为的负外部性，其成本通常都是由全社会共同承担，而相应的收益为造成破坏的市场主体所独享；二是环境保护行为的正外部性，即市场主体不能独享环境改善所带来的利益却要承担环境改善的全部成本。所以，如果没有相应的激励机制，就会产生广泛的"搭便车"的机会主义行为。另外，

①　萨谬尔森、诺德豪斯：《经济学》，萧琛等译，华夏出版社，1999。
②　兰德尔：《资源经济学》，商务印书馆，1989，第155页。
③　沈满洪：《环境经济手段研究》，中国环境科学出版社，2001，第22~26页。

环境资源产权的公共性和环境资源使用的私益性，也使得环境信息呈现出稀缺性。为了保证自身的信息优势，人们总是进行"信息封锁"。比如，污染者往往对其生产过程、生产技术、排污状况、污染物的危害等方面的了解比受污染者要多得多，但受个人经济利益的驱使，他们往往会隐瞒这些信息，实施污染行为。相反，受污染者由于所拥有的相关信息少，想维护自己的环境权益需要付出很大的信息成本。

可见，环境资源的公共性、环境污染的负外部性、环境保护的正外部性以及环境信息的稀缺性与不对称性、高交易成本等特征使得市场机制在配置环境资源上不能起作用或不能起有效作用，从而导致市场失灵①。最终的结果是，环境公共物品自由、放任地消费，供给却保持在低水平状态。有点类似于哈丁的"公地悲剧"。公地悲剧的背景是放牧收益全部归个人所有，保护公地的收益则为集体分享。一块给定的牧场总是只能承载有限数量的牲畜。可是，对牧民来说，额外放牧一头牛所获得的私人收益会超过私人成本，因为放牧者额外一头牛的成本的一部分由在这块牧场上从事牧业的群体承担。因此，该牧场的每个牧民都有不断增加自己的畜群的动机。也就是说，每个个体在追求自己的个人收益时把他利用该资源的一些成本转嫁给了他人，结果，个体们都有"搭便车"（free-riding）的欲望。每个个体的这种搭便车行为的综合和继续，最终会导致该牧场的生态环境因过度放牧而恶化。因此，哈丁认为，资源枯竭或恶化是资源公有的必然结果。

环境资源的公共性确实可能造成人们的过度使用，但是这种使用不同于一批牧民共同在牧场里放牧，因为他们是同质性群体，而农村环境资源的使用者不是一个同质性群体。涉及工业污染纠纷的主体是污染企业与周边居民，前者是工业化生产者，后者是农业生产和日常生活者。在污染企业建设之前，农民已经在那里生存作息。虽然工业企业的经济效益高于农业，但是一个通识是，

①　沈满洪：《环境经济手段研究》，中国环境科学出版社，2001，第26～37页。

生存权优先于发展权，原住民权益优先于后来者权益。因此，对具体的乡村工业污染解释还需要引入其他视角。

二　政府干预

现代社会，政府的力量无处不在。政府力量和市场力量成为现代社会的两大主导要素。政府干预的动机有多种，为了发展经济，为了解决市场失灵，为了官员福利，为了民族解放等。有学者认为，环境污染是因为政府干预不当，远离科学决策。比如政府为了发展地方经济而放松对环境的管制，或者为了中心地区的环境质量将污染工业转移到边沿地区等。政府行为可能严格执行环境标准，也可能放松环境管制。那么在什么情况下，选择前者，在什么情况下，选择后者？

有学者认为，贸易自由化可能使一些国家或地区为了保持或提高本地产品的竞争力和招商引资而降低其环境质量标准，出现所谓"触底竞争"（race to the bottom）的现象[①]。也有的认为是政府为了纠正市场失灵而采取公共政策所带来的副产品。理论上，政府干预的目的在于通过税收、管制、建立激励机制和制度改革来纠正市场失灵。但实际上，由于各级政府部门的利益取向、信息不足和扭曲、政策实施的时滞效应、公共决策的局限性和寻租活动等[②]，政府干预往往不能纠正市场失灵，从而导致政府失灵[③]。

乡村工业污染是城市工业转移政策的结果，是城乡差距在环境上的延续。费孝通先生看到了工业污染的转移，并为此表达了自己的忧虑和想法。他说："从世界范围看，大城市工业扩散是一个趋势。这种工业扩散曾引起严重的污染扩散的后果。但是我们社会主义国家对这种恶果是可以避免的。而且我曾说过我们应当

---

① 王铂：《国际贸易对福建省劳工标准的影响研究》，《东南学术》2013 年第6 期。
② 沈满洪：《环境经济手段研究》，中国环境科学出版社，2001，第 37～40 页。
③ 所谓政府失灵是指由于政府行为导致了环境政策和环境管理的失效，从而加大了环境污染和生态破坏。

提倡'大鱼帮小鱼，小鱼帮虾米'，要求大中城市的工业帮助、促进农村社队工业的发展，社队工业也可以帮助更小集体工业的发展。所以工业要打破大而全、小而全，要一层一层地扩散下去。但是大中企业不应当把污染也扩散给还不怎么懂得污染危害的农民，而是把就业机会和工业利润扩散出去，这样它自己可以集中精力提高产品质量和改善经营管理以增加本身利润。这正是我国社会主义制度的优越性的体现。要考虑怎样在发展工业中解决广大农村中居民的生活问题，我们不应当重复西方资本主义国家工业发展农村破产的老路。"[1]

施耐伯格认为，资本主义政治经济制度造成了环境污染。通过竞争而获得更多的利润，成为公司生存的关键，也是一个国家富裕和繁荣的关键。市场经济中的企业将会本能地力图从有限的投资中榨取尽可能多的产出，为了避免积压和库存，要求消费也不断地有新的增长。在广告、电视等媒体的作用下，人的欲望被不断地激发，永远没有满足。在富裕的国家里，虽然人们不愁最基本的生活来源，但他们仍然不满足于现有的生活水平。富裕国家进入了"大量生产—大量消费—大量废弃"的模式，成为维持资本主义市场经济的连环圈。这就是所谓的"苦役塌车"（a tread-mill production）。

郑义认为，中国的生态恶化不是认识问题，而是政府选择的制度造成的，比如森林破坏严重是因为森林资源的产权属于公有、集体，或者说是属于"国家"的，而不是属于任何有血有肉的个人的。在产权不清情况下，公有财产容易陷入悲剧。农村的土地承包制改革实际上是两权分离——所有权与经营权的分离，让不清楚的所有者变为清晰的经营者。农村干部作为集体组织的代理，负责承包范围、期限、价格、形式等过程。因此，农村干部尝到了前所未有的甜头，不仅权力仍然保持着，而且可以通过两权分离，攫取那一部分没人看守的财富。普通人也参与掠夺，也可以

---

[1]　费孝通：《从小城镇到开发区》，江苏人民出版社，1999，第29页。

掠夺性地、破坏性地使用承包的资源。这一观点对于中国的生态恶化可能有一定的道理，但是仍然不能解释环境污染问题。它不能解释大气污染、水污染和噪声污染问题。因为大气污染没有任何一个国家实施承包制。水域的利用一般都是由渔业劳动者承包的。为了自己的渔业能够正常经营，他们不可能主动将自己的水域污染了，即使添加有机饲料，也不会不顾及渔业资源的生命。噪声污染也并不是承包不承包的问题。因此，生态破坏和环境退化与环境污染的理由并不是一样的。将环境资源看作公共资源，人们只是短期使用，就加以掠夺式的开采或利用。对于矿产和森林可能是这样，因为它们的生长周期很长，承包下来的主要目的就是消耗。对于草地和耕地，为了得到可持续发展只要延长使用者的承包期，更新科技观念就可以解决眼前利益和长远利益的问题，避免过度使用。

如果政府只是从自身利益最大化而不是从社会利益最大化的角度来考虑问题，地方政府就不可能真正有动机去制定与执行有关环境治理的政策。环境主管机构受工业利益集团游说，制定过低的环境标准，或者个别官员与污染企业勾结，放松监管以获取不正当的私人利益等行为都会导致环境治理的无效[1]。

三 社区结构

乡村工业污染的演变逻辑还与社区结构有关。根据环境库兹涅茨曲线的原理，乡村工业污染是先污染再治理。乡村工业污染纠纷是污染企业与周边村民之间的利益冲突。将工业污染成因归结为社区结构的研究主要是从社区内部的人际关系、社会交往、道德责任、共同体意识等方面进行。费孝通先生在回顾小城镇研究时，曾经陈述过"如何使开发者与农民的双方利益得到共同保障的思考，以及如何把建设有中国特色的社会主义放到一个可靠

---

[1] 聂国卿：《我国转型时期环境治理的政府行为特征分析》，《经济学动态》2005年第1期。

基础上的思考。我想，这些问题的解决是不能以拖延现代工业经济的进度为代价的，但是新'皮'要实际地考虑以什么方式解决毛将焉附的问题。用浦东新区农工委干部的话说，千万不能让农民认为你开发和我将来的情形是'两股道上跑的车'"①。这说明建构一个良好的社区结构关系，让企业与村民建立紧密的联系，对于环境纠纷的处理至关重要。反之，如果社区内部的结构之间是分离的，无法或者很难建立对话渠道进行沟通，那么环境纠纷较易产生，也可能向矛盾日益尖锐的方向发展。

陈阿江通过田野调查发现，在太湖流域，传统社会水域保持清洁的原因在于农业社会长期形成的生产生活方式以及村落传统的社会规范和道德意识。而20世纪90年代后期水域污染的原因主要不是科学技术的问题，而是经济社会的问题。利益主体力量的失衡、农村基层组织的行政化与村民自组织的消亡以及社区传统伦理规范的丧失是造成水域污染的主要原因②。

从建构论角度，环境问题的呈现与社区问题的出现存在紧密关联，因而具有相当鲜明的社会选择倾向，建议加强社区建设，提高对于公共事务的治理能力③。如果将污染问题置入该研究的框架，笔者可以推测，污染源的分布具有一定的社会选择倾向，它总是逐渐向弱势群体生活居所聚集。如果污染企业与周围居民能够建立紧密的社会联系，能够相互帮助、照应形成一个社会共同体，那么污染企业就不再有将治污成本外在化的动力了。

四　环境素质

从个体层次上来说，工业污染是人们环境行为的结果，而环境行为又与环境素质有关。环境素质在环境社会学领域中出现的

---

① 费孝通：《从小城镇到开发区》，江苏人民出版社，1999，第165~166页。
② 陈阿江：《水域污染的社会学解释——东村个案研究》，《南京师大学报》（社会科学版）2000年第1期。
③ 潘绥铭、黄盈盈、李楯：《中国艾滋病"问题"解析》，《中国社会科学》2006年第1期。

频率较少，而在教育领域是一个较为流行的词，如吕玉海对小学生的环境素质教育状况进行了问卷调查[1]，邵文其和陶晨编写的《高中环境素质教育》[2]，以及汪建红和王芝平编写的《初中环境素质教育》[3] 等。教育领域对环境素质的界定并不严格。如吕玉海将之界定为"环境知识、环境意识与态度、环境知识来源、环境参与等四个方面"。环境知识来源属于外在的事物，但也成为环境素质的一部分。环境意识和环境态度存在差别，不是同一事物。环境意识侧重于感知，环境态度侧重于行为倾向性。笔者认为，环境素质的含义与人（社会主体）的素质相通，是人的素质在环境上的体现。衡量环境素质的关键指标是自觉意识到环境保护的价值程度，或者说对环保价值的自觉意识程度。环境素质高的人能认识到环境对人类生存的重要性，关心自己行为对环境的影响，并尽力保护和改善环境质量。环境素质低的人不能认识到环境对人类生存的重要性，无视自己行为的环境影响，不积极探索保护和改善环境质量的方法。因此，环境素质的内涵应包括人们的环境意识、环境态度、环境知识和环境行为等方面。它既可以用来形塑未成年人的价值观，也可用来衡量人们环境素质的高低。

由于环境素质的概念不常见，这里对几个主要概念稍做解释。环境意识是指人们在做出行为时，是否考虑到了对环境的影响，是否意识到环境的存在，是否意识到其他同伴的环境权利，是否意识到环境的脆弱性。环境意识强的人会选择肯定的答案。环境态度与环境价值的认识有关，是人们对环境的行为倾向，表达人们对于环境资源的意愿和动机。环境知识是人们对环境科学知识掌握的多少。环境行为是人们做出的对环境有影响的实际行为。

---

[1]　吕玉海：《小学生环境素质教育状况分析》，《首都师范大学学报》（自然科学版）2004 年第 3 期。

[2]　邵文其、陶晨主编《高中环境素质教育》，中国环境科学出版社，2003。

[3]　汪建红、王芝平主编《初中环境素质教育》，中国环境科学出版社，2003。

一般的，对于环境科学家来说，他①关心的是环境知识；对于环境教育家来说，他的任务是传播环境知识，端正人们的环境态度；对于环境政策研究或者制定者来说，他的任务是引导人们的环境行为。一个普通的公民，首先应该树立环境意识，其次端正环境态度，再次学习环境知识，最后做出有利环境保护的行为。

国内外对于环境素质已经展开了一些研究。如哈姆菲利和巴特尔认为，环境社会学不仅要研究一般意义上的环境与社会的关系，还要通过研究环境与社会相互影响、相互作用的机制，探讨人类在利用环境时对人的行为起决定作用的文化价值、信念和态度②。他们特别关心年轻人的环境素质，认为年轻人通常处于被支配地位，存在改造社会结构、重塑社会秩序的强烈意愿，环境运动可以视为年轻人提升自我社会地位的斗争策略，因此，他们体现出较高的环境关心水平③。洪大用等认为，在中国城乡二元社会结构中，农村中的精英分子竭尽所能流向城市，从而导致农村中从业人员的素质较低，掌握环境知识的能力较弱，环境保护意识较差④。杨帆等研究发现，高校学生自尊水平与环境素质呈显著正相关，环境教育可以提升高校学生的自尊水平和环境素质⑤。王耀先等建构了环境素质评估指标体系，并对提高公众环境意识和环境素质的途径进行了探索⑥。

上述梳理主要采用的是单维度分析，也有学者探索综合分析。

---

① 这里选择"他"完全没有性别差异意识，换成"她"也是同样意思，只是写作简便，适用本书所有章节。

② 转引自吕涛《环境社会学研究综述——对环境社会学学科定位问题的讨论》，《社会学研究》2004 年第 4 期。

③ Buttel, F. H., "Age and Environmental Concern: A Multivariate Analysis," *Youth & Society* 10（1979）.

④ 洪大用、马芳馨：《二元社会结构的再生产——中国农村面源污染的社会学分析》，《社会学研究》2004 年第 4 期，第 3 页。

⑤ 杨帆、许庆豫：《高校环境教育的一种路径：基于自尊与环境素质的关系》，《扬州大学学报》（高教研究版）2015 年第 1 期。

⑥ 王耀先、李炜、杨明明、洪大用：《建立环境素质评估指标体系提高公众环境素质》，《环境保护》2011 年第 6 期。

如洪大用认为，以工业化、城市化和区域分化为主要特征的社会结构转型，以建立市场经济体制、放权让利改革和控制体系变化为主要特征的体制转轨，以道德滑坡、消费主义兴起、行为短期化和社会流动加速为主要特征的价值观念变化，在很大程度上加剧了环境的恶化[①]。采用常识判断，社会结构转型、体制转轨影响了人们的价值观变迁，表现为人际关系冷漠和功利主义增强，进而促进强势群体粗暴利用环境资源，不顾及环境中弱势群体的环境权益，环境正义力量难以取胜于环境破坏力量，结果是环境质量的急剧恶化。综合分析路径打通了微观与宏观之间的壁垒，将人们的环境行为置于社会结构和具体场域，展示了环境变迁的宏大理论分析框架，也体现了社会多元多层次分析的魅力。遗憾的是，这方面的成果还不多，主要受制于高质量的宏观数据资源不足。质量衡量的关键标准是：环境概念的准确性、环境问题的现实性、环境行动的贴近性。

第二节　工业污染的治理

针对工业污染的成因，环境研究人员在总结各种学科知识的基础上，提出了由政府主导的庇古手段和由市场主导的科斯手段，也发现一些社会的治理力量，如用社区手段和环境维权手段来治理工业污染。

一　庇古手段

面对市场在环境资源配置上的失灵问题，经济学家们提出了建立在庇古理论基础之上的排污税、补贴等方法。根据庇古的理论，如果具有外部负效应的企业不考虑负环境外部性影响，那么它的生产水平必然超过社会最优生产水平，从而产生过度利用环

---

① 洪大用：《当代中国社会转型与环境问题——一个初步的分析框架》，《东南学术》2000 年第 5 期。

境资源的问题。因此，治理环境的基本思路应是使外部成本内部化，纠正由负环境外部性引发的市场失灵。经济学家们提出了以下三条解决问题的途径。

（1）"庇古税"途径。其基本政策思路是用国家税收办法解决负外部性问题，即通过对排污企业征税来抵消私人成本与社会成本之间的差异使二者保持一致。这种税也被称为"庇古税"。显然，"庇古税"的目的是通过政府主导的经济机制使外部成本内部化来解决环境资源配置上的市场失灵问题。

（2）补贴。补贴是对节能减排业绩突出的企业进行的一种奖励，被认为可以达到与征税同样的减污效果。但是，Kneese 和Bower（1968）认为，税收与补贴对排污企业的利润影响是完全不同的。税收使企业的利润减少，而补贴使企业的利润增加。因此，从长期看，两种途径具有完全不同的效果。在补贴的情况下，将会有更多的企业加入排污产业，虽然每家企业的排污量可能减少了，但社会总排污量可能比以前更多。而税收方式的效果刚好相反。所以，从长期看，税收比补贴控制污染的效果要更好。当然，也可以考虑总量控制下的补贴政策，或者采用淘汰落后产能的方法，但是，如何在执行过程中防止政策变形、官员腐败，成为一个次生的问题。

（3）管制。经济合作与发展组织把其界定为旨在管理生产过程或者产品使用，限定特定污染物的排放，或在特定时间和区域限制某些活动等直接影响污染者的行为的制度措施。主要特征是对污染排放或者削减进行规定，污染者或者按规定行事或者面临处罚以及法律和行政诉讼，而没有其他选择。管制手段主要包括法律法规、标准禁令等。Kneese 等认为，既然市场在环境资源配置上是失灵的，那么，政府就应该以非市场途径对环境资源利用进行直接干预。他们指出许多公共资源根本不可能做到明晰产权。即使明确了产权，由于环境污染或生态破坏往往具有长期影响，后代人的利益也很难得到保证。因此，从可持续发展的角度来看，国家对环境问题的干预是很有必要的。与宏观调控不同，国家的干预主要是通过对微观经济主体的行为进行规制，以纠正市场失灵[1]。管制手段在环境容量为零的物品管理中有着不可替代的作用。例如，对于有毒废弃物品排放，必须严格依照有关法律法规的规定，严禁随意排放。管制手段是更强有力、更富有威慑力的手段。管制手段的劣势在于其绩效受官员才干和道德的影响。如果官员对环境质量承担责任，秉公执法，那么，可以预期会产生明显的效果。但是，如果官员的施政初衷在于获取功利，贪赃枉法，将污染视为权力运用的机会，将政策视为牟利的工具，那么，地方环境的前景是令人担忧的。

以庇古理论做基础的污染治理方法将重点放在确定"污染权利"的价格。生产者（企业主）核算生产成本时必须纳入由生产带来的污染成本。企业主根据"成本效益"比，决定自己的生产规模、排污行为和是否开发或引进更清洁的技术。建立在庇古理论基础上的政府干预理论，虽然取得了一定的成绩，但也遭受了批评。批评的观点主要有以下几点。

第一，政府决策难以始终保持正确。以布坎南为代表的公共选择学派重新审视了政府的性质和作用。将"经济人"的概念进一步延伸到那些以投票人或国家代理人身份参与政策决策的人们的行为中，即承认政府官员追求的是某种特殊利益，而不是什么全民利益。因此，政府在制定公共政策的过程中可能出现失灵的现象。公共决策失误或政策失败的主要原因有三点。一是公共决策过程本身的复杂性和困难。如直接民主制中存在的周期循环或投票悖论和偏好显示不真实等问题，代议民主制中存在被选出的代表不是追求选民或公共利益的最大化而是追求自身利益的最大化等问题。二是信息的不完全。任何公共决策都需要准确的信息，但获取信息需要成本，比如说排污收费政策，需要有关企业的治

---

① Kneese, Allen V. and Schulze, William D, "Ethics and Environmental Economics," *Handbook of Natural Resource and Energy Economics* 1 (1985), pp. 191 – 195.

理成本和环境边际损害成本的信息，而这些信息因为与企业的利益密切相关，很难被充分掌握。三是官员和群众的近视效应。在环境问题上，群众的利益也是分化的。目前，只有少数群众支持"为了环境的质量，宁可降低经济发展的速度"，多数群众则"宁可降低环境质量，也要快速追求财富"，特别是那些不在或者不准备在生产地居住的群众。官员为了自己的政绩或获得升迁等个人利益而迎合群众的短期需求，结果，无论群众还是官员都表现出"近视"倾向，一些从长远的角度来看利大于弊的政策难以得到实施。

第二，政策执行障碍。即使是好的政策，如果不被严格执行，同样会失效。政策的有效执行依赖于各种因素，包括政策本身的特性，政策执行机构与执行人员的执行能力、技巧及决心，政策出台时所面临的社会政治经济状况等因素。由于地方政府与中央政府利益的不一致，很容易导致地方政府在执行中央政策过程中出现与中央政府讨价还价以及阳奉阴违的现象[①]。

第三，污染控制成本太大。为了控制地区环境质量，政府需要研究确定地区环境容量，监测污染源的污染物排放量，计算企业的市场准入标准（如技术、规模），合理规划产业结构及布局。政府机构实施环境监督、管理，普遍存在"成本大、效率低"的弊端。政府的执行成本也是社会成本的一部分，其所耗费的资源来自纳税人，这相当于所有的纳税人承担污染控制的责任，不利于调动利益相关者的积极性。

第四，政府的污染控制行为缺乏灵活性。政府的污染控制行为必须按照预先通过的法律执行，在面临具体问题时，很难根据问题的实际情况进行修改和调整。特别是对于基层地方政府，在处理工业污染纠纷时，也认识到现行的法律对于受害者是不公平的，但是受到法规的制约难以灵活处理。

---

① 聂国卿：《我国转型时期环境治理的经济分析》，《生态经济》2001 年第 11 期。

二　科斯手段

1960 年，科斯在《社会成本问题》一文中对外部性、税收和补贴的传统观点提出了挑战。科斯认为，与某一特定活动相关的外部性的存在并不必然要求政府以税收或补贴的方式进行干预，只要产权被明确界定，且交易成本为零，那么，受到影响的有关各方就可以通过谈判实现帕累托最优结果，而且这一结果的性质独立于最初的产权安排。环境治理中的科斯手段是建立在"科斯定理"① 基础之上的环境经济手段，它主要是针对"政府失灵"而设计的。政府失灵的主要原因有：信息不足与扭曲、政策实施的时滞、公共决策的局限性和寻租活动的危害等②。它表现在两个方面：一是宏观政策失灵，主要指那些扭曲了环境资源使用或配置的私人成本，使得这些成本对个人而言合理而对社会来说是不合理的政策，它集中表现为宏观经济政策和部门政策在制定过程中没有重视生态环境，忽视环境保护和缺乏必要的环境论证而造成的环境问题。二是环境管理失灵，主要是指政府官员和污染企业的"合谋行为"和污染受害者的"搭便车"行为。随着环境问题加剧，政府开始加强环境管理，但政府的介入会改变环境污染者的行为策略。污染企业为了维护既得利益，就会展开"寻租"行为，投政府官员"所好"，两者相互合作，结成利益同盟。对污染受害者来说，由于人数众多，一个人采取措施要求环保部门执行环境标准，就会产生很大的正外部性，其他被污染者就会选择"搭便车"策略，导致环境管理失灵。这些问题的存在导致有关政策无法有效实施。

自 20 世纪 80 年代以来，越来越多的国家认识到经济激励方式

---

① 关于"科斯定理"，科斯本人并没有对其给予准确的说明，而是斯蒂格勒等经济学家根据科斯论文中的主要结论概括出来的。其基本表述如下：在交易成本为零时，只要产权初始界定清晰，并允许当事人谈判交易，就可以实现资源的有效率配置。

② 沈满洪：《论环境经济手段》，《经济研究》1997 年第 10 期，第 56 页。

在解决环境问题中的作用，从而开始对传统的单一"命令－控制方式"治理环境的政策体系进行改革，引入了新的以市场为基础的经济激励方式，大大提高了环境政策的效率，缓解了越来越大的环境治理财政压力[1]。1981 年，美国 12291 号行政令规定许多环境措施必须进行费用效益分析。同时，以排污权交易为主的经济激励方式也开始纳入环境政策体系，并在酸雨控制计划中取得了显著的成效。

环境治理中的科斯手段主要是：自愿协商、排污许可证交易、产权明晰和生态补偿机制的建立。

自愿协商　根据科斯定理，若法律规定工厂有权污染并不见得是一件坏事。因为工业区的人如果不愿或付不起买通工厂减少排污的费用，就可以选择迁移，这会导致工业区地价与其他地区的地价发生相对变化。由此最终形成工业区与居民区的地理分布可能比政府强制不准排污效果更好。

排污许可证交易　排污许可证交易市场包括两个层面：一是在环境自净限度内配置排污许可证，这种资源配置是通过拍卖的形式实现的；二是允许经济主体自由买卖排污配额。

产权明晰　对科斯定理另外的一种解释是：如果交易费用为正，那么权利的初始界定将会影响资源配置的效果。在现实市场经济运行与经济发展过程中，个人所拥有的权利在相当大的程度上取决于法律制度的初始界定。这就要求法律体系尽可能地把权利分配给最能有效地运用它们的人，并通过法律的明晰性和简化权利转移的法律规定，维持一种有利于经济高效运作的权利分配格局。对于共有资源所带来的外部性问题，最有效的办法是明晰产权。由于环境资源的共有性，完全明晰产权是困难的。

生态补偿机制的建立　生态补偿是指通过对损害资源环境的行为进行收费（或补偿），提高该行为的成本（或收益），从而激励污染（或治理）行为的主体减少（或增加）因其行为带来的外

---

[1]　聂国卿：《我国转型时期环境治理的经济分析》，《生态经济》2001 年第 11 期。

部不经济性（或外部经济性），达到保护资源的目的。生态补偿机制被看成调动生态建设积极性、促进环境保护的利益驱动机制、激励机制和协调机制①。

科斯手段虽然利用了地方性知识，让参与双方自愿协商，达成协议，维护各方的经济权益，但是也不是解决环境问题的万全之策。原因是：一是在急功近利的环境工具论指导下，可能造成保全参与各方经济权益的同时，破坏了地区的生态环境；二是有些受害者是缺场的，他们难以参与协商，如未出生的后代、不知情的居民和边界外的居民等；三是即使利益相关各方都在场，也不一定能够坐在一张谈判桌上平等协商，因为社会成员之间因为阶层、利益、情感等因素而产生隔离状态；四是即使各方能够参与谈判，由于谈判能力、环境知识和环境信息等方面的差距，难以保证协商结果的公正性。

庇古手段和科斯手段同为经济手段，均是通过影响社会经济活动主体的成本和收益来引导和激励其采取有利于环境保护的措施②。比较而言，庇古手段更注重于纠正外部性的局部均衡效果，而忽略了外部性问题的一般均衡效果，忽视外部效果与产权界定的内在关系。但这并不意味着科斯手段比庇古手段更为优越，能完全取代庇古手段。科斯手段在很多环境问题上面临很大的局限性：首先，环境资源，如空气、水体的产权本身就很难明确；其次，很多环境影响涉及的市场主体非常多，导致交易费用非常大。在这种情况下，科斯手段就不一定是最有效的解决方式，而庇古手段可能更有效。在具体思考庇古税时，有两个问题是必须要面对的：一是每单位的税率如何确定，因为这不仅要从技术层次考虑环境的自净力，还要考虑不同行业的排污水平；二是排污总量如何确定，庇古税是通过计算单位排污价来起作用的，而缺乏控

---

① 袁岳霞、张润昊：《经济学视角的环境问题及其解决》，《襄樊学院学报》2004年第4期。

② 叶文虎：《环境管理学》，高等教育出版社，2000，第49页。

制排污总量的能力，这样就有可能在税率不合适时，排污总量突破环境的自净能力①。

尽管经济激励方式发挥的作用显得越来越重要，却仍然改变不了传统的命令－控制方式政策依然在各国环境政策体系中占主导地位的现实。效率标准已不再是环境经济学家所关注的唯一焦点。考虑到不同环境政策的监督与实施成本、收入分配效应、社会的可接受程度、对外部变化反应的灵活性以及环境问题本身的复杂性等因素，越来越多的学者已经认识到，最好的政策模式也许是市场与政府的有机结合，不同的政策能优势互补，实现环境治理制度的不断创新②。如何才能实现有机结合？有机结合的土壤是什么？

三　社区手段

当地方政府没有积极性治理农村环境污染，市场的作用迟迟不能得以发挥的时候，农村社区逐渐成为一个环境治理的社会力量。

1. 社区治理

社区治理通过集体拥有资源，既可以避免政府管理的激励不足，又可以避免资源私有的高额交易成本③。社区利用地方性文化、价值观、社会纽带、互惠机制和社会声望体系等资源展开互利合作，共同治理环境问题。虽然传统的社区已经一去不复返，但是，社区可以通过正式组织、非正式群体和机制设计解决环境资源的私人利益和公共利益、眼前利益和长远利益之间的矛盾，实现社区重建和环境管理的自治。传统社区治理研究主要着眼于社区内部公共事务的治理，并假定内部成员是同质的，对环境资

---

① 袁岳霞、张润昊：《经济学视角的环境问题及其解决》，《襄樊学院学报》2004年第4期。
② 聂国卿：《我国转型时期环境治理的经济分析》，《生态经济》2001年第11期。
③ 陶传进：《环境治理：以社区为基础》，社会科学文献出版社，2005，第227页。

源的使用方式是相同的。本研究选择的研究对象是外来污染企业与周边居民之间围绕生产环境权利和生活环境权利之间的冲突。两者在社会主体、争夺内容、社会结构上均存在冲突和矛盾。陶传进认为，社区、市场和政府三者是可以替换的。这在现实的农村是难以成立的。村民没有对空气、水资源享有所有权，也没有对周边土地进行改变性质的开发使用权。因此，村民与污染企业并不是在私益和公益、眼前利益和长远利益上存在矛盾，而是存在加害者和受害者之间的冲突。即使如此，陶传进的研究也对本研究有一定的借鉴意义，比如社区文化对环境资源价值的认识，环境价值观对人们合作行为的影响，社区结构对环境行为的影响。

社区经济人口特征影响其对企业污染的承受能力。区域经济发展水平对污染排放具有影响。处于不同经济发展阶段的人们对于环境质量存在不同的需求。低收入群体对于物质、收入、货币的需求较高，相对弱化了环境质量的追求。高收入群体对舒适、健康的需求更高，相应地强化了他们对于环境质量的追求。公共政策的公众参与程度也会影响人们对于环境政策的支持力度。如果环境政策是由企业、非政府组织、政府部门和公众个人共同参与制定的，那么，在政策执行过程中社会主体之间的相互协调较为容易，合作质量就会比较高。对那些生计受到环境污染影响的人们来说，最容易产生不满情绪，也最容易起来抗争。教育程度比较高的地区，公众的环保意识比较强，对于企业的污染行为非常敏感，监督企业污染行为也比较频繁，从而促使企业积极治理污染。社区凝聚力也会影响其治理能力。如果社区有一个核心人物，有一批积极分子，或者有一个有生命力的社会组织，就会组织社区内部资源，主动发现社区内部存在的隐患和矛盾以及外来的威胁，并采取行动策略处理这些隐患。

费孝通认为，当前人们已迫切需要一个共同认可和理解的价值体系，才能继续共同生存下去，并且预言 21 世纪由于地球上人和人之间信息传递工具的迅速改进，互相反应的频率越来越高，集体活动的空间越来越小，原有的可以互不相干的秩序，已经过时。建立的新秩序不仅需要一个能保证人类继续生存下去的公正的生态格局，还需要一个所有人类均能遂生乐业，发扬人生价值的心态秩序。在全球性的大社会中要使人人能安其所、遂其生，就不仅是共存的秩序而且也是共荣的秩序①。

2. 利益相关者反应

企业是一个经济利益中心，它不仅与股东或资本所有者相关，也与工人、消费者、周边居民有关。虽然现有的法律建立在"企业归股东所有者"这一个假定之上，但是企业的祸福变迁确实与股东，也与非股东的相关者有关。比如企业工人，虽然与企业主是雇佣和被雇佣的关系，但是在工作场所劳作，他们获得了大量商业信息。无论这些商业信息是代表企业非法行为还是合法行为，如果企业工人泄露出去，带给公司的将是巨大损失。大量环境污染纠纷案例的关键证据就是来自现场作业的工人。因此，企业主与工人之间也是一种合作关系，需要用一定的利益维持这样的关系。利益相关人观念最早是由通用电器公司的一位杨氏（Owen D Young）经理在1929年1月的演说中提出的：不仅股东，而且雇员、顾客和广大公众（General Public）在公司中都有一种利益，公司经理人有义务保护这些利益②。

根据现有文献，公司的利益相关者可归结为两类，一是企业利益相关人，如供应商、销售商等，二是居民利害相关人，如消费者、劳工、社区、环境共同体等。利益相关者理论不仅强调企业发展要关注传统企业成员（资本所有者）利益，而且还要关注和重视外部人利益，如社区、消费者和环境地缘关系等。利益相关者理论批评传统企业理论坚持资本逻辑、利润至上和股东主义思想，认为企业在创造财富和追求利润最大化的生产经营过程中要尊重居民利益，履行企业社会责任，绝不能以牺牲劳动者、消

---

① 费孝通：《从小城镇到开发区》，江苏人民出版社，1999，第56页。

② Dodd, "For Whom are Corporate Managers Trustees?" *Harvard Law Review* 45 (1932), pp. 1145, 1153 – 1154.

费者、纳税人和环境的利益为代价，不择手段地追求单一的利润指标或仅仅为资本所有者谋利。显然，利益相关者理论隐含企业与居民要协商合作、协调发展和双赢共进。20 世纪 80 年代以美国 29 个州公司法的变革为标志，履行社会责任、与利害相关者共同发展，并借此提高和树立良好的企业公民形象，已经成为西方企业参与市场竞争和长期发展的重要战略手段，尤其是发达国家许多大型企业已将其视为企业发展战略和企业文化的重要组成部分，并自觉付诸行动。

20 世纪，企业制造的资源浪费、生态破坏和环境污染日趋严重。"十大环境公害事件"及更为严重的环境污染和更大范围的生态破坏事件频繁发生，直接导致西方"绿色运动"和环保运动的蓬勃发展。20 世纪 60～70 年代的新环境保护主义运动（New Conservation Movement）则纯粹是居民反对集中而不负责任的公司权利的一次自觉运动。居民环境权益意识的觉醒及环保运动的蓬勃发展，使得各种民间或半民间的环保组织纷纷出现或得到发展（这些组织日后对美国自然资源和环境保护运动的持续开展以及相应立法步伐的加快起到了积极推动作用），成为企业履行环境保护责任、树立可持续发展观的重要监督和推动力量。随着公民环境权益意识的觉醒，各种环境维权及环保运动在各地蓬勃展开，作为最大污染制造者的企业应该正视自己承担的社会环保责任。

3. 公众环境维权

对农民维权行为的研究，国内已经较多。于建嵘将农民维权行为归纳为三个阶段：在 1992 年以前，表现为个体的"弱者武器"的"日常抵抗"形式，利用的是隐蔽的机会主义策略，不与权威发生正面冲突；1992～1998 年，表现为"依法抗争"或"合法的反抗"这类形式，其特点是利用中央政府的政策来抵制基层政府的土政策，以上级为诉求对象；自 1998 年以后，表现为"有组织抗争"或"以法抗争"形式，其特点是以具有明确政治信仰的农民利益代言人为核心，通过各种方式建立了相对稳定的社会动员网络，抗争者以其他农民为诉求对象，他们认定的解决问题的主体是包括他们在内并以他们为主导的农民自己，抗争者直接挑战他们的对立面，即直接以县乡政府为抗争对象①。然而，环境维权行为是否具有相同的特征？以往国家与农民关系框架下的维权研究是否适用于环境维权研究？两者之间可能发生怎样的联系？没有进一步的数据资料难以证明。

目前国内虽然没有系统化的环境维权研究，但是也已经有了一些成果。如叶俊荣关于台湾公民抵抗公害的研究②，在《我国公害纠纷事件的性质与结构分析：一九八八至一九九零年》③一文中，他介绍了两个分析框架，一个是公害纠纷与外在环境因素（包括时间、空间、政治以及社会经济条件）组成的分析架构，另一个是对环境公害纠纷事件的分析框架。他还界定了环境纠纷中，常见的当事人、诉求内容和维权手段，以及分析了台湾环境纠纷事件的统计特点，认为工业污染频率最高，其次是垃圾处理站。台湾居民的诉求内容是改善污染、要求损害赔偿和健康检查，维权的手段有"体制内"的陈情、司法诉讼、调解及私下协商和"体制外"的示威游行、围厂堵厂、暴力冲突。另外，他还介绍了台湾常用的处理方式及社会影响。在《环保私力救济的制度因应："解决纠纷"或"强化参与"？》④一文中，叶俊荣分析了"杜邦投资案"和"林园堵厂案"两个案例。他认为，民众参与环境决策和治理的不足，导致政府和企业的行为侵犯民众的环境权益。民众因环境权益得不到公共权力的保障转向私力救济，结果引起环境冲突。其主要对策是：强化民众在环境管制上的参与，建立民众参与范围、方式、程序等方面的法规，引入公民诉讼条款，让民众参与调和利益冲突。

---

① 于建嵘：《当代中国农民的维权活动与政治》，2003 年 12 月 4 日在美国哈佛大学的演讲。
② 叶俊荣：《环境政策与法律》，中国政法大学出版社，2003，第 12 页。
③ 同上书，第 256～295 页。
④ 同上书，第 296～321 页。

　　宫本宪一分析了日本居民环境维权的艰辛。如在日本，如果公共工程侵犯人们的环境权利，除非出现居民死亡或者重伤等一类的绝对损失，并证明其间的因果关系，否则很难阻止公共工程的停工，典型的例子是机场和高速公路工程①。

　　杨继涛分析了一个因乡村资源开发导致农民利益受损而发生的村民与开发商的冲突，证明了"日常生活的逻辑"与"制度性逻辑"的不一致，导致弱势的农民与开发公司的冲突，最终的结果是双方互相"学习"创造了新关系，实现企业与农民和谐相处②。郎友兴以 2005 年发生于 Z 省 D 市与 XC 县两起农民暴力抗议环境污染之事件为个案，探讨商议性民主与公众参与环境治理之关系。他认为，两起事件表明了中国环境不正义之现状。其原因是：地方政府、企业与农民价值和利益的冲突，以及公共决策制定与执行的缺失（指公众没有参与事关自己生存权的环境决策之机会）。他还判断，两起事件采用私力救济之动力不是"来自于公正、社会正义"，而是维护自我权益之需要。目前中国多数的环境抗争事件还没有发展到出于社会正义之理念之地步，仍囿于自我权益维护之范围。环境抗争是为了获取环境权益，是环境不正义之现状反抗，应该有环境正义与社会正义的内涵，但其后边的叙述否定了这一点。出现这种现象的根源在于对正义的理解。本文后边清楚证明了村民行为之中存在环境正义和社会正义的成分。其文还重点对商议性民主的理论与实践进行介绍，并主张通过公众参与的商议性民主机制解决环境保护与治理的方法③。但是文章没有探讨如何实现企业与周围居民进行商议。何文初在一篇论文中从环境法学的角度探讨了环境维权行为的形式、特点、产生原因和性质等，并从加强法制、环境监察和环境

---

① 宫本宪一：《环境经济学》，朴玉译，三联书店，2004，第 378 页。
② 杨继涛：《知识、策略及权力关系再生产——对鲁西南某景区开发引起的社会冲突的分析》，《社会》2005 年第 5 期。
③ 郎友兴：《商议性民主与公众参与环境治理：以浙江农民抗议环境污染事件为例》，转型社会中的公共政策与治理国际学术研讨会，广州，2005。

意识等方面提出了对策①。

王芳研究了城市居民抗议建筑工地的噪声污染的发展过程②，重点阐述了居民各种维权策略的成本以及选择顺序。从发生的环境维权事件看，居民维权方式有以下几种：①向政府"诉苦"，如群访、越级访、重复访等方式；②寻求代言人；③向新闻媒体求助；④寻求法律援助；⑤"闹事"，以自力解决。这几种方式的秩序也就是居民选择维权策略的顺序。该文肯定了人们各自的利益以及相互冲突的存在，并没有提出解决环境问题的任何策略。

景军也研究过中国农村的环境维权行为。他认为，中国农村的环境抗争行为是最近出现的现象。1979 年颁布的《环境保护法》给村民的环境保护行为提供了合法的基础，也增强了村民采取武力或者暴力维护环境的手段的正当性。农村的环境维权活动体现了历史上历次农民运动的特点。抗争者在进行草根层次动员时，采用的关键的制度和符号资源是：血缘关系、大众信仰、道德关照、古老传说中的正义观。这些因素在一定的社会和文化背景下交互影响，决定着环境抗争的发生和发展，但是，中国目前村民要求改进生态质量的实质是提高村民的福利，而不是从自然本身的角度去拯救自然环境③。景军仔细描述了村民如何认识污染、如何动员村民，分析了世系、文化和经济、生活等因素对环境抗争活动的影响。景军的分析重在环境抗争活动的发起和组织形式的成因，没有对村民与企业之间如何进行互动、地方政府所扮演的角色等问题进行分析。所选的案例中没有看到污染企业收买村干部和地方能人等环节，因此，案例的内容相对简单。

① 何文初：《环境污染纠纷中的过激行为评析》，《邵阳师范高等专科学校学报》2001 年第 6 期。

② 王芳：《环境纠纷与冲突中的居民行动及其策略——以上海 A 城区为例》，《华东理工大学学报》（社会科学版）2005 年第 3 期。

③ Jun jing, "Environmental Protests in Rural China," in Elizabeth J. Perry and Mark Selden, eds., *Chinese Society: Change, Conflict and Resistance* (London: Routledge, 2000), pp. 143 – 160.

第三节　纠纷分析的理论工具

一　场域理论

工业污染纠纷主要涉及三个主体：地方政府、污染企业和周围居民。他们分别从自身的权力、利益和符号资源出发对同一环境资源进行策略性行为。这种策略行为考虑了他们的客观联系和主观意愿。布迪厄的场域研究是比较恰当的一个理论工具，因为布迪厄的场域研究就是一种从关系的角度分析和思考社会现象的方法。他认为，在社会世界中存在的都是各种各样的关系——不是行动者之间的互动或个人之间交互主体性的纽带，而是马克思所谓的"独立于个人意识和个人意志"而存在的客观关系。一个场域就是各种位置之间存在的客观关系组成的一个网络（network），或者一个构型（configuration）①。这些位置在与其他位置之间的客观关系和实际的或潜在的处境中确定了不同类型的权力。在场域中的权力就是资本，是专门利润的得益权。在高度分化的社会里，社会世界是由大量具有相对自主性的社会小世界构成的，这些小世界具有自身逻辑和必然性，它们不可化约为其他场域的运作逻辑和必然性②，如经济场域、宗教场域等。

场域可以类比为"游戏"，但它是深思熟虑的创造行为的产物，它所遵循的规则不是明白无疑、编纂成文的。布迪厄认为，确定场域的内容和边界是十分困难的，但它与确定资本的内容、作用和效力界限紧密相关。场域的界限只能通过经验研究才能确定。各种场域总是明显地具有或多或少的"进入壁垒"。场域是一个空间，与这个空间关联的对象，都不能仅凭研究对象的内在性质予以解释。场域的界限位于场域效果停止作用的地方。场域运

---

① 布迪厄、华康德：《实践与反思》，李猛、李康译，中央编译出版社，2004，第133页。

② 同上书，第134页。

作和转变的原动力来自其内部成员对资本或权力的争夺。场域是各种位置占据者所寻求策略的根本基础和引导力量。场域中占据支配地位的人有能力让场域以一种对他们有利的方式运作，不过，他们必须始终不懈地应付被支配者的行为反抗、权利诉求和言语争辩。

场域研究分为三个步骤：首先分析与权力场域相对的场域位置；其次勾画出行动者或机构所占据的位置之间的客观关系结构；最后分析行动者的惯习，亦即千差万别的性情倾向系统。位置空间仍然倾向于对立场的空间起到支配作用。在场域中，社会行动者并非被外力机械地推来扯去的"粒子"。相反，他们是资本的承载者，他们为维持或者颠覆现有的资本分配格局而有积极踊跃的行事的倾向。场域研究的任务是揭示各种资本的分配结构，通过他们分析个体或集体的利益、立场和行为策略。

布迪厄批评理性行动理论，认为他们假定存在一种普遍既定的利益，人们拥有无限的能力和性情倾向，而不考虑文化、历史和经济条件的区别和限制，他们把经济的内在法则，曲解为某种适当实践的普适规范，随时随地都能实现。布迪厄认为，惯习本身是特定经济条件的产物，是必须占有最低限度的经济资本和文化资本之后的选择。

场域研究突出实践的重要性。实践是在一定的时空中发生的，具有紧迫性、过程性。布迪厄对实践进行的是定量和结构分析，对于总体性本身在实践中的生成机制，他几乎完全没有涉及。布迪厄是用一种非实践的精神与方式对待实践的，将实践抽象化了。惯习、场域这样的概念，虽然单独使用是非常有意义的，但没有激活实践。只有再现实践的活的、热闹的本性，我们才能真正地面对实践，才可以看到实践的独特性之所在。从某种意义上来说，这种实践是一种链接、一种黏合，是社会现象的再生过程。为此，提出了接近实践的"过程－事件分析"的研究策略。事件性过程分析方法的特点是：一是浓缩和集中实践状态中存在的信息；二是通过认识事件之间的链接与黏合，获得过程的再生产机制；三是提供了实践状态的可接近性①。

经过一系列个案的研究，对实践状态社会现象的研究可以分为四个环节，即过程、机制、技术和逻辑。过程是指事件性的过程，它是进入实践状态社会现象的入手点，是接近实践状态社会现象的一种途径。机制是社会因素发挥作用的逻辑。技术是指实践状态中那些行动者在行动中所使用的技术和策略。逻辑则是我们研究的目标。实践社会学在面对实践状态的社会现象的时候，要找到的，就是实践中的逻辑。然后通过对这种实践逻辑的解读，来对我们感兴趣的问题进行解释②。

关于"社会实践"（即实践状态社会现象）的研究其实是探讨内在运行的机制。社会机制就是社会因素（无论是制度因素还是非制度因素，是正式运作还是非正式运作）发挥作用的逻辑。社会机制的静态表现就是正式制度和非正式规范等结构因素，动态表现就是这些因素发挥作用的轨迹。结构因素发挥作用与社会主体的能动作用是结合在一起的，有些因素受到社会主体的"干扰"，有些因素只有社会主体参与才能发挥作用。在社会结构的制约之下，社会主体根据自己追求的目标确定自己的行为策略。社会机制的设计就是改变那些可以操作的结构因素，以达到机制的目标。如果运行的结果没有达到预期目的，甚至是目标的反面，那么，就需要考虑改变、调整机制设计。逻辑是研究者感兴趣的对象，不是能离开社会研究而独立存在的实践单位。其存在价值是提供场域中的社会主体认知的工具和经验，更高效地实现自己的目标，同时也可以给科学共同体提供学术素材和信息。

二　正义理论

对于研究工业污染纠纷来说，不可避免要探讨的一个维度就

---

① 孙立平：《实践社会学与市场转型过程分析》，《中国社会科学》2002 年第 5 期。

② 同上。

是正义。正义支撑了社会行动主体存在和行为表现的合法性。前面已经提及了环境正义，并陈述其对于环境社会学研究的重要意义。环境正义是一般正义理论的扩展。农民的行为内部存在正义要素，污染企业的行为中也存在正义要素，地方政府也会认为自己的行为符合正义。违背正义的行为不仅受到外在社会力量的谴责，也会从内部受到良心的谴责。不过，让问题复杂化的原因是，各个社会主体对于正义有不同的理解，在环境纠纷中，几乎没有一样的正义结构。因此，正义是一个有待认真分析的概念。

正义首先是社会中存在的概念。随着环境运动的兴起，人们对于环境的认识也逐渐从实用主义的态度向环境本体论的方向转变。应该说，这个转变还处于发展演化之中，还没有彻底完成，因为环境和社会之间还存在矛盾。由于环境利益对于社区来说是一个整体的、不可分割的必要事物，因此，善待环境、维持环境健康是所有成员生活质量的基本保障，也相当于保证所有人在环境资源使用上的平等权。因此，应用正义理论与环境社会学的研究存在内在逻辑的一致性。

根据慈继伟的研究，社会中的正义具有相互性。它介于纯粹的利他主义（仁爱者）和纯粹的利己主义之间。正义者自愿遵守正义规范，做有利于他人的事，不做不利于他人的事。这里的自愿是有条件的，它要求社会其他成员也这样做。仁爱者不论别人如何行事，都自愿做有利于他人的事，而不做不利于他人的事，是一种"关心他人"，符合中国的"君子"理念。利己主义者不遵守正义规范，只要可以避免法律的惩罚，他就可以为了追求个人利益而不惜违反正义规范，是一种"自管门前雪"，符合中国的"小人"理念。对于利己主义者，法律只能采取直接的胁迫手段，促使他遵守正义规范①。笔者同意，正义秉性既有关注他人的一面，又有指向自己的一面，是自向和他向的结合。可是，人们的社会行为并不完全是由法律决定的，法律在一段较长的时间内是

---

① 慈继伟：《正义的两面性》，三联书店，2001，第 19～20 页。

保持不变的，当法律没有改变的时候，人们的行为也会产生明显的变化或分化。在笔者调查的案例之中，面对的是同样的法律，但是行为表现有巨大差异。因此，在法律之外，应该还存在其他因素左右人们的环境行为。

慈继伟认为，正义感既是社会要求个人做到的自我克服的最高程度，也是个人（通过社会化）自愿做到的自我克服的最低程度。在自我克服的过程中，个人不可能完全出于正义的动机，而只能借助于尚待改造的利己主义动机。只有在个人理解并内化了社会以正义的名义强加的各种要求之后，社会的理由与个人的动机才能达成一致①。他人违反了非个人性规范，并不是我们产生愤恨的充分条件，只有我们受正义规范保护的个人利益受到侵犯时，才能引起我们的愤恨。对照环境纠纷案例，污染受害者往往处于怨恨的心态，因为他们认为自己的合法权益受到了侵犯，为了保护自己的家园，也为了保障个体的利益，正义感是存在的。

正义行为可能是徒有其表的行为。从实践角度看，环境纠纷的关键不是正义行为的动机，而是正义行为本身。卢卡斯说，"虽然情愿的行为更佳，但只要我做了这些行为，我就达到了正义的标准"②。不论人们自我克服的动机是什么，只要他们按照正义要求的程度达到了克服自我繁荣的目的，正义的社会功能就得到了实现，反之，社会正义受阻，社会风气江河日下，人们的怨恨情绪也会逐渐积累。固然，要让人们彻底克服有悖于正义的愿望，最好的办法莫过于培养人们的正义动机。但是，我们也应该看到社会培养正义的复杂性。从立法的角度和守法的角度对何为正义、何为公道的理解是不同的，立法应该是公道的，而守法不必是公道的。根据拜瑞的分析，既然人们已经在立法阶段为守法阶段确立了法律制裁，公道的动机在后一阶段就不再必要③。因此，从这个角度来说，简

---

① 慈继伟：《正义的两面性》，三联书店，2001，第275页。
② 转引自慈继伟《正义的两面性》，三联书店，2001，第276页。
③ 转引自慈继伟《正义的两面性》，三联书店，2001，第44页。

单倡议人们应该善待环境、保护环境、遵守环保法规，是没有效果的。只要环保法规设计科学合理，人们的行为是自由的，那么他们就相应地承担因自由选择而带来的义务。

如何能够产生正义？也就是，正义产生的条件是什么？休谟认为，正义的客观条件是人赖以生存的物质资源的缺乏。也就是说，只有在资源稀缺的时候，才能真正考验人性的善恶，凸显正义的价值，给人们的义利之纷争提供参考答案。在主观方面，罗尔斯认为，正义的主观条件是利他主义的缺乏以及由此产生的合理善观念之间的冲突①。罗尔斯还认为，这是人类社会的永恒特征。社会需要时刻检查、审视正义的状态，鼓励正义的呈现，消除使正义消弭的阻力。正义并不是纯粹的形而上学概念，它需要解决世俗问题，人们如何平衡自己的目标、集体目标和利益相关人的目标，如何平衡合法权益与他人利益得失，如何处理这一代人与下一代人的利益关系。其实，这里没有标准答案，而是在具体的情境互动过程中自然演化而成的。根据艾伦·吉巴德和罗尔斯的研究，首先是社会不同成员之间的利害交换关系，然后逐渐发展为超越利害交换的道德情感。这种模式更切合于熟人之间的关系，而不切合于陌生人之间的关系，在稳定的正义制度建立之前，陌生人之间不存在自发性合作的前提②。所以，先交朋友，再产生同情心，是社会正义培养的基本路径。

三　机制设计理论

机制设计理论是近期发展起来的理论，最成熟的成果分布在经济学科。本研究将经济机制设计理论应用于环境社会学的研究，实现方法之间的共享。根据田国强关于经济机制理论的一篇综述文章的内容③，我们可以认识经济机制设计的原理。

---

① 慈继伟：《正义的两面性》，三联书店，2001，第63页。
② 同上书，第151页。
③ 田国强：《经济机制理论：信息效率与激励机制设计》，载《现代经济学与金融学前沿发展》，商务印书馆，2002，第331～385页。

　　经济机制理论源于 20 世纪 20～30 年代关于社会主义的大论战。一方是以米塞斯和哈耶克为代表，认为社会主义不可能维持经济的有效运转。另一方的兰格和勒纳认为，只要每一个企业根据边际成本等于中央所制定的产品价格确定产量，就可以实现资源的有效配置，这是一种分散化的社会主义经济机制。他们解决了社会主义经济机制的信息效率问题，但是无法解决激励相容问题，即如何激励基层单位完成上级部门下达的任务并且按照真实的边际成本定价来组织生产。由于边际成本是基层单位的私人信息，为了降低生产指标，他们存在虚报生产成本的动机。但是，市场机制也存在局限性，如不完全竞争、生产的外部性、公共品等问题。经济机制设计的任务是，给定经济环境和某个社会目标，寻找某个机制，使得每一个人即使追求个人目标，其客观效果正好能达到既定的社会目标。经济机制的核心问题是信息效率和激励相容。

　　信息效率问题。从信息传播的角度讲，所谓经济机制就是把信息从一个经济单位传递到另一个经济单位。机制设计时需要考虑的一个重要问题是尽量简化传递过程中的复杂性，或使一个机制合理运行而使用较少的信息，因为较少的信息意味着较少的运行成本。从当前的研究看，信息分散化机制是效率较高的一种机制。所谓信息分散化机制，就是在一个经济机制中，每一个经济单位只需要了解自己的经济特征以及社会分工体系中的上家（供方）和下家（需求方）的有限信息，而不需要知道其他单位的经济特征，就可以决定下一时刻所要传递的信息。信息分散且实现了资源有效配置的机制就是有效的。20 世纪 70 年代，赫维茨证明，对纯交换的新古典经济环境来说，没有什么其他经济机制既能实现资源有效配置而又比竞争市场机制用到了更少的信息。1982 年，乔丹更进一步证明此种环境下，竞争市场机制是唯一有效的机制。2000 年，田国强更进一步证明，"即使在一般的生产经济环境下，私有竞争市场机制是唯一有效的配置机制"。这个结果表明，只有在市场无能为力的情况下，才采用其他一些机制来补充市场机制的失灵。

激励相容问题。只要成本和利益不相等或者相互干扰的多元主体参与的场域就存在激励问题。由于个人、社会组织和经济组织的成本和利益结构不可能完全一致，激励问题在每一个社会经济单位中都会出现。激励相容问题就是"如何通过某种制度或游戏规则的安排来诱导人们努力工作和尊重他人，使得努力工作和尊重他人成为最佳的选择，为各方自觉选择"。解决激励相容问题的机制也称为激励机制。其评价标准就是看它是否提供内在激励（动力）使人们追求的个人目标与机制目标（一般为社会目标）同步。如果一个经济机制不是激励相容的，则会导致个人行为与社会目标的不一致，出现"上有政策，下有对策"的现象。在经济学中，激励机制设计的理论范围是"自由选择、自愿交换、信息分散化决策"的情景。其核心问题是私人信息的真实显示问题。市场机制的优点就是人们通过自己的行为真实地显示了自己的私人信息，比如，同样款式但不同颜色的手机有不同的价格，苹果5S当时推出3种颜色，灰色、白色和金黄色，在中国，金黄色的价格就是比灰色和白色高一些，这是由市场决定的。

如果上述两个问题不能解决，就存在"逆向选择"的风险。这一问题最早是由阿克洛夫在1970年的研究中提出的。他利用旧车市场模型解释了"只有低质量的车成交，高质量的车退出市场""坏车将好车驱逐出市场"的内在逻辑，将之命名为"柠檬模型"（lemons model）①。逆向选择机制是人们认识社会问题的一个工具。比如，在某一个领域中，社会正义力量被反正义的力量抑制，或者优秀的事物被劣质的事物所抑制，那么在那里必然存在逆向选择机制。当人们的逆向选择成为一个惯习时，整个社会具有内在的再生产能力，其格局也逐渐固定僵化。这时为了"拨乱反正"，改革就成为必需的手段和策略。

---

① 张维迎：《博弈论与信息经济学》，上海三联书店、上海人民出版社，1996，第544页。

一个好的机制的标准是：有效利用信息、激励兼容及资源的有效配置。有效利用信息是指社会只是获取必要的信息，降低信息获取成本，让参与者自己有效管理私人信息。激励兼容是指个人理性选择和集体期望相一致，发挥分工合作的最佳效益。有效的资源配置是指资源得到有效运用，不存在浪费和改进效率的余地，依靠市场机制和调控机制的有机结合。不同的社会机制会导致不同的信息成本、不同的激励反应和不同的配置结果。如果所有的个人信息可以被掌握的话，直接控制或者强迫命令的集中化决策方式就不会有问题。由于个人信息关联着利益，也是动态变化的，因此，个体不会完全展示自己的动机、信息和需求。可见，所有的个人信息是不可能完全被一个人或机构所掌握的。分散化决策成为一个普遍方式。激励机制就是激发人们按照设计者期望的方向做出行动选择，实现设计者设定的既定目标。社会机制的对象很广，大到对整个社会制度、经济制度的一般均衡设计，小到对某个经济活动的激励机制设计。举个简单的激励机制例子——分饼问题，为了防止分饼的人不公正分割，只要制定规则：谁分割，谁最后选取，那么任何分饼的人都会尽量公正分割。

第三章　地方政府与企业

本书所指的地方政府是县市级政府，本章指地方环保局和地方人民政府。根据现有的权力配置，地方环保局隶属于同级的地方行政机关。1994 年进行的财政体制改革使地方政府成为一个独立的政绩考核单位，地方官员开始自觉地积极追求本地经济发展。经济发展的主体非企业莫属，但企业具有流动性，这决定了这样一种政企关系——不是企业更依赖地方政府而是地方政府更依赖企业。至十八大之前，"招商引资""经营土地"一直是县市政府的工作主线。为了突出本地的投资环境，各县市展开了环境标准的"触底竞争"。政企关系的具体运作逻辑，也从"管理和被管理"向"服务与被服务"的关系转换。本章主要论述不同的地方政府与企业的关系导致企业不同的排污行为。首先是基本背景，包括环境管理体制，地方政府利益取向和经济结构；其次是制度分析，内容有环境评价制度、环境监测制度和排污收费制度；再次是分析案例中的地方政府与污染企业之间的关系以及企业的排污行为；最后是对政企关系与排污行为关系的总结。

第一节　体制分析

一　环境管理体制

环境管理体制是指与环境保护有关的公共机构之间的权利和义务联系或者工作程序。它可以明确相关环境保护部门的职责，保障环境保护行政管理机关有效行使职权，规范行政机关的管理活动，促进不同环境管理机构相互协调与配合①。目前，我国的环境管理体制已经有了一些改善，但还不够理想，需要继续充分地探讨和论证，以推动其不断进步。

1. 内容

2014 年修订的《环境保护法》规定"国务院环境保护主管部门，对全国环境保护工作实施统一监督管理；县级以上地方人民政府环境保护主管部门，对本行政区域环境保护工作实施统一监督管理"，显然，环保部是最重要的环境保护主管部门，但是法规并没有明确环保部就是唯一的环境保护主管部门，因此，其他部门责任范围内的环境保护事务，就需要有更为细致的安排。具体地说，涉及三个方面，一是地方环保部门与地方政府的关系，二是环保部门与其他部门的关系，三是地方环保部门与环境保护部的关系。

（1）地方环保部门与地方政府的关系

我国的环境管理制度规定，地方各级环境保护局是地方政府中主管环境保护工作的直属机构，实行地方政府和上级环境保护局的双重领导，以地方政府领导为主。地方环保部门是管理地方环境事务的公共机构，管理和监督污染企业的建设和生产行为，接受群众对环境质量的诉求。地方政府是管理地方事务的公共机构。它综合控制包括环保部门在内的重大决策，权衡经济发展和环境质量的关系，综合考虑各阶层、群体的利益得失，同时，也面临地区之间的经济和投资环境的竞争，接受上级政府的考核。目前的权力利益格局是，地方环保部门与本级地方政府有着一种固定的统属关系，而与上级环境保护部门只有一种虚的统属关系。因此，我国目前地方环境管理体制实际上是以"块块"为主，环境行政主管部门只对本级政府负责，即所谓的"块块压过条条"②。

---

① 王灿发：《论我国环境管理体制立法存在的问题及其完善途径》，《政法论坛》2003 年第 4 期。

② 李侃如：《中国的政府管理体制及其对环境政策执行的影响》，《经济社会体制比较》2011 年第 2 期。

地方环保部门不是监督、约束地方政府的开发行动，而是帮助其顺利完成待开发的项目，形成"环保局是前台，地方政府是后台"的权力格局。

虽然制度规定，地方各级环保局是所辖行政区域之内的主管部门，但是它们的权力是不完整的。首先，其人事任命权掌握在地方党委手里；其次，对违规企业的关停权掌握在地方政府手里；最后，它也承担发展地方经济事务的责任。地方政府面临两种压力，一是政绩考核压力，二是财政税收压力。两者都与经济建设有关。地方政府普遍认为，实施严格的环境标准，必然会制约企业的投资积极性，至少在短期内会影响地区经济发展速度，因此，在有些地方，环保局不参与地方的重大决策，特别是产业规划。这种格局影响了环保部门执法的权威性，使污染企业认识到环保局的执法行动是软性的。这种格局也影响环保局与其他部门之间的合作关系，环保局的工作成为其他部门决策的追认程序。

当然，地方环保局与同级地方政府也存在利益分歧。环保局官员直接面临公众对于环境质量的诉求，需要通过严格执法来减轻这种压力。地方环保局在执法时不仅要同污染者谈判，而且还要努力争取获得地方政府对执法行动的支持。地方环保局有动力将环境执法和守法的相关信息告知公众，以调和地方政府重经济发展而忽视环境保护的问题。但是政府和企业都不愿意将其自身的环境行为置于公众的监督之下，从而导致一些政策创新无法产生预期的效果①。当公众为了环境诉求共同向地方环保部门和地方政府施加压力的时候，双方就有很大可能形成一致的立场。

（2）环保部门与其他部门的关系

所有的环境问题都与一定的地域和资源有关。在环保局设置之前，这些地域和资源往往有一个明确的主管部门，但是，为了避免部门之间相互推诿，我国设置了一种"统管部门和分管部门"

①　李万新：《中国的环境监管与治理——理念、承诺、能力和赋权》，《公共行政评论》2008 年第 5 期。

的管理体制。可是，法规对环保部门与其他部门之间关系的界定不够明确。立法对于统管部门和分管部门之间的权限配置规定过于笼统、模糊和不完善，导致环保部门并未有效行使"统管"之权①。

表现之一是界定过于抽象、简单。比如，2000 年修订的《大气污染防治法》第四条规定："县级以上人民政府环境保护行政主管部门对大气污染防治实施统一监督管理。各级公安、交通、铁道、渔业管理部门根据各自的职责，对机动车船污染大气实施监督管理。"不仅这些相关的部门不知道自己到底怎样对大气污染防治实施监督管理，可能连立法起草者本身都不知道这些相关部门有什么管理职责，而只是一种立法的套话。

表现之二是职能重复和交叉。根据环境监测职能，环保部具有组织建设和管理国家环境监测网和全国环境信息网，组织进行全国环境质量监测和污染源监督性监测、发放水污染物排放许可证的职能，而水利部的水资源水文司也有监测江河湖库的水质、审核水体纳污能力的职能。海洋局也对一部分河流水体进行质量监测。又如污染纠纷处理职能。按照《水污染防治法》的规定，造成水污染事故的排污单位，由事故发生地的县级以上地方人民政府环境保护部门根据所造成的危害和损失处以罚款。造成渔业污染事故或者船舶造成水污染事故的，分别由事故发生地的渔政监督管理机构或者交通部门的航政机关根据其所造成的危害和损失处以罚款。实践中，污染事故发生以后往往都伴随着环境污染损害赔偿纠纷，法律规定了渔政监督管理机构处理渔业污染事故的职责，却没有明确其处理渔业污染纠纷的职责。渔政监督管理机构认为其当然有处理渔业污染纠纷的职能，而环保部门认为，既然没有明确渔政监督管理机构处理渔业污染纠纷的职能，那么，它就没有这种职能，而环保部门既然已被明确有权处理水污染纠

---

① 侯佳儒：《论我国环境行政管理体制存在的问题及其完善》，《行政法学研究》2013 年第 2 期。

纷，那么渔业污染纠纷当然应由环保部门处理。从而发生两个部门在处理渔业污染纠纷或者遇到棘手的渔业污染纠纷时相互推诿的现象。

表现之三是利益冲突。在环境立法时，环保部门面对许多强大的产业管理部门常常处于孤立无援的地位。那些产业部门把自己作为企业的代理人和保护神，极力反对严厉追究企业违法责任的条款。产业管理部门把高额的罚款看作环保部门对企业财产的侵犯，是环保部门在为自己谋利益。尽管现在已经实行收支两条线，但"谁罚款谁有钱，谁收费谁有利"的观念还是很重。因此，许多部门在对环境立法草案提意见时，不是考虑能否使立法达到目的，而是更多地从本部门利益出发提出赞成或反对的意见。由于"统管"二字用语，分管部门总认为环保部门才是环境保护的主角，自己是配角，有了成绩也归功于环保部门，因而并不积极履行其法定的环保职责①。在环保部门还不是强势部门的情况下，许多合理的立法建议被否决，也就是不可避免的了②。

这种职责不清、职能交叉、利益冲突的结构状况不利于部门之间的相互协调，使得各地环保局作为专业职能部门难以发挥对污染企业排污行为的严密监控。地方环保部门由于得不到其他部门的支持，其执法效率和效力低下。

（3）地方环保部门与环境保护部的关系

我国的环境管理实行分级管理制，即以行政区划为单位，各区域的环保部门承担辖区内的污染防治职责，中央部委一般不会取代地方政府的执法权力。比如大气污染防治，各区域的环保部门承担对大气污染防治的主要职责。这样的好处在于可以充分发挥地方环保部门的积极性。其弊端是，由于不是由国家统一拨款，

① 王曦、邓旸：《从"统一监督管理"到"综合协调"——〈中华人民共和国环境保护法〉第 7 条评析》，《吉林大学社会科学学报》2011 年第 6 期，第 85 ~ 89 页。

② 王灿发：《环境违法成本低之原因和改变途径探讨》，《环境保护》2005 年第 9 期。

基层环保机构的规模与力量往往受到当地经济状况的制约，因此基层环保机构的发展很不平衡，许多贫穷地方的环保执法力量相当薄弱①，还容易出现"地方保护主义"。

为了弥补不足，我国也采取了一些办法，最主要的是实施环境保护目标责任制。该制度明确了环境管理机构和政府的环境责任，即实现环境责任首长负责制。规定省长对全省的环境质量负责，市长对全市的环境质量负责，县长对全县的环境质量负责，乡长对全乡的环境质量负责。上级环保部门可以对下级地方政府的环保工作进行考核、奖惩。城市实施环境综合整治定量考核制，该制度的实施方案包括大气、水、固体废弃物、噪声、绿化五个方面共20项指标，总分为100分。城市环境综合整治工作成为考核市长对环境工作的重视程度和贡献大小的指标，但是，乡村的环境质量和环境管理还没有达到制度化的水平。

与环境管理体制有关，但不属于政府机构的还有两个角色，即媒体和科研人员。前者向社会传达利益损害人群的遭遇，引发社会对他们的关注，尤其是脱离地方利益的上级政府的关注。媒体的报道要求客观、公正，但是没有法律效益。因此，为了更有效地实施监督，可以结合别的法人机构，如环境检测机构、评估机构和公证机构等。在现实案例中，媒体调查的东西和结论可以作为证据，媒体的级别越高，权威性越大。如果将环境纠纷诉诸法院，是否被采信取决于法院的认可。科研人员主要承担的是提供科学知识和促进科技进步的责任。证明污染物的危害和损害与排污行为之间的因果关系，测量地方的环境容量和污染物对周边环境和人体健康的影响，合理的环境规划、产业规划和政策决定，这些应该是环境科研人员的责任范围。但可惜的是，在环境污染纠纷的案例中，这些事情需要当事人来承担证明的责任，这使科研人员显得力不从心，也导致污染企业的责任"弱化"。

① 侯佳儒：《论我国环境行政管理体制存在的问题及其完善》，《行政法学研究》2013年第2期。

2. 后果

从上面陈述的环境管理体制可以看出，我国地方环保部门既不能与地方政府相互独立，又不能得到国家环保总局的垂直管理，在与其他强势部门（如工商局）的合作关系中也难以取得被尊敬的地位。

（1）管而不主

地方环保局是地方政府的下属机构，要想获得地方财政的拨款，必须完成地方政府交办的其他事务。因此，在利益关系上，地方环保局与地方政府"一损俱损、一荣俱荣"。没有地方经济的发展，就没有财政的有效供给，地方环保部门也是寸步难行。加上地方人大、组织人事部门掌控着环保干部的调配及升迁事宜，"不换思想就换人"。因此，为满足地方经济发展的需要，环保部门可能对引进污染企业大开绿灯，对环评敷衍塞责，对污染状况熟视无睹。当村民愤然维权时，其也就只好装聋作哑了。地方环保部门能够认识到本地区的环境问题，但是执法力量过于弱小。在 2014 年《环境保护法》修订之前，环保部门对非法排污的企业和个人，只能罚款和责令限期整顿，令其停产必须由当地政府下"停产令"。尽管环保部门曾多次向立法机构提出要求加大执法权限，但执法部门表示，这需要全盘考虑①。2014 年修订的《环境保护法》加大了县级以上环保部门的权力，第二十五条规定："企业事业单位和其他生产经营者违反法律法规规定排放污染物，造成或者可能造成严重污染的，县级以上人民政府环境保护主管部门和其他负有环境保护监督管理职责的部门，可以查封、扣押造成污染物排放的设施、设备。"第六十条规定："企业事业单位和其他生产经营者超过污染物排放标准或者超过重点污染物排放总量控制指标排放污染物的，县级以上人民政府环境保护主管部门可以责令其采取限制生产、停产整治等措施；情节严重的，报经有批准权的人民政府批准，责令停业、关闭。"

---

① 青文：《环保总局直捣污染企业"死穴"》，《中国矿业报》2001 年 10 月 9 日。

环保部门作为政府职能部门，在环境保护中充当裁判的角色，然而在其履行职能的过程中，往往很难在维护公众环境权益与监控企业污染排放中达到均衡，其结果是，既得罪了企业，公众又不认可，处于两头不讨好的尴尬境地。某些地方环保部门为了自身利益，一面处理公众环保投诉、维护公众环境利益，一面对污染企业进行执法检查时犹如"猫捉老鼠"，以达到自身在政府同级部门中的利益平衡，环境执法自然难以有效开展。但是，环保部门直接承担群众的环境诉求，经受社会舆论的压力，在政府部门的民意测评中，环保局往往成为群众表达不满的对象。因受到环境管理体制的限制，地方环保部门只能扮演"管而不主"的角色，名义上是地方环境事务的主管，实际上没有主导的权力。

（2）区域分割

为了提高管理的效率，实施分权或者分区的策略是常见的做法。我国环境管理体制也实施按照行政区域进行管理的办法。但是环境污染的影响具有外部效应。地方政府为了减少自己的环境压力的最简单做法就是将污染源设在自己行政区划的边界附近，特别是靠近水源的地方。笔者选择的三个案例的特点就是污染源设置在本辖区的边界。边界污染纠纷往往涉及巨大的利益，也往往引起社会冲突。如江苏吴江盛泽的工业污水影响浙江嘉兴的渔民，从1993年以来纷争不断，2001年11月22日发生了震惊中央的"零点行动"，将两省分界的河（也就是污水经过的河流）用沉船堵住[1]。2005年浙江的新昌和嵊州之间发生污染纠纷，村民冲击企业，与新昌警察对峙[2]。

---

[1]　胡红斌、魏柯嘉：《嘉兴"民间零点行动"昨夜悲壮行进》，《都市快报》2001年11月22日。

[2]　新昌县为发展经济在与嵊州的交界附近发展生物医药产业，在几年内从贫困县发展为全国百强县，2001年化工医药行业占GDP的60%。下游居民的生产生活受到严重影响。2005年7月4日，长期饱受上游污染之苦的嵊州村民冲击京新药业，砸掉围墙，造成厂房停产。该厂房位于新昌与嵊州的交界处，部分地处嵊州地界内（范卫强、陆琼琼：《京新事件后的污染转移之困》，《中国社会导刊》2005年第16期）。

（3）环境不公

环境不公是指环境权益在不同社会主体之间的不平等分布。在乡村工业污染纠纷中，笔者清楚地看到，地方政府一味迁就污染工业的排污行为，而对村民的环境权利漠然处置。如果将人类的活动简单分为生产和生活的话，那么环境资源的使用也可以分为生产用途和生活用途。从经济产出的角度，自然前者的使用效率较高。但是从人本主义的角度出发，无疑前者要无条件服从后者，即使将环境用于生活用途的是社会下层人士。在笔者选择的三个案例中，地方政府都选择了前者，这与环境管理法规有一定联系。

我国法律对环境行政管理机关不履行法定职责的惩罚缺乏明确的规定。如"环境保护监督管理人员滥用职权、玩忽职守、徇私舞弊的，由其所在单位或者上级主管机关给予行政处分；构成犯罪的，依法追究刑事责任"。但是，许多时候可能没有达到滥用职权、玩忽职守、徇私舞弊的程度，是法律规定该做的事情不做，而且这种不做，又不影响本部门的利益，由此，即使法定职责不履行也很难给部门或单位给予行政处分①。

我国法律对公众参与重视不够。法律允许公众对不严格执法的行政机关进行检举或举报，但检举、举报以后，有关机构不查处（甚至将举报材料转给被举报人），法律并没有规定如何处置。对于环境影响评价报告书（表）的审批，对于各种有关环保和资源许可证的发放，法律都没有规定让公众提供意见和进行监督。这样就使得行政机关在执法时只看上级或领导的意图行事，而不用顾及公众的要求和愿望，因为公众对其没有监督和制约作用②。

二 地方政府

地方政府机构的利益是由国家法规规定的，地方政府的行为

---

① 王灿发：《论我国环境管理体制立法存在的问题及其完善途径》，《政法论坛》2003年第4期。

② 同上。

也受到管理制度的约束。在各种规制约束下，地方政府还有一定的弹性选择。一般的，如果政策的内容与地方政府的利益相一致，那么即使与公共利益相违背，也可以得到完整的贯彻。那些没有得到完整贯彻执行的法律，其根源在于与地方政府的利益相违背。本节从两个层次进行分析，一是制度文本的内容；二是从公共利益角度分析制度存在的缺陷及其可能造成的后果。

1. 财政制度

新中国成立后为了调动有限的社会资源进行恢复工作，1950年3月政务院发布《关于统一国家财政经济工作的决定》。该决定的基本内容是：统一全国财政收支管理、统一全国物资管理、统一全国现金管理，这就是所说的"统收统支"模式。在这一模式下，中央政府处于绝对主导地位，地方政府组织的财政收入要如数上缴中央，而地方所需要的支出均由中央财政另行拨付①。

从1953年起中国的财政体制由原来的统收统支模式转向了统一领导、分级管理的体制，并且先后在政府间财政关系的处理上实行分类分成和总额分成两种模式。分类分成法是指把财政收入分为中央财政固定收入、地方财政固定收入、固定比例分成收入和调剂收入四个部分，分成比例一年一定。在此期间，中央财政直接组织的收入占全国财政收入的45.4%，地方财政收入占全国财政收入的54.6%；中央财政支出占全国财政支出的74.1%，地方财政支出占25.9%。总额分成法是指把地方财政负责组织的总收入与其总支出实行挂钩，以省、市、自治区为单位，按照收支总额测算出地方财政总支出占地方财政总收入的比重，以此作为地方总额分成的依据，一年一定。这种模式自1959～1970年、1976～1979年，总共实行了16年。由于总额分成的比例一年一变，地方政府经常与中央政府讨价还价，加上计划经济对物质资源的控制，地方政府与工业企业并无直接的利益关系，也没有足

① 许正中、苑广睿、孙国英：《财政分权：理论基础与实践》，社会科学文献出版社，2002，第299～311页。

够的激励去发展私营经济。

但是从 1980 年开始的财政改革改变了地方政府的利益结构。从 1980 年的"划分收支,分级包干"体制到 1985 年的"划分税种,核定收支,分级包干"体制,再到 1988 年的"财政大包干"体制,然后到 1994 年的"财政分税"体制,地方政府逐渐实行"多收可以多支,少收则要少支,自求收支平衡"的利益格局①。特别是财政分税体制,它理顺和规范了各级政府之间的财政分配关系,界定了政府之间的利益边界,调动了中央政府和地方政府的积极性。当时的改革设计者认为,分税制有利于政企分开和转变政府职能。事实证明,地方政府与国有企业之间确实划分了产权,逐步转变了政府的职能,但是,地方政府在招商引资环节表现了另一个层次的政企关系,只不过这次是关于投资环境建设上的互利合作。

表 3 - 1　中央财政和地方财政自给能力系数的比较

年份	1979 ~ 1993	1994 ~ 1998	1999 ~ 2003	2004 ~ 2008	2009 ~ 2013
地方财政	1.060	0.630	0.592	0.594	0.560
中央财政	0.773	1.646	1.460	2.132	2.810

注:财政自给能力系数 = 财政本级收入/财政本级支出

资料来源:历年《中国财政年鉴》《中国统计年鉴》,中国统计出版社。

财政体制改革使得地方政府的财政收入比重降低。由表 3 - 1 可以看出,中央的自给能力在改革前为 0.773,而改革后第一个 5 年平均为 1.646,第二个 5 年平均为 1.460,从 2004 ~ 2008 年跃升到 2.132,2009 ~ 2013 年进一步增长为 2.810。可见,经过财政体制改革,地方政府却从盈余转向不足,而且缺口越来越大,财政压力也相应增大。越到基层这种压力就越大。分税制只是界定中央政府与省一级政府之间的财政关系,在这个过程中,省政府承

---

① 许正中、苑广睿、孙国英:《财政分权:理论基础与实践》,社会科学文献出版社,2002,第 308 ~ 309 页。

担了财政收入增加的压力。由于地方政府之间的行政隶属关系，省政府一般对地级市政府实行财政包干，地级市政府又一次将包干的压力化解到县、区政府。在一些发达省份（如案例所在地的 Z 省）还实施"省管县"的财政体制，就是省政府直接与县政府进行财政分权，县政府又与乡镇政府进行财政分权。在地方政府整体财政紧张的形势下，基层政府受到的压力最大，经常处于财政困难之中。例如居全国十强县的 X 区，目前有 23 个镇，平均每个镇有 100 余名工作人员。由于每个镇均为一级政府、拥有一级财政自主权，因而，镇财政既承担着教育、卫生等公共财政职能，又承担着发展本地区农业、小城镇建设、工业园区建设等经济发展职能。除少数几个镇能收支平衡、略有节余以外，大多数镇存在着财政负债，长此以往，将使镇级财政陷入困境。各镇之间为了辖区经济发展展开恶性竞争[1]。从全国看，县乡两级的财政收入只占全国财政总收入的 21%，而县乡两级财政供养的人员约占全国财政供养人员总数的 71%，乡镇一级财政供养人员约 1316.2 万人（不包括不在编人员）[2]。为了维持政府的运转，增加地方财政收入成为地方政府本身的生存需求。

2. 考核制度

政绩考核制度是必要的，它促使地方干部积极投身于社会主义建设。如果说财政税收是整个政治组织面临的共同压力的话，那么政绩考核压力的受体主要是在地方政府领导身上。政绩考核制度的关键是两点，一是激励目标，二是约束规则。前者衡量地方各项指标的进展快慢、高低，后者衡量地方政府取得成绩所花费的代价，比如能源消耗、环境破坏、群体信访等。从制度设计的功能分析，财政分权制度已经将地方政府推到经济建设的前沿，迫使地方干部尽最大努力完成与己、与单位、与地方都有利的经

---

① 陈晓宇：《X 区财政支出结构问题研究》，硕士学位论文，浙江大学公共管理系，2004。

② 贾康、白景明：《县乡财政解困和财政体制创新》，《财税与会计》2002 年第 5 期，第 9 页。

济工作，也就是说，发展经济已经是地方干部的内在要求，不再需要外部激励。

在追求经济发展不再是外在要求的时候，政绩考核制度应该加强对官员的约束性指标的考量。但是，我国当前的政绩考核标准仍然偏重于总量、偏重于经济、偏重于结果，没有对取得政绩的投入性指标进行考核，没有对取得结果的过程进行正当性考核。以经济指标为主的干部政绩考核机制不仅不利于调动各级干部维护农民权益和保护耕地的积极性，而且使得地区之间产生负外部效应的恶性竞争①。受我国政治体制的影响，县级政府的考核压力分解到乡镇一级干部的头上。他们以经济增长速度、财政收入、招商引资数量为考核指标，而对保护耕地、保护农民权益方面缺乏考核。这就难免造成地方干部重经济发展，轻耕地保护；重财政收入，轻农民权益；重自身升迁，轻农民生计。地方政府以低成本经营土地可以快速引进企业，又可以给政府带来直接的经济效益，但牺牲了农民的利益。他们趋向于在权力受到制约的边界内实现自身利益最大化。他们可以为部门利益和地方利益，而分割和侵犯社会整体利益和社会成员的公共权利。

3. 后果

全球公认，政府既是一个公共机构，也是一个政治组织。自从财政体制改革以来，经济发达地区的地方政府拥有高档的办公大楼、舒适的交通工具、可观的工资福利、广阔的升职前景，而经济落后的地区，一切正好相反。反应灵敏的地方政府首先转向了促使各种经济成分发展的路子，反应迟钝的地方政府在看见其他地区先发之后，也积极跟进。随后，各地政府展开了一场在勇敢、智慧、冷酷和号召力诸方面的综合竞技，各种类型的优惠政策应运而生。毋庸置疑，现在的地方政府促进经济发展的积极性已经被充分地调动起来。但是，动力的发挥要符合已有的法律，要合乎民间的正义（在没有法律明文规定时）。在现行的制度中，

---

① 表现在"招商引资""对外贸易"和"市场的地方保护主义"等方面。

缺乏的不是动力性的制度，而是必要的阻力性的制度。

（1）唯经济增长

在政绩考核和财政压力的驱动下，经济增长已经成为各地政府官员的第一要务。发展工业是增加财政收入最有效的方法，工业园区又是产业集聚的平台、招商引资的载体，因此各地各级政府期望通过建设各类园区来吸引投资，增加当地政府的可支配收入，于是出现了争办工业园区、争先恐后给企业优惠的现象[①]。

唯经济增长，忽视环境的质量 每一个地方政府认识到经济增长是自己工作的重心，可是，我国有 2200 多个县区，2 万余个乡镇，如此众多的地方政府，俨然形成新古典经济学所假定的完全竞争市场。它们只能提高自己的"内功"，而左右不了这个"市场"。在环境考核制度不健全的情况下，对于地方政府来说，该制度的约束是软性的。因此，环境利益在招商引资过程中，处于"内功"的地位，是地方政府可以左右的。各地为了取得竞争优势，展开的是一场环保标准的"触底竞争"。最终的优胜者是最能"治理"辖区内部反对者（来自环保局和工业区所在地的居民）的人。这是一个典型的关于环境保护的"逆向选择过程"。为什么环境保护不幸成为一个"软约束"？这里有两个因素：一是我国目前的环境考核制度还不具有可操作性，没有相应的信息做基础；二是环境产品的公共性质，这种公共性不仅表现在空间领域，也表现在时间领域。前者是指环境质量和功能在地区之间的相互影响，后者是指地方干部前后任之间的外部性。

唯经济增长，企业主受优待 为了追求经济增长，各地政府忙于招商引资。结果造成企业主阶层在权力结构中的地位上升，他们的利益偏好影响政府决策和执法行为。为什么会导致地方政府依赖企业主的现象？在脱离温饱阶段之后，企业在地区经济中具有举足轻重的地位，它们是地方经济增长的直接也是最重要的

---

① 陈晓宇：《X 区财政支出结构问题研究》，硕士学位论文，浙江大学公共管理系，2004。

创造者，是发展地方经济的能动力量。企业又凝聚着资金、技术、劳动力、信息等资源。随着经济自由程度的提高，企业的自主性、流动性增强，只要企业主愿意，企业可以轻易谋求异地发展。相比较而言，地方政府的命运与辖区紧密相连，它不具有流动性。因此，在双方的关系中，企业主处于主动地位，他可以选择适合自己的地域发展，而地方政府处于被动地位，只能依靠自己的能力尽可能提供优质的投资环境。比如有的工业园区为吸引外资，竞相压价，突破国家土地、税收法规及相关政策规定，在地价、税收等方面推出了一系列地方性优惠政策。土地价格越降越低，有的地方甚至提出零地租，不少地方随后效仿。国家虽然已经规定了外资企业可享受的优惠政策，但一些工业园区自定更诱人的优惠政策，甚至"十免十减半"等政策也纷纷出台。

在我国经济改革和市场实践中，地方政府出台了一系列政策扶持和鼓励企业发展，强调企业权益保护，而居民收入、福利水平等通常被忽视或摆在次要地位上。诸如"企业至上""工业兴市"等区域经济发展战略的提出，都体现了地方政府对企业的重视。地方政府过度重视企业利益，将影响其对居民权益的保护。

唯经济增长，也导致"政府失灵" 受环境管理体制和政治经济体制的影响，中央与地方在环境治理上出现了偏离。中央政府对环境保护事业是积极的，但是地方政府对环境保护事业是消极的。这与双方面临的情景不同有密切关系。中央政府面临的情景是：没有财政税收的压力；不可能在异地任职；不存在环境质量改善所带来的外溢效应；也无动机将环境责任转嫁给其他地区；受到国际社会的硬约束。而地方政府在这几方面上，几乎与中央政府相反。所以，地方政府虽然是中央政府的派出代表和执行机构，在国家经济和社会中起着重要的作用，但也是地方经济和社会发展的维护者和动员者，必须承担地方公共事务等诸多方面的费用支出。对于地方政府来说，后者的压力是最主要的，因为它是时时刻刻的、全方位的。上级政府的督察是短暂性的、片面性的，只要在日常工作中不违背上级的利益，地方政府的一些灵活性做法就可以被默许。因为地方政府与所辖企业在经济利益和社会责任方面的利益高度一致，因此，地方政府维护企业的安全生产和发展，而对企业的环境损害行为能够"睁一只眼，闭一只眼"。上级政府也往往会因经济绩效显著而不予严格追究环境责任。结果，中央政府为了环境保护积极制定一系列法规和措施，并将保护环境列为基本国策，但各级地方政府没有严格执行，出现所谓"政府失灵"现象。

从上述分析可以看出，"政府失灵"实质上是"地方政府的失灵"，是地方政府对其所辖污染企业没有严格执行环境法规造成的。对中央政府来说，环境管理制度改革的目标应该设定在约束地方政府忽视环境保护、片面追求经济增长的短期行为倾向，使其经济增长冲动限制在当地环境所能承受的压力范围之内；以环保国策为基础，规范地方政府与所辖企业之间的经济利益关系，发挥市场机制在环境保护科技研发、推广方面的优势和功能。

（2）追求区域 GDP

追求区域 GDP 与上面的"唯经济增长"不同。它指的是地方政府为了最关键的政绩考核指标（即 GDP），不惜采取一些没有社会效益的增长手段，导致"无发展的增长""坏的增长""不健康的增长"。表现方式有：资源商品化，将本来免费的资源转换成商品加以产业化，比如公园、淡水；变更土地使用性质，由于农业用地没有工业用地经济效益显著，地方政府就有动力将土地从农民手中征用过来建工业开发区，即使受到土地指标的限制，也设法采用"以租代征"的形式规避政策限制；产业之间的财富转移，比如水资源可以用于农业灌溉、养鱼，也可以成为污染企业的排污沟，如果事实变成了后者，就意味着降低了第二产业的成本却丢失了第一产业的效益。在追求地域 GDP 的惯性认识中，农业的环保效应不再体现，比如农业灌溉、水产养殖或者捕捞业，它们对水域的质量也会有影响，但是它们会自觉控制在农业生物的健康生长环境的水平内，没有动力让生态系统走向死亡。可是，对于工业污染，情况大不相同，工业污染物可以轻易让水域的所有生物绝迹，而企业主与当地的生活环境没有关联，可以对污染影响视若无睹。根据经济学的边际效用递减原理，企业主所挣得的最后一元远远低于农业劳动者的收入降低一元所蕴含的价值。

地方政府追求区域 GDP 的原因主要有两个：一是制度因素；二是个体因素。从制度上说，我国的财政分税体制改革之后，地方政府成为一个近似独立核算的组织。地区 GDP 体现自身的政绩，财政收入体现自身的支配能力，也间接影响政绩的创造能力。在市场经济下，经济总量的高低、财政收入的高低决定地方官员权力的支配能力和空间的大小。地方经济总量的高低与地方官员和各级公务人员的福利的多少直接挂钩。在这种制度下，千方百计发展地方经济，成为地方官员主动的理性选择。但是，地方官员只是关心总量，不关心公民之间是否实现机会平等，公民合法权益是否得到平等保护。由于国内还没有展开大规模客观的民意测验，并将之作为政治考核的晴雨表，因此，公民也不知晓其他公民的真实态度，官员也不知晓群众对地方干部的真实态度。

地方政府沉迷于追求地区的经济总量将带来三个后果。

第一，投资"饥渴"症。它表现在：过分重视资本的价值，忽视自然价值，对资本的追求没有止境。工业资本作为财政税收的主要来源，成为地方政府追求地区经济效益的主要手段。而自然环境的价值由于没有真实的市场，没有货币定价，也不与财政收入挂钩，就被地方政府所忽视。如 D 市市委、市政府把 2002 年定为"投资环境整治年"和"招商引资年"，从战略的高度重视发展环境（指经济环境，而非自然环境）的改善，通过观念创新、政府高效动作、减负治乱、合力兴企等方式和途径，掀起了一个招商引资的高潮。在中央与省级号召"民用电为先"的今日，D市市政府却积极倡导"工业用电为先"，每隔一两日，夜晚的 6~9 点，D 市南边农村一片黑暗。资本运作和自然环境是不可分割的。产业资本需要从环境中获得生产原材料，也需要向环境排放废弃物。当善待环境，尽环保责任与生成经济利润发生矛盾的时候，约束还是放任企业的行为成为环境变迁方向的关键。

　　第二，排斥公众的参与权。环境利益是社会公众共同的利益。当环境使用发生冲突时，地方政府作为地方事务的公共管理机构，应该协调人们之间的环境利益，使环境资源能够得到合理、可持续的利用。但是，地方政府并不能够超然物外，而是作为一个有自己利益取向的组织，将公共资源支配权视为实现自己目标的手段。一边是公众要求良好的生活环境，一边是污染企业希望获得尽可能多的排污权。污染企业大多是通过地方政府的招商引资活动进入的，在投资前与当地官员已经建立起紧密的联系，对于当地的政策和环境信息均做过详细的考察。而且，污染企业为了自身的利益最大化，往往与政府签订各种使用公共资源的契约，比如用水、用电、用路，这些契约没有公众参与。公众虽然在周围环境生活，但熟视无睹，不会有意识地去保留相关的证据，缺乏对周围环境进行详细、科学的了解。由于缺乏对环境规划、产业规划的直接参与权，公众也就失去了获得生活环境权益的优先权。在这样的权力格局下，公众潜在地处于环境权益分配的弱势地位，埋下了环境污染引发社会冲突的种子。如果企业的行为具有外部负效应，那么经济总量增长和财政收入提高的代价就是损害第三者的利益。目前，在我国经济结构趋向重型化和国际污染产业转移的背景下，污染的地区转移和城乡转移是必然的。结果是，污染企业到哪里扎根，哪里的群众利益就受到侵害。

　　第三，忽视环境的经济价值。在十八大之前，地方官员对于环境经济价值的认识是不全面的。对边远贫困地区而言，青山绿水、碧蓝的天空、宜人的气候就是最宝贵的资源，弥足珍惜。如果环境受到污染，生态遭到破坏，贫困地区将真的一无所有、一贫如洗了。采用污染项目扶贫的方式无异于饮鸩止渴，不仅扶不了贫，反而会使贫困地区和贫困农民更加贫穷。因为农民祖祖辈辈赖以生存的青山绿水不复存在了，不仅是失去发展的机会，而且将会失去家园，失去生存环境。发展的后果不是富裕而是成为环境难民。扶贫项目也可能成为害民项目。在少数地方，有的官员为急于摆脱贫困有点"饥不择食"，甭管是什么项目只要能赚钱就引进，至于对环境的污染、对资源的大量消耗，似乎都可以忽略不计。由于污染项目往往在短时间内效益明显，对拉升地方经济指标可以起到立竿见影的作用。地方官员的政绩也就会变得异常漂亮。但这不是老百姓所要的脱贫方式。他们希望在保持青山绿水的同时逐渐地富裕起来，绝不愿看到祖祖辈辈繁衍生息的家园被工业废水、废气、废渣污染。有效遏制这种"扶贫害民"现象的关键是要把"绿色 GDP"引入官员的政绩考核，警示政府部门高度重视环保工作，强化对扶贫项目的环保审计。只要对当地环境和生态可能产生重大影响的项目，哪怕赚钱再多，即便是一座金山，也不能作为扶贫项目引进①。

（3）政治周期

我国实行干部交流制度，除非正常变动，一般 1~2 个任期结束就要调换岗位，或者平级调动或者升迁。政绩考核结果是决定今后仕途的关键指标。任期时间与环境治理项目的成效显现所需的时间相比实在短暂。也许某一任官员花费很大的心血，但是他的成效在后一任中才能体现出来。相反，本届政府引进的污染企业所产生的问题也许不会在当届任期爆发，所以地方政府总是放心大胆地支持这些企业运作，而不顾下届政府如何承担和解决今后的环境问题。对待往届政府遗留的环境问题，现任地方政府也不会主动出资承担和改善，因为政府环保开支的增加将意味着其他投入的减少。所以，理性的官员就会主动追求短期的经济利益而忽视长远的环境利益，环境问题容易被搁置、掩盖，像滚雪球一样不断膨胀起来。

三　经济结构

随着经济水平的增长和产业结构的升级换代，我国经济已经转入以重工业占主导的阶段。重工业是指以能源和矿产品为主要原料的产业，如石油、煤炭、电力、冶金、建材、化工等。改革

---

① 尹卫国：《扶贫岂能引进污染项目》，《中国信息报》2005 年 3 月 31 日。

开放初期的 20 世纪 80 年代，经济增长转向以轻工业为主导的消费需求带动型增长道路。到 1990 年，工业结构基本上是轻重工业各占一半。之后，中国的经济增长方式发生了重大变化，出现了由投资需求带动的重工业主导方式。这是各国工业化所不可避免的一个阶段。例如日本，从 20 世纪 50 年代中期到 70 年代中期，重工业比重大约从 45% 上升到 75%，韩国从 60 年代中期到 80 年代中期，重工业比重大约从 25% 上升到 65%。从各国工业化经验看，在重工业比重在工业产值中超过 2/3 时，工业部门的扩张速度就开始减慢，而服务业就逐步取代工业，成为经济增长的主导产业。

根据罗斯托的经济阶段论，经济起飞阶段的特点是基础设施优先，重化工业需求猛增，且重要化工产品一直处于供不应求的状态。在产业结构难以大规模调整的约束之下，奉行以经济发展为中心的地方政府必然对高利润的化工产业或企业青睐有加。在这种形势下，污染工业也成为各地经济发展的主导产业。如王村所在的 D 市将化工列为该市支柱特色产业，化工业利税占工业利税总额的近 1/4。在邬村所在的镇，其化工产值占总产值的 1/5。

另外，我国的企业规模普遍较小。即使在乡镇工业园区，其产值总量也不是很大，如邬村旁边的化工园产值只有 10 亿元（2004 年，约占该镇工业产值的 1/5），在王村附近的化工园占地 800 亩，聚集了 16 家化工企业。这样的规模不上不下，所产生的污染已经足够"规模"，但是离污染防治规模还有很大距离。调查发现，我国的乡镇工业在环境污染，能源、资源消耗方面要远高于同等类型的大中型国有企业。如乡镇工业单位产值废水排放量为城市工业企业的 2～3 倍，单位产值能耗约为国有企业的 2～4 倍。乡镇工业的污染已成为我国环境恶化的重要根源[①]。企业规模不仅关系到排放量，而且影响排放强度。一般而言，大型企业由于技术水平和处理规模效益，污染的排放强度和单位污染物的处理费用明显低于中小型企业。因此，对那些远离城市的小型工业

---

① 曲格平：《中国的工业化与环境保护》，《战略与管理》1998 年第 2 期。

区来说，落地的企业大都是低技术、低效益、高消耗、高污染的，给当地的环境和资源造成了巨大的压力。

第二节　制度分析

为了规范污染企业的排污行为，国家出台了许多管理制度。这些制度的覆盖面非常广泛，有环境评价制度、三同时制度、环境监测制度、排污收费制度、环境目标责任制度、排污许可证和排污权交易制度等。在乡村工业污染纠纷中，影响地方政府、污染企业和周边居民的制度主要有：环境评价制度、环境监测制度和排污收费制度。

一　环境评价制度

环境影响是指人类经济、政治和社会活动导致的环境变化以及由此引起的对人类社会的反作用[①]。由于这种影响存在不可往复的风险，所以需要有一套制度进行预估计，这就是环境影响评价。环境影响评价是指对拟议中的建设项目、区域开发计划和国家政策实施后可能对环境产生的影响及后果进行系统性识别、预测和评估。环境影响评价分为建设项目环境影响评价和规划环境影响评价。建设项目环境影响评价是对工程建设项目可能对周围环境产生的不良影响进行评定，其主要功能：一是保证建设项目选址和布局的合理性；二是指导环境保护措施的设计[②]。我国自 20 世纪 80 年代初开始推行开发建设项目环境影响评价报告书制度，2002 年 10 月 28 日通过《环境影响评价法》。规划环境影响评价也叫作战略环评，2009 年我国才颁布实施了《规划环境影响评价条例》。由于规划环境影响评价的从业人员水平参差不齐，大多缺乏成熟的工作经验、缺乏广阔的战略眼光、局限于传统的环评思维，

[①]　陆书玉主编《环境影响评价》，高等教育出版社，2001，第 5 页。
[②]　同上，第 10 页。

国内还处于初级阶段①。乡村工业污染纠纷的出现与规划环境影响评价和项目环境影响评价均有关联。

1. 原理

环境影响评价属于事前估计。它是运用环境科学知识对区域规划和建设项目进行预先估计的活动。客观、科学的环境影响评估可以让人们事先知道社会活动所带来的直接影响、间接影响和累积性影响。直接影响是指人类活动对同时、同地的社会和环境产生的作用，因直接作用诱发的其他后续结果则为间接影响。间接影响虽然在时间上有所滞后、空间上有所隔离，但是专业人员通过实验和科学推理仍然可以合理预见。累积性影响是指当一项活动与其他过去、现在及可以合理预见的将来的活动结合在一起时，因影响的增加而产生的对环境的影响。累积性影响既可能是不同项目之间以协同的方式结合，产生各自独立存在所不具有的环境效果，也可能是因为建设项目的环境影响在时间上过于频繁或者空间上过于密集而产生的恶化效果。实践中对环境知识的需要规范了环境科学研究的方向，推动了环境科学研究的进步。

环境影响评价不仅通过环境科学知识的运用，实现对规划或者项目的污染控制，而且公众参与并知晓未来的开发计划、对自己的影响以及对不利因素的防御计划。公众参与区域规划和建设项目的环境影响评价的意义是：可以充分利用各种地方性知识，加强对环境污染行为的监督和对环境治理行为的激励；可以满足公众的环境知情权，提升公众的环境责任意识；可以建立项目建设单位和公众当面协商的平台，避免因信息不通畅，导致环境污染纠纷的扩大；可以促使项目建设单位树立对周围环境的责任意识。

规划环评与项目环评存在逻辑先后关系。项目环评处于决策链的末端，难以预防布局性和结构性的环境问题；规划环评则处

① 张远峰：《当前规划环境影响评价遇到的问题及对策分析》，《资源节约与环保》2015年第1期。

于决策链的前端，立足于环境问题的整体性和根本性，是一种宏观性环评①。规划环评与项目环评不能互相代替，且环评的时间顺序不能颠倒，应该"先规划环评，后项目环评"②。

2. 内容

环境影响评价需要遵守一定的程序。规划环境影响评价的程序是，国务院有关部门、设区的市级以上地方人民政府及其有关部门，对其组织编制的土地利用的有关规划和区域、流域、海域的建设、开发利用规划，以及工业、农业、畜牧业、林业、能源、水利、交通、城市建设、旅游、自然资源开发的有关专项规划，应当进行环境影响评价。设区的市级以上人民政府审批的专项规划的环境影响报告书，在审批前由其环境保护主管部门召集审查小组进行审查。省级以上人民政府有关部门审批的专项规划，其环境影响报告书的审查办法，由国务院环境保护主管部门会同国务院有关部门制定。规划审批机关在审批专项规划草案时，应当将环境影响报告书结论以及审查意见作为决策的重要依据。规划审批机关对环境影响报告书结论以及审查意见不予采纳的，应当逐项就不予采纳的理由做出书面说明，并存档备查；有关单位、专家和公众可以申请查阅③。建设单位环评文件审查的基本程序是由业主提出申请、环保主管部门委托中介机构进行技术评估。评估一般采用评审会形式，由环境保护主管部门、行业环保主管部门、业主和评审专家等参加，一般不邀请公众出席。评审会专家组意见将作为环保部门批复环评文件的技术依据之一。

环境影响评价需要公众参与。各个国家就公众参与环境影响评价的途径和方式有不同的规定。我国《环境影响评价法》第五条规定："国家鼓励有关单位、专家和公众以适当方式参与环境影

---

① 曾国金：《城市总体规划环境影响评价研究》，《中国高新技术企业》2014 年第 7 期，第 84 页。

② 谭柏平：《生态城镇建设中环境邻避冲突的源头控制——兼论环境影响评价法律制度的完善》，《北京师范大学学报》（社会科学版）2015 年第 2 期。

③ 中华人民共和国国务院令第 559 号：《规划环境影响评价条例》（2009）。

响评价。"第十一条规定："专项规划的编制机关对可能造成不良环境影响并直接涉及公众环境权益的规划，应当在该规划草案报送审批前，举行论证会、听证会，或者采取其他形式，征求有关单位、专家和公众对环境影响报告书草案的意见。"对环境可能造成重大影响、应当编制环境影响报告书的建设项目，建设单位应当在报批建设项目环境影响报告书前，举行论证会、听证会，或者采取其他形式，征求有关单位、专家和公众的意见。建设单位报批的环境影响报告书应当附加对有关单位、专家和公众的意见采纳或者不采纳的说明。

　　建设项目环境影响评价制度的核心是划定相关社会主体的责任边界。环境责任的承担主体是：建设单位、环评单位、审批机构。根据《环境影响评价法》的规定，建设单位选择环评单位进行建设项目的环境影响评价，然后，将报告送给环境保护主管机构审批。审批机构组织相关专家成立评审委员会进行评审，然后进行审批。

　　法律规定建设单位的义务是：应当同时实施环境影响报告书、环境影响报告表以及环境影响评价文件审批部门审批意见中提出的环境保护对策措施。在项目建设、运行过程中产生不符合经审批的环境影响评价文件的情形的，建设单位应当组织环境影响的后评价，采取改进措施，并报原环境影响评价文件审批部门和建设项目审批部门备案。对环境可能造成重大影响、应当编制环境影响报告书的建设项目，建设单位应当在报批建设项目环境影响报告书前，举行论证会、听证会，或者采取其他形式，征求有关单位、专家和公众的意见。建设单位报批的环境影响报告书应当附加对有关单位、专家和公众的意见采纳或者不采纳的说明。如果建设单位未依法报批建设项目环境影响评价文件，擅自开工建设的，由有权审批该项目环境影响评价文件的环境保护行政主管部门责令停止建设，限期补办手续；逾期不补办手续的，可以处五万元以上二十万元以下的罚款，对建设单位直接负责的主管人员和其他直接责任人员，依法给予行政处分。建设项目环境影响评价文件未经批准，建设单位擅自开工建设的，由有权审批该项目环境影响评价文件的环境保护行政主管部门责令停止建设，可以处五万元以上二十万元以下的罚款，对建设单位直接负责的主管人员和其他直接责任人员，依法给予行政处分。

环评单位的义务是：环境影响评价必须客观、公开、公正，综合考虑规划或者建设项目实施后对各种环境因素及其所构成的生态系统可能造成的影响，为决策提供科学依据。它的责任由《环境影响评价法》第三十三条规定："接受委托为建设项目环境影响评价提供技术服务的机构在环境影响评价工作中不负责任或者弄虚作假，致使环境影响评价文件失实的，由授予环境影响评价资质的环境保护行政主管部门降低其资质等级或者吊销其资质证书，并处所收费用一倍以上三倍以下的罚款；构成犯罪的，依法追究刑事责任。"

环保部门的义务是：国务院环境保护行政主管部门应当会同国务院有关部门，组织建立和完善环境影响评价的基础数据库和评价指标体系。地方条例也有相应的规定，如《广东省建设项目环境保护管理条例》第十七条规定："对环境影响较大、公众较为关注的项目，环保部门应征询公众意见，并对合理的意见予以采纳；对未采纳的主要意见，应向公众解释。"法律规定审批机构的权力是：根据国家法规、地方条例和环境评价报告书的内容对建设项目和专项规划进行审批；对已经批准的建设项目进行监督检查；如果项目建设或运行过程中出现不符合审批的环境影响评价文件的情形，原环境影响评价文件审批部门也可以责成建设单位进行环境影响的后评价，采取改进措施。

3. 不足

关于环境评价制度的缺陷，国内学者较多集中在公众参与问题之上，如李艳芳认为：①我国环境影响评价法对于公众参与缺乏可操作性的规定；②公众参与环境评价的深度和广度不够；③建设单位和审批机关对公众的意见重视不够；④公众参与缺乏司法保障①。除此之外，该制度还存在以下几点不足。

第一，环评直接委托代理关系制约环评报告的客观公正。环评机构获得环评业务是一种市场行为，建设单位委托环评机构执行环评业务，双方是一种直接委托代理关系。为了自身的利益最大化，建设单位经常会向环评机构提出不合理要求，环评机构可以拒绝，也可以接受。目前支付方式是，环评之前支付一部分，等评审通过之后再支付另一部分。所以，如果环评机构选择拒绝，建设单位就以各种理由拖延支付环评费用。受利益驱动，环评单位为了项目不被否定，放弃环评报告的客观公正严谨，而满足项目建设单位的无理要求②。现实中，多家国内知名高校的环评机构受到过环保部门的处罚③。如果评价经费是通过招标机构进行第三方支付，由建设单位委托招标机构按照合同的规定进行支付，避免建设单位在费用支付过程中提出不正当要求，客观上可以保障环评机构的经济独立性④。

第二，未批先建的现象屡见不鲜。特别是对重大项目和重点工程，地方政府急于上马，以改革审批制度、提高行政效率为名，采用"并联办理实施"，置《环境影响评价法》于不顾，让"重点项目"先开工后环评⑤。未批先建的现象屡见不鲜，一个原因是市区政府置《环境影响评价法》于不顾，让"重点项目"先开工后环评；另一个原因在于1989年的《环境保护法》允许补办环评手续，即有

① 李艳芳：《公众参与环境影响评价制度研究》，中国人民大学出版社，2004，第66～68页。
② 孔祥舵：《试论我国环境影响评价法律制度的不足与完善》，载《环境执法研究与探讨》，中国环境科学出版社，2005，第222～223页。
③ 黄裕侃：《浙江批评三环评单位》，《中国环境报》2005年4月20日；张明星：《嘉兴水污染事件深层原因跨界污染为何反复发生》，《今日早报》2005年7月11日；《环保总局通报大学环评机构违规处理情况 采取四项措施 推动环评行业诚信建设》，2005年10月24日。
④ 刘建福、李青松：《环评机构从经济独立到评价独立方法研究》，《工业安全与环保》2015年第3期。
⑤ 转引自黄晓慧《论环境影响评价制度的移植异化——以粤港两个案例的比较为视角》，《广东社会科学》2014年第3期。

些建设项目实际已处于开工建设中，假如该项目属于需要补办环评手续的，仅需编制该项目的环评文件即可。2014 年修订的《环境保护法》第六十一条规定，"建设单位未依法提交建设项目环境影响评价文件或者环境影响评价文件未经批准，擅自开工建设的，由负有环境保护监督管理职责的部门责令停止建设，处以罚款，并可以责令恢复原状。"虽然规定对于环评违法行为可处以罚款，可是能否适用"按日计罚"却要由地方立法根据地方环保的实际需要来规定①。因此，新法的效果如何，还有待实践检验。

第三，环境影响评价没有替代方案的规定。全国人大法律委员会在该法草案修改过程中删除了"替代方案"条款，理由是"要求所有的建设项目都要另搞替代方案，难以做到，也没有必要"。因此，建设项目的环评报告书均没有替代方案，直接报送到发改委，要么立项，要么否决，二者选一。在经济利益驱动下，项目立项的标准主要就是看经济效益这个单一指标。对于经济效益显著的项目，在环评报告之前就注定会被立项，项目的规模、选址、设备等要素基本已经确定，之后，才启动环评程序，因此，环评的功能就是论证该建设项目没有不利的环境影响，或者寻求减少环境影响的对策，完全失去了从源头上把关环境影响项目的良机②。

第四，环境评价信息透明度不足。目前的环评队伍业务素质欠佳，报告书质量偏低。环评工作是一项技术性较强的基础工作，因此，环评工作从业人员应具备广泛的知识，对项目的生产工艺、三废排放等要熟悉或有一定的了解。就目前的情况来看，开展环评的人员不固定，对业务水平无要求，造成了报告书的质量不高。报告没有涉及项目投产后所产生的环境影响，因此，就谈不上评价单位

---

① 谭柏平：《生态城镇建设中环境邻避冲突的源头控制——兼论环境影响评价法律制度的完善》，《北京师范大学学报》（社会科学版）2015 年第 2 期。

② 黄晓慧：《论环境影响评价制度的移植异化——以粤港两个案例的比较为视角》，《广东社会科学》2014 年第 3 期。

对评价结论负责，对治理设施运行负责①。2014 年修订的《环境保护法》第五十六条规定："对依法应当编制环境影响报告书的建设项目，建设单位应当在编制时向可能受影响的公众说明情况，充分征求意见。负责审批建设项目环境影响评价文件的部门在收到建设项目环境影响报告书后，除涉及国家秘密和商业秘密的事项外，应当全文公开；发现建设项目未充分征求公众意见的，应当责成建设单位征求公众意见。"如果严格执行这个条规，公众至少可以看到环评报告书的全文，虽然法规没有明确公开的时间、方式和范围。

此外，环境影响评价市场也不够健康。我国环境评价已经形成了特有的以行政手段、按隶属关系分配任务的"行规"。环评单位为了争夺环评项目，往往采取各种方法和手段寻求有实力的后台，而后台的权力可决定某个环境影响评价项目由谁来承担。在缺乏公平竞争机制的前提下，环评"官倒""出卖"评价证书及公章、行业或地方保护主义便应运而生②。当前，环境保护部看到了这个问题，要求所有环境主管部门与其下属的环评机构脱钩。由于中国社会运作的关系逻辑，看似果断的切割是否能够产生实际效果，是否存在隐蔽的利益关联？如果出现问题由什么机构来监督、纠正？仍然需要实践来加以检验。

二　环境监测制度

"环境检测"和"环境监测"经常被误用。环境监测意指环境监察和检测。环境监察是对污染企业的环境污染和治理行为的监督和督察，可以对其非法行为进行处理，对环境事故的原因进行侦察。环境检测只是对污染企业排放物的成分进行分析测量，或者对环境的质量进行测量。前者是环境执法，后者是提供环境服

---

① 周福庆：《县级站环境影响评价中的问题及对策》，《环境保护》1994 年第 5 期。

② 孔祥舵：《试论我国环境影响评价法律制度的不足与完善》，载《环境执法研究与探讨》，中国环境科学出版社，2005，第 222~223 页。

务。因此，前者的主体必须是权力机关；后者可以是事业单位或
者企业单位，也可以市场化。可能是因为习惯，也可能受我国体
制的影响，环境检测机构多数隶属于环保部门，属于事业单位①。
在县级环保局，环境监察大队同时肩负环境检测的任务。仔细分
析环境监测的定义就会发现，环境监测几乎就是"环境检测"的
意思。环境监测是指连续或者间断地测定环境中污染物的性质、
浓度，观察、分析其变化及对环境影响的过程。环境监测的主要
任务是经常性地监测大气、水体、土壤、生物、噪声、放射性等
各种环境要素的质量状况，并通过分析、储存和整理数据资料，
弄清环境质量及其变化②。环境监测的基本目的是全面、及时、准
确地掌握人类活动对环境影响的水平、效应及趋势，监视污染源
排污和评价治理措施效果，为环境科研、环境规划和防治环境污
染提供可靠的监测数据和科学的测试技术。

　　环境监测制度是环境监测的法律化，是围绕环境监测而建立
起来的一整套规则体系。它通常由环境监测组织机构职责规范、
环境监测方法规范、环境监测数据管理规范、环境监测报告规范
等组成。根据1983年制定的《全国环境监测管理条例》（城乡建
设环境保护部颁布，现在还在实施），各级环境保护主管部门在环
境监测管理方面的主要职责是：领导所辖区域内的环境监测工作，
下达各项环境监测任务；组织编报环境监测月报、年报和环境质
量报告书；参加县（市、区）内污染事件调查，为仲裁环境污染
纠纷提供监测数据。这里虽然规定了地方环境监测站的义务，但
是并没有罚则，也就是说，如果监测人员拒绝监测，也不需要承
担任何的责任。以X区为例，《X区环境监测站工作职责》规定：
监测站的职责是，对全区境内的各个向环境排放废水、废气、废
渣和产生噪声的污染点源进行定期或不定期的监督监测，为环境

---

① 如杭州市环境监测中心站成立于1976年，是杭州市环境保护局直属财政全额
　　补助的全民事业单位。
② 李周、孙若梅：《中国环境问题》，河南人民出版社，2000，第62页。

管理、环境执法和排污收费提供依据；参与对环境污染纠纷、信访和污染事故的调查、取证工作，并根据需要出具调查监测报告；定期对境内的大型集中式污水处理厂、垃圾填埋场、垃圾焚烧发电厂进行监测，及时掌握重点污染源的排放状况；承担企事业单位和基层所委托的各类监测项目；完成区委区政府、上级业务部门交办的各项监测任务和局领导交办的其他工作。

当前的环境监测制度存在以下不足。

第一，环境监察机构缺乏独立性。环境监察机构隶属于地方环保局，而地方环保局又是地方行政机关的下属机构。在地方政府层级上，各省（自治区、直辖市）、市（地区）和县都设立了环境监测站（点），这些环境监测站（点）的人员、经费、设备、监测任务和监测数据均归所在地政府配置和管辖。这为一些地方的政府干预环境监测、地方主义本位主义滋生提供了条件。对于涉及地方政府招商引资的污染企业项目，地方环境监察机构往往处于两难的境地。如果监测数据真实反映出当地的污染程度，就会影响地方官员的政绩。因此，一些地方官员就会指使环境监测站修改甚至伪造数据，以至于各地自己监测的结论与国家环境保护部门监测的结论大相径庭。这不仅影响了环境决策的科学性和环境执法的严肃性，也为某些排污企业逃避责任打开了方便之门①。环境监测机构的"行政化"保证了检测人员的饭碗，也使得监测人员的积极性难以发挥、技术难以创新、专业优势难以发挥等。

第二，环境监测的排他性。根据环境监测条例规定，地方环保部门的监测机构是当地的监测机构，这意味着排斥其他地域和其他方式的环境监测。如果环保机构与污染企业串通，无论村民多么提高警惕，或者有多么高的环境意识，也无济于事。即使两者没有串通，由于县级环保机构与农村有一定的距离，如果村民发现污染企业非法排放，即使打举报电话，但是等到环境检测人

① 蔡守秋：《中国环境监测机制的历史、现状和改革》，《宏观质量研究》2013年第2期。

员到达，企业闻风早就停止排放，因此，也难以遏止污染企业的非法排污行为。环境检测排他性制约基层机构的环境检测能力。县级环保检测机构设备普遍较少、技术落后。有时，检测人员到达现场，但是缺少检测设备只能"望污兴叹"，有的甚至要借助污染企业的设备进行检测。理论上，地方环保部门遇到检测困难，可以请示上级援助，但是，遇到利税大户或者领导的招呼，监测人员也就可能寻找各种借口搪塞。

第三，监测信息共享机制缺乏。《全国环境监测管理条例》第二十一条规定：监测数据、资料、成果均为国家所有，任何个人无权独占。未经主管部门许可，任何个人和单位不得引用和发表尚未正式公布的监测数据和资料。任何监测数据、资料、成果向外界提供，要履行审批手续。环境监测采用的是"条块分割"的管理模式，环境领域相关部门众多，水利部、海洋局、农业部、交通部、城建部、卫生部等政府部门都设立了环境监测站（点），这些环境监测站（点）的人员、经费、设备、监测任务和监测数据均归本部门管辖，往往出现监测任务重复或不均、监测数据或信息相互矛盾、监测资源浪费、各部门监测机构形成不了合力等问题①。

第四，监督力度弱。几乎每一个地区都认为自己的环境监察力量不足。比如江苏省省环保厅相关负责人认为，该省执法队伍只有4000多人，面对几万排污企业监管难度很大，而苏南，一个县级市就有800～900家排污企业，执法人员平时上门检查需要2人一组，按照这个配备，一年都走不完这些企业。今后要加强乡镇环保监管能力建设，按区域设立环境执法机构，派出与任务相适应的人员②。但是，这里有部门利益膨胀的嫌疑，每一个部门均认为自己重要，人手不足，权力不够。因此，对待污染企业不能

---

① 蔡守秋：《中国环境监测机制的历史、现状和改革》，《宏观质量研究》2013年第2期。
② 张可、王娟：《江苏公布6起新环保法典型案例　溧阳一企业受罚最重》，《扬子晚报》2015年4月30日。

玩"猫鼠游戏",不能假定必须时时有现场监管才会守法。监督力度的关键不是人手足够,不是勤于现场执法,而是发动群众的力量,突击检查,严格执法,重奖举报者。这样,监管机构既可以降低调查频率,降低监控成本,还可以实现队伍的精炼和效率的提升。

现有的环境检测制度不利于身处环境污染纠纷的村民。地方环保部门可以寻找种种借口拒绝提供检测数据,这样的结果就是村民拿不到第一手证据,即使想通过诉讼渠道,也很可能因为证据不够而不被立案。现有制度规定,仲裁监测不是各级环境监测站的主要任务,更不是监测站的技术监督职能①。环境监测机构的监测结果不能保证其法律效率。2013 年 6 月 8 日通过的最高人民法院和最高人民检察院发布的《关于办理环境污染刑事案件适用法律若干问题的解释》对于监测机构出具的监测数据首次做了规定,第十一条规定:"对案件所涉的环境污染专门性问题难以确定的,由司法鉴定机构出具鉴定意见,或者由国务院环境保护部门指定的机构出具检验报告。县级以上环境保护部门及其所属监测机构出具的监测数据,经省级以上环境保护部门认可的,可以作为证据使用。"这体现了环境污染刑事案件对环境监测数据报告作为证据的严肃性。它要求数据经得起推敲,结论经得起检验,报告经得起质疑。各省环境监测中心还就此制定了具体的细则。如浙江省规定:作为司法证据的环境监测数据、报告技术审核要求审核"实验室资质的有效性,检测项目、检测依据的有效性;检测标准是否恰当有效;检测仪器、检测人员的上岗证;质量保证措施;数据合理性、可靠性、结论可信性,报告的全面性和规范性,检测指标、数据结果与污染源、污染物和样品性状是否相符,数据之间有否逻辑矛盾"等信息②。针对具体的环境纠纷案件,为

---

① 鲍学杰:《关于对环境污染纠纷仲裁的质疑——对〈关于进一步加强环境监测工作的决定〉中存在问题的看法》,《中国环境监测》1996 年 12 月,第 57 页。
② 浙江省环境监测中心:《作为司法证据的环境监测数据、报告技术审核》(2013)。

了做到法律意义上的公平正义，就需要严谨，严谨带来的结果就是精细、复杂，这对于弱小、松散的污染受害者来说，就是增加环境维权的阻力和成本。

三 排污收费制度

排污收费的根据就是 1920 年英国经济学家庇古发表的《福利经济学》原理，企业的污染排放行为，对社会造成了危害，那么，如果根据污染所造成的危害对排污者收费，就可以弥补私人成本和社会成本的差距，使二者相等，从而达到对污染者的约束。其最终目的，是将污染控制在最优污染水平，实现社会总收益最大化。

1. 原理

排污收费制度是一种经济手段。经济合作与发展组织在《环境管理中的经济手段》一书中具体分析了经济手段的方式和特点。其认为现有的经济手段主要是：收费、补贴、押金—退款制度、市场创建、执行鼓励金。在中国使用的手段主要是收费制度。经济手段有如下优势。

①执行成本低。以市场为基础，着重间接宏观调控，通过改变市场信号影响政策对象的经济利益，引导其改变行为。它不需要全面监控政策对象的微观活动，大大降低政策的执行成本。

②通过市场中介，把经济有效地保护环境的责任，从政府转交给环境责任者。不是用行政手段强制他们服从，而是把具有一定的行为选择余地的决策权交给他们，使环境管理更加灵活。

③资金筹集和配置功能。经济手段，尤其是收费手段，由污染排放所收取的税费，成为环境保护投资的重要来源。另外，经济手段可以有效地配置保护环境所需的资金，这些资金不仅可投资于对环境有利的项目，而且还可用于纠正其他不利于可持续发展的经济政策。对环境资金短缺的国家来说，这一点尤其具有吸引力。

④经济刺激功能。无论是科斯手段还是庇古手段，都用到了

市场机制的资源配置原理，其基本法则是优胜劣汰。所以，在环保问题上，为了降低污染的成本支出，企业必须进行环境技术创新、积极治理污染，从而通过对企业的刺激实现一种可持续的工业发展模式。

其缺点表现在以下几点。

①经济手段，尤其是庇古手段，要求获得企业边际外部成本（边际社会损害）的信息，而实践中这一点很难做到，从而无法制定合理的庇古税，税太高企业承担不起，税太低不能发挥作用，出现很多企业宁可交费也不治理污染的情况。

②经济手段中的科斯手段，如排污权交易等，需要良好的市场运作机制。但是，在市场机制相对不发达的国家，如我国，其使用必然受到一定的限制。

③经济手段并非在任何情况下都可以使用。例如，对于危险品的排放，只能根据法律规定对其管理，而不能通过交费的方式进行排放。此时，经济手段失效。

2. 内容

1982 年，国务院批准并颁布了《征收排污费暂行办法》，自当年 7 月 1 日起在全国执行。它的特点是：①超标排污收费。②单因子收费。③排污收费的理论依据是企业申报的污染排放数量。④收费标准偏低。目前的排污收费标准，仅为污染治理设施运转成本的 50% 左右，某些项目甚至不到污染治理成本的 10%。我国排污收费目前包括三种类型，即对于不执行环境政策的企业的罚金、四小块收费和二氧化硫的排放收费。筹集的资金 80% 返还给企业用于污染控制，20% 用于环保局建设，四小块的罚金用于环保局建设。排污收费的主要功能是：资金筹集和污染控制。其中资金筹集是最受关注的一项功能，希望通过经济杠杆来制约环境污染，提高政策效率。

根据 2003 年 2 月 28 日颁布的《排污费征收标准管理办法》（国务院令字第 369 号），对所有排污单位，按数量和浓度收取排污费。由最初只向工业企业征收发展到也向事业单位、机关、团体征收，由向大中型企业征收逐步扩展到对乡镇企业征收，由单项污染因子征收开始向多项污染因子征收转变①。凡符合国家或地方污染物排放标准的排污量不征收排污费，只对那些数量和浓度超过规定标准的部分征收费用。

2003 年 3 月 20 日发布的《排污费资金收缴使用管理办法》规定：排污费资金纳入财政预算，作为环境保护专项资金管理，全部专项用于环境污染防治，任何单位和个人不得截留、挤占或者挪作他用。排污费资金的收缴、使用必须实行"收支两条线"。排污费资金的 10% 作为中央预算收入缴入中央国库，作为中央环境保护专项资金管理；90% 作为地方预算收入，缴入地方国库，作为地方环境保护专项资金管理。环境保护专项资金应当用于下列补助和贷款贴息：①重点污染源防治项目，包括技术和工艺符合环境保护及其他清洁生产要求的重点行业、重点污染源防治项目。②区域性污染防治项目，主要用于跨流域、跨地区的污染治理及清洁生产项目。③污染防治新技术、新工艺的推广应用项目，主要用于污染防治新技术、新工艺的研究开发以及资源综合利用率高、污染物产生量少的清洁生产技术、工艺的推广应用。而且地方环保局的工作人员的工资收入由地方财政保障。

这些规定在一定程度上改变了地方环保机构的利益结构，使得他们对于地方的污染企业的监管力度进一步加强，对地方的环境质量能够承担更多的责任。但是，受地方政府人事和财政影响的现实仍然没有得到根本的改变。地方环保机构的执法能力、检测能力、检测设备以及对污染受害者的补偿等方面没有丝毫的改进。

3. 不足

现有的排污收费制度没有达到制度设计时的基本目标，其不足表现在以下三个方面。

---

① 聂国卿：《我国转型时期环境治理的政府行为特征分析》，《经济学动态》2005 年第 1 期。

第一，排污收费低于治理费用。

企业没有治污的原因是治污成本太高。如果排污费低于污染治理费用，自然会选择排污行为。例如，造纸厂处理 1 吨中段废水需要运转费 1 元，而每吨废水的排污费仅 0.1 元，那么大多数企业选择治理一部分污染，同时再缴一些超标排污费。这样，超标排污就成了企业从眼前利益出发的一种选择，其造成的环境问题就直接转嫁给无辜的公众①。经济合作与发展组织指出，经济手段可以综合运用价格、税收、补贴、押金、补偿费以及金融手段，其目的就是从影响成本效益入手，引导污染企业进行选择，如安装治污设施以减少污染排放、缴纳排污费以获准排污，以便最终有利于环境。

第二，违法成本低，收益高。

据有关部门统计，我国环境违法成本平均不及治理成本的10%，不及危害代价的2%②。大气污染事故的企业事业单位处直接经济损失 50% 以下罚款，但最高不超过 50 万元。固体废物污染和水污染最高罚款限额是 100 万元。违法排污一般性处罚最高 10万元。《行政处罚法》第二十四条规定"对当事人的同一个违法行为，不得给予两次以上罚款的行政处罚"③。在我国的环境立法中，从立法的指导思想到具体的对环境违法行为处罚的规定都没有体

① 如 1953 年，美国虎克塑料和化学用品公司将其长期倾倒化学废物的土地填平，以 1 美元的价格卖给尼亚加拉瀑布学校委员会，并签订契约说明公司对于将来因垃圾倾卸引起的问题不负任何责任。后来居住在那里的 200 多户居民都受到了致癌化学物质的毒害。

② 王灿发：《环境违法成本低之原因和改变途径探讨》，《环境保护》2005 年第9 期。

③ 美国的法律实行的是"以日计罚"和"以件计罚"。也就是当一个违法行为被处罚后，如果违法者不加改正，那么以后的每一天都构成一个独立的违法行为，或者每生产一件违法的产品都构成一个独立的违法行为，可以再次给予处罚。美国环境保护局对杜邦公司处总额高达 3 亿美元的罚款就是按以日计罚计算的。从 1981 年 6 月至 1997 年 1 月 30 日杜邦公司每天被罚款 2.5 万美元，从1997 年 1 月 30 日至 2001 年 3 月每天被罚款 2.75 万美元。这样高的违法成本，企业肯定就不会轻易以身试法。

现"不能使违法者从其违法行为中得到好处"的原则，体现的是"企业利益至上"和"守法不如违法，小违法不如大违法"的思想。据 X 区环保局有关负责人介绍，因为污染治理不达标，N 镇化工工业园区 20 多家化工企业中几乎没有一家没被处罚过。

"企业偷排污水的目的在于降低生产成本"，XY 精细化工厂一位工程师说。企业一天要产生 800 吨左右的污水，如果送到污水处理厂，每吨要交 5 元的处理费，一年就是 150 万元。而偷排到 Q 江，则大大降低了成本，即使因偷排被查处，环保局一次最高只能罚 3 万元，即使每个月都被罚，全年算下来的罚金也远远低于污水处理费用。一位环保局工作人员表示，违法成本远低于守法成本，在这种情况下，任何一个"理性"企业都会做出相似的决策。"偷排污水会遭到处罚，但对于通过污水处理厂排污来说，成本明显小得多"，金厂长说。阳×污水处理厂收费标准是每吨污水需要 3~5 元钱，而 N 镇农药化工厂如果经污水处理厂排水，成本是每天 5000 元。如果被环保部门抓到，也就罚到这个数字，而且对同一事情不能罚两次，客观上为那些偷排污水企业降低了违法成本。因此，虽然 X 区环保局加大了对偷排企业的处罚力度，但依然有不少企业铤而走险，继续排放污水。

第三，忽视污染受害者的权益。

根据现在实施的《排污费征收使用管理条例》，排污者向城市污水集中处理设施排放污水、缴纳污水处理费用的，不再缴纳排污费；排污者建成符合环境保护标准的固体废物贮存或者处置设施、场所，也不再缴纳排污费。因此，收缴排污费的企业均存在破坏环境质量的行为。它们的缴费全部上缴财政，用于环境污染防治，例如，重点污染源防治；区域性污染防治；污染防治新技术、新工艺的开发，示范和应用；等等。该制度的基础假定是环境权益归国家所有，而不顾环境损害实质上是分散到各个社会主体之中的，而且离环境污染源越近，受到的损害越大。当污染受害者的损害不够显著或者即使显著但尚未找到补偿的渠道时，它们损害的环境权益就无法得到补偿。排污费是因企业排污而存在的收费，但是在污染受害者进行环境维权时，其不能作为污染事实的证据，这本身就是悖论。将排污费纳入公共财政，有违损害对等补偿原则，因为国家因环境损害获得了补偿，而周边的原住民没有获得相应的补偿。在笔者实地调查的案例中，污染受害者多次表达对排污收费制度的不满。

第三节　行为互动

地方环保部门隶属于地方行政机关。面对污染企业的非法排污行为，环保部门只能行使有限的处罚权力。强制性的关停决定掌握在地方行政机关手中。地方行政机关既是污染企业的管理部门，又是独立的经济、社会、政治行为主体。它在环境事务的决策上存在多种可能，一方面作为国家机器整体中的一部分，具有代表国家利益的职能，另一方面作为所在地方的行政首脑，又代表着明显的地方利益，这使地方政府在处理环境问题时，往往表现出"脱节状态"这样的态度，也有学者为之辩护为"合理不合法"。下面笔者就结合环境案例中地方政府和污染企业的互动行为分析双方对环境质量变迁的责任。

一　招商引资

地方政府与污染企业的第一个行为互动领域是招商引资。在发展经济的促动下，地方政府将"招商引资"作为中心工作。在访谈中，地方官员明确告知招商引资工作是考核的重点。为了取得"招商引资"环节的竞争优势，地方政府采取了很多办法。笔者虽然没有得到地方政府与污染企业之间的协议内容，但是，通过后续的调查，可以获知地方政府与污染企业之间的相互依赖关系的表现。

第一，为了招商引资，地方政府可以违规征用土地。在王村的案例中，工业园区就是在全国"开发区热"的背景下建立起来的。在化工园区上马之初，D市经贸局也曾邀请规划院与环保部门一起参与选址，但一直没有找到合适的地方。此后在没有进行充分环境评估的前提下，化工园区以"以租代征"的方式获得王村800亩农业用地的使用权，而后就进行招商引资。园区内13家企业有12家存在非法使用土地行为，有393亩土地是没有合法手续的。2004年4月29日，国务院办公厅下达《关于深入开展土地市场治理整顿严格土地管理的紧急通知》。同年7月26日，D市国土资源局对园区13家企业做出了"土地违法案件行政处罚决定书"。如果没有国务院的禁令和土地管理部门的垂直管理制度，当地老百姓还会一直蒙在鼓里，以为征用的土地都是合法的。

第二，地方政府牺牲环境引进污染企业。如果能够引进绿色环保产业自然不会产生外部负效应，从而可实现"多方共赢"的目标。但是，由于受到我国产业结构和技术水平的限制，我国农村接受了大量的污染产业转移。比如在邬村的案例中，镇政府引入化工企业似乎是被迫的事情。在1987年的时候，镇政府在邬村周围相继建设了5个燃料、化工企业，但是规模较小，没有引起环境质量的明显下降。1992年初，当时的镇政府决定建设一个高科技生物园区，为此投入了很多钱，但后来没有企业前来投资。当地干部认为："在偏远的小地方，没有高科技企业愿意落户，也就是那些高污染的企业愿意来，大城市不愿接纳它们，城里人怕污染，只能到乡下。偏远地区经济落后，要么你固守落后，过世外桃源的生活，要么你发展经济，就要牺牲环境，这是宿命，没法逃脱。"这样，他们首先引进了省城农药厂，接着很多的化工企业先后搬来了。当时的交通、通信等基础设施还不发达，城区规模也没有扩张，离县城30公里左右的小城镇是比较偏远的地方。要引进企业，快速发展，只能选择大城市不愿意要的企业落户。大家以"以污染为代价"为常识，似乎没有"无污染发展"的路径存在。

第三，地方政府对污染企业排污行为约束不力。在王村案例中，有一家油脂厂擅自更改企业经营范围，从事工业废料加工，产生了大量的氟化氢，导致农作物和树木的大片死亡。虽然环保局对这家企业进行了多次处罚，但是，该企业仍然偷偷生产。这不是孤立现象，整个开发区有 5 家厂没有通过环保验收就开展生产。企业在不具备达标排放的条件下开展生产，其造成的污染可想而知。

这里有一点应该引起我们特别的注意，就是污染企业的选址问题。地方官员不是不知道污染企业的危害，他们虽然希望污染企业来本地区投资，但是不会选择在自己所居住的城镇附近安置污染企业。化学工业园区或者污染企业的选址一般是远离城区，交通方便，水源、电力比较丰富的平原地区。有一定工业基础的农村区域成为首选对象。招商引资的结果是污染企业与周围村民"强迫为邻"，共同处于同一个自然环境中。企业与村民之前并没有社会联系，企业是外来的，带有异质性的。由于环境权利的冲突，企业与村民之间也难以在今后的生产和生活中发展社会联系。缺乏社会联系的两个相邻主体并不能构成一个真正的社区。如果希望运用社区力量控制污染者的行为，那么就需要加强两者之间的社会交往，建立和谐的社会关系，共同对社区的环境负责。这种局面能够自动出现吗？如果不能实现，那么就意味着环境纠纷的出现只是时间问题。

二　环境影响评价

从理论上说，环境影响评价是对污染企业排污行为的科学预测和防治，可以做到在不损害周围居民利益前提之下进行污染工业的建设。但是，现实中的环境污染评价出现了诸多的问题。

（1）不执行环境影响评价报告书的内容。例如邬村所在的开发区确实做过环境影响评价报告。该环评报告规定，在开发区内设立化工企业的数量不能超过所有项目的 20%，而且在 2010 年要削减 10%。环评报告同时规定，这些化工企业要距离居民住宅区50 米①以外，同时还要种植树木以隔离噪声，不能达到这一要求，

---

① 怀疑有误，按照国家标准化工园区中的污染源离居民生活区的距离应该是 300米或者 500 米。

老百姓要搬迁等①。但是，13年过去了，这个开发区除了建起了近2平方公里的化工工业园区外，其他的高科技项目一个也没有。不但高科技项目没有，就是已建成的化工工业园区也是和村民、居民住宅区混杂在了一起。

对于污水处理厂，前期落户的一些企业就是将废水经过简单处理或者不处理直接排向江河。令人惊奇的是，某农药公司提出要安装环保设施，当地干部却说："你们先不着急，交给镇里100万，等着镇里建污水处理厂。"1997年，邬村村民开始向镇政府和企业反映污染问题。政府也进行了环境检测，发现地下水已经被污染，但是拒绝提供检测数据，只说："如果公布，天下就会大乱。"于是，镇政府在1998年在化工园区投资兴建了污水处理厂（其法人代表就是当地的副镇长），但是其处理污水的水平并不能达标。

第二，环境影响评价不真实。邬村案例中有一家热镀锌厂。它的环境影响评价是这样的：该厂紧靠邬山脚，南面是通江干道。但是事实是该厂围墙外边就是民房，民房外边还有县级公路，然后才是邬山脚；通江干道旁就是民房，都没有标出来。村民质疑："做环境评估的人是怎么做出来的？而批的人又有没有到现场查看过？距离民房这么近建造该厂房对老百姓的生活和身体有没有影响？像这样的厂房离多少距离才能造？这么多的问题连3岁小孩都知道，这样做又是何故？怎么又把老百姓的生命当儿戏。"

从笔者的案例看，出现重大污染纠纷固然与污染企业的非法排污有关，但是污染企业与居民生活区距离太近是导致村民被污染损害的最直接原因。在污染企业与居民只有一墙之隔的情况下，即使污染企业达标排放，仍然会对村民造成伤害。

三 环境监察

环境监察是地方环保部门的日常工作。如果地方环保局能够

---

① 郐建荣：《X区的发达与N镇的污染》，《中国环境报》2005年5月16日。

秉公执法，对村民的环境权益诉求做出积极的反应，对污染企业的非法排污行为进行严格的执法，那么，环境污染纠纷可以以最小的社会成本得到处理。污染企业的排污行为也会受到环境法规的严格制约，国家的环境政策目标也能得到实现。但是，从现实看，因为污染企业与地方政府存在共同利益，所以，污染企业通过非法排污获得成本优势及规模的扩大，也提高了地区的经济总量，非法排污行为成为污染企业的理性选择。

污染企业的非法排污现象非常普遍。N 镇化工园共有 6 根通向 Q 江的排污管。它们经过了城建、环保、国土、计委、Q 江管理局等部门审批，但均存在违法排污的嫌疑。X 区环保局也进行过处罚，但是罚一次只能管住几天，时间一久，企业又偷排如故。城镇污水处理厂自身也涉嫌向 Q 江内排放不达标的污水。2004 年 12 月 13 日，省环保局监测发现该厂排出的污水 COD 指标超过国家环保总局制定的排放标准的 12.5 倍。王村化工区共有 13 家企业，只有 7 家通过了环保验收。其中一家非法排污的公司负责人还振振有词："我们厂基本上不会产生什么废气和废水，所以不需要上什么环保处理设施。"

为什么明明是非法的行为，却被污染企业以"合理合法"的形式掩盖下来？笔者认为其中的原因是：①对非法排污的惩罚偏轻；②污染企业企业主与地方官员勾结；③公众难以获得企业的环境信息。

1. 惩罚偏轻

按照 1989 年的环保法，地方环保局只能对污染企业的非法排污行为进行处罚，其他一点办法也没有。对污染企业处罚力度存在上限，即使加强处罚力度，每次罚款也仅限 3 万元。地方政府规定，对化工企业的检查只能一个月两次。如邬村的 XY 精细化工厂一天要产生 800 吨（村民说有 5000 吨）左右的污水，如果送到污水处理厂，每吨要交 5 元的处理费，一年就是 150 万元。而偷排到 Q 江，即使因偷排被查处，环保局一次最高只能罚 3 万元，即使每个月都被罚，全年也只有 36 万元。地方环保局往往进行的是日常检查，容易被污染企业掌握执法规律。这更减小了经济惩罚对污染企业的威慑力。当地政府还曾下文件："对于偷排污水的企业，第一次抓住的，停电 15 天，第二次，继续停电 15 天，并停业整顿，第三次，就强制停产。"让村民纳闷的是，连续非法排污的污染企业从来没有被执行过此规定。这种虽然有法律（即使不是非常苛刻），但难以被执行的现状更加使污染企业觉得惩罚过轻。

2. 污染企业主与地方官员勾结

在环境执法过程中，污染企业主为了减轻自己的环境责任，往往展开"寻租"行为，选择与执法人员建立联系。污染企业企业主可以从非法排污中获得超额利润，然后将其中的一部分用于"寻租"活动，争取更大的行动自由和安全排放的"通行证"。因为地方官员的行为不受群众监督，如果他们的行为没有得到公开的惩处，他们在群众面前仍然可以保持清廉的形象。比如环保局的一位领导坦言："我们的执法车还没到，早就被他们放风的看到了，人家不排了你还怎么查他？罚他？"王村案例也表明"××农药公司多次出现事故性的污染气体泄漏，2002 年有案可查的就有四起。在厂区看到大量的废水没有经过处理就直接向江河排放，污水处理设施形同虚设"①。但该市环保局环保执法大队队长说："目前来说，他们偷偷排放我们没有证据，现在我们从依法行政的角度来看，是要有证据的。"没有一套完善的监督甄别机制，就难以让清正廉明的执法者和腐败奸邪的执法者相互区别。清正廉明的执法者不能得到高度评价，反而遭受以经济建设为中心的主政者的排挤，而腐败奸邪的执法者不仅未能得到相应的惩罚，反而能得到以经济建设为中心的主政者的青睐。最终，受到逆向选择机制的作用，清正廉明执法者的空间越来越小，而腐败奸邪执法者的空间越来越大。

另外，地方官员也需要污染企业企业主的经济贡献。如邬村的案例，化工园的年产值大约 10 亿元，约占该镇全年产值的 1/5，

---

① 王军、何新生、边富良：《化工污染何时了》，《新闻观察》2004 年 6 月 13 日。

如果真要从根本上治理这些污染企业，当地的经济就会受到影响。当地环保局的一位人士也认为，如果他们真要对某个企业动手，镇政府马上就会有求情的电话打过来。

3. 公众难以获得企业的环境信息

公众的环境知情权难以保证，这一方面是因为公众没有能力对周边环境和企业排放的污染物进行检测，另一方面是因为政府没有提供相应的服务。污染企业视自己的环境信息为商业机密，没有外界的压力，它不会主动检测自己排放的污染物，更不会将这个信息向周围的村民公开。但是，对于公共权力机构来说，它承担保护地区环境质量的职责，应该有义务检测污染企业的排放物，并且根据所获得的信息具体监管污染企业的行为，如果有必要应向群众公布环境信息。

但是，本书中的案例表明，群众难以获得正确的环境信息。在邬村，村民渴望了解自己的生存环境，渴望检查自己的健康状况，渴望被告知污染物的危害；村民想了解污染企业主是否按照环境影响评价的要求建设和生产，是否按照排污许可证的容量在排放污染物。村民的信息需求不能被满足。这种情况，对于弱势的村民来说非常不利，因为村民只有获得企业的环境信息才能判断企业是否存在非法行为，才能依靠法律的力量，否则，自己的利益主张在法律上就站不住脚。

四 环境监测

环境监测暴露的问题有：企业提前获得信息；自动监测仪器失效；县级环保机构的监测能力偏弱。

1. 企业提前获得信息

张村案例中村民反映，每次上级环保部门来检查，厂里总是能事先得到消息，每到这时候，工厂的废气没有了，排出的水也变清了，但检查组一走，一切又是老样子。结果是，地方环保局的监测结论总是达到国家规定的标准。地方环保部门认为自己的检测不可能造假，因为检测有着一整套程序方面的规定，机器负荷最少应该在 80% 以上，只有满足了上述条件才能进行取样。但是从群众举报到现场检测一般需要两个多小时。只要获得了信息，企业有充分的时间进行伪装处理。这不仅是张村案例的特征，也是其他两个案例的普遍情况。为什么每次相关部门来检测厂里的问题工厂都能事先知道并能进行充分的准备？这分明是有"内线"通风报信。

2. 自动监测仪器失效

为了方便获得环境信息，国家环保总局鼓励应用自动监测仪器设备。自动监测仪器的使用也会出现问题。如在张村，化工厂确实安装了自动检测装置，在线监测装置测的是设施出口的污染物浓度，每十分钟就出一个数据，直接传到省环保局的监控中心。但是，令村民惊奇的是，从安装起至今所测的数字都是一样的。就连《新闻调查》记者连夜所取的超标 20 多倍的水样，它也监测不到，它所能监测到的数据，都是在 0.01%标准（国家排放标准是 0.5%）以下。在 F 省环保局安装的在线监控装置中，流出来的水永远都是清澈透明的，与总排污口的水相比真是天壤之别。省环保局看到的始终是达标的数据，其原因是污水的流向控制在企业手中，企业污水并没有全部通过在线监测装置排放。这种问题如果地方环境监察部门"睁一只眼，闭一只眼"，就可以蒙混过关，因为村民无权进入厂区，即使怀疑也没有真凭实据。

3. 监测能力偏弱

现在县级环保部门的人力偏少，检测设备和技术落后。在张村案例中，P 县环保局只有 4 个人，还超编 1 人。他们一没有技术人员，二没有检测设备，每年所能做的就是收排污费。氯酸钾厂是省属企业，审批权、监管权和处罚权属于省环保局。在 D 市，地方环保人员接到群众的举报电话，说："过来也没用的，这个空气检测不出来，没这个仪器的。企业偷排偷放是比较隐蔽的，我们环保局不可能二十四小时看在那里。"作为污染产业规模较小的县域，配备大量的人力和先进的设备确实显得浪费，但是，不能因为环保机构距离农村较远，设备比较落后和不足就可以削弱环境执法的力度。

第四节　总结

环境资源是少数难以通过完全私有、继而让市场发挥基础性调节的物品之一①。国家和社区无法规避自己的治理责任。可是，国家并不是一个行为主体，代表国家行使职能的是各级政府机构。中央政府主要制定法规和政策，地方政府执行法规，并承担保证地区环境质量的责任，也拥有对环境资源的支配权。地方官员作为地方政府的成员，实际拥有环境资源分配的决策权。在以总体经济效率为主要指标的政绩考核制度下，地方官员看中了污染企业能够创造经济价值、就业机会的优点，愿意或默许将环境资源由污染企业高效地货币化。但是，这条看似经济增长的捷径实则牺牲了原始居民既存的环境权利。原始居民主要从事农业生产，对自然环境依赖程度较高，一般处于经济发展水平较低的阶段。在经济回报和环境质量之间，他们中间的成员可能会有不同的选择。一部分人主张将环境资源货币化，也有一些人坚持认为必须保护环境质量。一般来说，后一类人占少数，因为多数村民缺乏环境污染的知识和信息，也容易存在幻想，以为环境污染不会威胁到自己的生存。这种格局造成污染企业在农村落地时很少遭遇激烈的对抗。

一　社会关系

如果社区居民能控制污染企业的环境行为，那么当环境质量出现危险时就可以对排污行为做出控制。但是，事实并不如此，排污行为的决策者中没有村民，只有企业主。影响企业主行为的社会主体又只有地方官员。因此，地方官员与企业主之间的关系

---

① 陶传进：《环境治理：以社区为基础》，社会科学文献出版社，2005，第3页。

在决定污染企业的排污问题上起到关键的作用。在经济利益上，地方官员与企业主之间是一种互惠互利的关系；在环境影响上，两者之间是独立的关系；在环境资源使用上，两者之间是一种管理与被管理的关系。

地方官员与企业主在经济利益上互惠互利已经在前面的论述中得到阐明。这里再阐明两者之间在环境影响和环境资源使用上的关系。环境质量有明显以社区为单位的界限。大气污染的范围一般为3～5公里，水污染的受害范围是下游地区的渔业和饮用水，距离越远影响越小，噪声污染也有明显的空间性，土壤污染主要是污染源周边的农业生产区域。总体来看，只要将污染源选址在离城镇3～5公里之外的区域，那么，环境污染基本就不会影响地方官员的生存利益。因此，地方官员利用工业布局权力，完全可以做到既留下污染企业又不影响自己生活的理想方案。从这一点来讲，不仅污染企业的排污行为具有外部负效应，而且地方官员的决策也可能具有外部负效应。可是，我们针对政策、规划的环评还没有真正开始。

在环境资源的使用上，地方官员与企业主之间是一种管理与被管理的关系。但是，由于受到上述经济利益和环境影响两种关系的影响，这种管理关系也有了新的内涵。在现有的财政制度下，无论东部、中部还是西部，基层政府都面临强大的财政压力。在地方政府眼里，只要环境污染不危及饮用水安全，不形成环境事故，那么污染就不会影响自己的切身利益。相反，在"吃饭财政"的背景下，如果地方政府没有足够的财政收入，那么地方官员的切身利益也将受到影响。因此，在财政压力之下，谋求地方财政收入成为地方官员的生存问题。拥有公共权力的地方政府需要拥有经济实力的企业主提供经济增长的动力。在环境标准上希望获得优惠的污染企业也需要公共权力的保护。在这种情形下，即使地方政府对污染企业进行查处，也只是象征性的、无关痛痒的惩罚。

地方官员与污染企业主之间虽然存在上述三种关系，但是经济利益上的互惠互利是最基础、最重要的，因为环境影响和环境资源使用关系只有在污染企业在地方落脚之后才能建立起来。互惠互利的关系说明两者均是主体，均可以参加讨价还价的谈判和协商，均是环境权益分配事务上的在场者。因此，也可以说两者之间是一种相互依赖关系。正是双方利益上的依赖关系才能解释为什么污染企业能在乡村落脚，为什么两者能够结盟。

二 环境行为

地方官员与企业主之间的相互依赖关系对污染企业的环境行为产生重大的影响。主要表现为三个方面：一是地方政府在招商引资上的"触底竞争"；二是地方环境主管机关的执法软化现象；三是污染企业将非法排污行为"合法化"。

1. 触底竞争

"触底竞争"的根源在于地方政府追求经济增长。在财政体制和政绩考核体制的压力下，地方政府开始成为一个相对独立自主的利益中心。为了自身的利益，地方政府（代表所在地区）之间展开经济总量的排序竞争。这个竞争是永无止境的。经济落后的乡镇希望在县或区范围内成为发达地区，在县或区内发达的乡镇希望成为省级的发达乡镇；经济落后的县或区希望在省级范围内成为发达地区，在省内属于发达地区的县或区希望成为全国的发达地区。改革开放越早，地方领导人越有魄力，地方政府拉动经济的动力越大。经济总量的排序竞争激发了各级地方政府追求经济总量的潜能。如果中央政府没有对这种动力施加必要的约束，那么这种发展模式既可能对内侵犯弱势者的合法权利，也可能对外转嫁生产成本，形成外部负效应。随之产生的内部矛盾和外部矛盾，既制约了本地和周围地区经济的发展，也造成了社会的不稳定。

"触底竞争"的实质是政府干预。政府干预的手段和方式是由地方官员决定的。显而易见，决策者的利益结构决定决策的内容。为了总体效率或公共财政收入，地方政府配置公共资源的标准就是，谁能够从地区环境资源的利用中产生最高的经济利益（以政府的核算标准），谁就可以获得环境资源的支配权。比如以生态旅游为主导产业的地区，地方政府会自动执行环境质量标准，限制污染企业，保证环境质量。污染企业尚不能挑战整个社会，左右整个社会的运行，它是在政府设定的规则下行事。污染企业的优势在于其可移动性，可以根据环境标准、执法力度来选择有利于自己利益最大化的地区进行投资。地方政府在招商引资上是市场的供给者。从大量的环境纠纷案例中，笔者看到，为了提升地方经济总量，地方政府纷纷将工作重心转到投资环境建设上来，希望在"招商引资"工作中取得竞争优势。投资环境建设的一个主要内容是降低企业的市场准入标准和生产成本。由于环境管理体制滞后于经济发展的要求，地方环保部门难以严格环境执法，难以承担保护地方环境质量的责任，结果地区之间展开环境标准的"触底竞争"，环境成为经济发展的一个牺牲品。

2. 执法松懈

地方官员与污染企业之间的相互依赖关系影响了环境主管机构的执法行为。环境主管机构作为环境保护的专职部门，有积极性采取措施遏制环境退化。但是，受制于环境管理体制，地方人民政府为污染企业提供各种便利、优惠措施，这约束了环境主管机构的执法自主性。当扩张经济的力量与防治污染的力量冲突时，地方政府可能的态度是：①经济增长优先，力保财政收入，牺牲其他目标；②从确保产值和收入的角度出发，采取容忍和庇护的态度，环保部门的执法行为在地方政府领导人的"招呼"下不得不软化下来①。

3. 非法排污"合法化"

我国的工业仍然处于发展中的阶段，受到产业结构、技术结构、能源结构和劳动力素质的限制，污染企业对于实现循环经济显得"心有余而力不足"。在"违法成本小，守法成本大""小违

---

① 夏光：《环境污染与经济机制》，中国环境科学出版社，1992，第48页。

法小收益，大违法大收益"的利益结构之下，选择"非法排污"成为污染企业的理性行为。地方政府虽然有权监管污染企业，也有权关停污染企业，但是在地方经济总量、财政和就业等压力之下，往往对污染企业比较宽容。中央政府虽然与污染企业没有直接的经济联系，但是由于信息不足，难以对具体的污染企业进行直接的执法，除非发生重大事件。

可见，污染企业的环境行为策略有：达标排污和非法排污。只要没有大型的群体性事件或者安全生产事故，地方政府的环境行为策略是：严格执法和松懈执法。假设地方官员松懈执法时的成本为 0，而严格执法时需多支付的成本为（- c）；污染企业正常的达标排污收益为 0，当选择非法排污策略时多收益为（w）。假设不考虑其他主体的成本和收益，污染企业的税收与是否达标排污无关，由于地方官员没有受到环境污染的影响，因此，两者之间的博弈矩阵可以简单概括为下面的表 3 - 2。

表 3 - 2　地方官员与企业主博弈矩阵

		企业主	
		达标排污	非法排污
地方官员	严格执法	- c，0	- c，w
	松懈执法	0，0	0，w

在地方官员看来，无论企业主选择达标排污策略还是非法排污策略，松懈执法这个策略始终优于严格执法策略，因此，松懈执法是地方官员的一个占优策略[①]。相应的，非法排污是污染企业的占优策略。也就是说，污染企业选择非法排污和地方官员选择

---

① 这是一个博弈论中的专业术语，表示一个参与人的最优策略并不依赖于其他参与人的策略选择，就是说，不论其他参与人选择什么策略，他的最优策略是唯一的，这样的最优战略被称为"占优策略"（dominant strategy）。用公式表示就是，s*i 称为参与人 i 的（严格）占优策略，如果对应所有的 S-i，s*i 是 i 的严格最优选择，即 ui（s*i，S-i）>ui(s'i，S-i）任取 S-i，任取 s'i≠s*i。

松懈执法构成了一个占优策略均衡①。占优策略均衡必定是纳什均衡。纳什均衡目前已经是一个人们比较熟悉的词，意思是指博弈的任何一方均没有动力单独改变自己的策略选择。在我们设计的这个博弈矩阵中，如果没有外界力量的加入或者博弈条件的变化，他们双方不会愿意改变自己的行为选择，也就是说，地方政府愿意继续选择松懈执法，污染企业愿意继续非法排污。因此，从博弈结构来看，虽然污染企业与地方官员是两个独立的主体，但是双方的利益结构促使两者之间产生了共谋的结局。如果这样的均衡能够持续一段时间，那么，农村社区的环境就会迅速恶化下去，并且随着污染企业排污能力的加强和工业区规模的扩大而加速恶化。笔者的案例其实表明了这种状况出现的可能性。

　　虽然污染企业和地方政府存在良好的合作关系，但是，在环境监测和执法上，地方政府还是处于主导地位。如果地方政府严格执法，污染企业难以与地方政府对抗。在三个案例中，污染企业普遍配合地方政府的工作，在上级执法检查时努力做到达标排放，他们未曾抗拒地方环境监测机构的监测，未曾对抗地方环保部门的行政处罚。地方政府与污染企业均对媒体曝光保持高度的警惕，并采取不欢迎的态度，尤其是在发生环境事件的案例中。这种状况说明，如果没有上级政府的督察或命令，地方政府是不会主动提供企业和地区的环境信息。目前的区域环境公告只是面上的环境保护规定，对于具体的污染纠纷发挥的解决作用甚小。2014 年修订的《环境保护法》对于县级环境保护主管部门和其他负有环境保护监督管理职责的部门提出了进一步要求，各部门应当依法公开环境质量、环境监测、突发环境事件以及环境行政许可、行政处罚、排污费的征收和使用情况等信息；应当将企业事业单位和其他生产经营者的环境违法信息记入社会诚信档案，及时向社会公布违法者名单。可惜没有追责机制相配套，也没有给

---

① 如果对于所有的 i，s^*i 是 i 的占优策略，那么，策略组合 $s^* = (s^*1, \cdots, s^*n)$，称为占优策略均衡（dominant‑strategy equilibrium）。

予公众查询权和质询权，因此，其绩效如何还需要时间证明。

上述只是从政府与企业的关系角度进行论述，缺乏对受害者这一主体的行为和反应的考虑。虽然地方政府拥有环境资源的支配权，污染企业取得了排污权，但是环境污染的外部效应使原住民的生存环境受到威胁。虽然缺乏正式的所有权，但从朴素的正义观出发，原住民对于祖辈留下的青山绿水，认同为自己应得的资源，也是子孙的财富。污染企业获得的正式合法排污权与非正式的习惯权利存在冲突，在污染企业出现非法排污的情况下，周围居民出现激烈反抗也就并不奇怪。但是周围村民的环境维权行为会遭到什么样的困难？他们的行为能否达到目标？这是下一章讨论的主题。

三　环境影响评价

这里的环境影响评价不是指建设项目对自然环境的影响后果及防治办法，而是评价社会主体之间的关系状况对人们环境行为的影响，进而分析对自然环境的后果。

污染企业获得一定的支持，对地区环境质量带来深远的影响。污染企业以几乎不考虑环境退化的方式进行排放污染物的行为。地方政府看重并夸大污染企业的经济贡献，轻视其污染危害，总体肯定其存在价值，而污染企业利用其得到的总体肯定地位，隐蔽地选择环境污染行为。地方官员由于没有承受切肤之痛，也不能考虑今后的生存环境，缺乏动力对污染企业严加管束。地方政府对污染企业总体肯定，对污染企业的环境行为进行消极管制。在环境法规偏轻偏软的背景下，环保执法机构的惩罚力度不足以扭转企业的非法排污行为，污染企业凭借良好的政企关系还可以对惩罚进行讨价还价，以进一步将自己的收益最大化。

污染企业与地方政府之间的相互依赖关系，诱使企业选择最松弛的污染防治行为。结果，污染企业以几乎不承担环境责任的方式进行爆发式发展。这样的情境在行业内部具有普遍性。宏观层面的结果就是，环境库兹涅茨曲线以最高的斜率递增，整个生态环境极有可能突破环境容量的阈值，进而使整个生态环境不可再恢复。这种局面不是加害者没有预见到的，也不是受害者没有预见到的，而是社会结构决定的自然结果。

四 解题思路

以经济指标为主导的绩效考核制度促成了地方政府与污染企业相互合作。它们不但拥有了社会中绝大部分资源，而且也具有强大的社会支配能力。这种支配一方面表现在其对公共政策和社会舆论的影响中，另一方面也表现在对产业工人、周边居民的支配中[①]。放任排污的后果是超出地区环境容量，显著损害周围居民的环境权利和地区生态环境质量。有时甚至在全社会核算是亏损的项目，也不会受到地方政府的制止，因为污染受害者的损失没有被纳入核算中来。

地方法团主义肯定了地方政府与地方企业合作的效率。相关的研究者看到了地方法团在促进地方经济增长中的重要的积极作用，但是他们没有测量地方法团的外部效应。在市场经济的早期，因为乡镇企业数量稀少，规模较小，它们需要在市场中面对强大的国有企业，因此，地方政府运用公共资源扶持它们，让其迅速成长。但是，在市场经济较为成熟的今天，除非存在一个巨大的地区发展机遇，需要一个融合政治、经济、文化等子系统的组织进行协调，地方法团主义或许存在一定的空间，演变为后法团主义[②]；地方政府的"入市"行为更可能导致权力的异化和社会不公正的扩大。从现实结果看，后一种是社会的常态，因此，笔者不能同意"地方法团主义是一种普遍持久的制度"的说法[③]。

---

① 孙立平：《机制与逻辑：关于中国社会稳定的研究》，载《转型与断裂：改革以来中国社会结构的变迁》，清华大学出版社，2004，第347～364页。

② 丘海雄、徐建牛认为，政府直接参与企业，既当官员，又当企业家的"地主法团主义"发展到地方政府退出企业，从外部大力度地为地方经济的发展提供全方位的服务的"后地方法团主义"，再到地方政府培育中介组织取代自己的部分功能的"后后地方法团主义"。

③ 林南：《地方性市场社会主义：中国农村地方法团主义之实际运行》，《国外社会学》1996年第5～6期，第83页。

改变当前政企关系的路径有三条：一是国家制定以平等为取向的环境法规和政策；二是中央政府（环保部或发改委）科学测算各地区的环境容量，合理规划地区的产业布局，确定行业准入标准和排污标准，健全环境监测制度；三是建立同行竞争市场。为了督促地方政府严格执行环境法规，环保部应有权督察和处置地方政府的环境执法行为，同时接受群众的举报和监督。

第一条路径的关键是允许污染受害者参与立法过程。没有经历过环境污染的普通群众并不了解环境政策和法律的价值，也不关心它的修订。只有经历过污染的受害者才认识到法定的权利有哪些，环境维权的阻力在哪里，困难在哪里，才希望运用环境法规的修订来维护自己的环境权利。由于直接受到污染侵害的只是少数人，无法启动立法程序。除非有普遍的环境权利诉求，但这是一个漫长的过程，在短期之内绝无达成共识的可能。因此，探讨环境正义和社会正义非常重要，其可以使人们认识到个别环境纠纷案例中涉及的环境权利其实是全部公民的环境权利，自己不确定哪一天就会卷入类似的纠纷中。只有在全体人民的意识中树立了环境正义和社会正义的观念，才能加快环境立法的进程，才能让法律反映环境正义和社会正义。

第二条路径的关键是信息公开，提高透明度。对于地区的环境容量、产业规划和布局、企业的环境行为、政府的执法决定和依据等信息，目前居民并没有通畅渠道获取。居民在信息不透明的情况下，必然从最坏处想象地方政府与企业之间的关系。在王村案例中，村民就认为市委书记在最大的化工厂占了20%的干股。在邬村案例中，居民认为，化工园的建设与省级高官相关，在Z省内已经无法解决。在张村案例中，村民听说，省委原书记与化工厂有关联，并在村民提起诉讼的第二年，趁调研的机会向地方政府当面交代要"不惜一切代价保住这个厂"。没有权威的、透明的信息沟通机制，一方面给地方政府的执法行为留下巨大的变通空间，另一方面也让上级政府和群众均难以进行切实、有效的监督。在工业选址阶段，如果地方政府与村民进行了充分的协商，加上客观的环境评价分析，那么，村民就会了解地方政府的计划、污染企业的性质以及可能的环境影响，而不会听信传播的谣言。许多环境污染纠纷的发生主要原因是污染企业忽视村民的存在，厂址与居住区距离太近，噪声、大气污染让周围居民忍无可忍，只得起来抗争。

第三条路径的关键是建立排污权交易市场。污染企业与同行之间才构成一个真正的竞争场域。污染企业只有与同行企业竞争，才能激发其最大的潜能。如果国家实施统一的环境技术标准并配合排污权交易市场，那么污染企业将有动力尽最大努力减少污染排放量，因为排污量减少越多，其获得的排污权交易收益越大。污染企业的着力点将放在改进设备、提高技术上。污染企业的努力方向与政府的"提高环境质量"的目标相一致，也就是激励理论中的激励相容原则。污染企业之间为了防止对方弄虚作假，也将展开相互监督的行动。同行监督和制约比村民监督和制约在专业性、效果上显然要好得多。反之，如果行业环境技术标准掌握在地方政府手中，那么地方政府之间就会采取环境标准的"触底竞争"，污染企业将会采取"寻租行为"，生产的设备和技术难以得到市场的有效推动，整个产业陷入"劣币驱逐良币"的逆向选择陷阱之中。也就是说，低技术企业、低标准地区在竞争中获得了优势，但是，这不利于环境保护。

第四章　企业与村民

　　污染企业与周边村民是环境纠纷中利益直接对立的两个主体，是比邻而居的当事人。污染企业与村民共同使用环境资源。如果环境资源能够充分供给，满足各方的需求，那么两者各取其需，就不会发生社会冲突。可是，这样的时代已经过去，人类如果不加以控制自己的行为就会轻易超出环境承载的限度。因此，如何合理使用作为公共的、稀缺的环境资源成为一个现实问题。研究发现，社会主体之间关系的不同也会影响人们的环境行为。面对公共资源，污染企业与村民之间既可以相互照顾，也可以相互竞争。那么，在什么情景下，污染企业与村民之间是一种相互照顾、体谅的关系？又在什么情景下，他们之间是一种相互竞争的关系？社会主体之间相互合作是社会结构稳定的基础，构成迪尔凯姆所讲的"有机团结"；社会主体之间相互竞争则可能使公共资源的分配朝向强势一方倾斜。在社会主体实力悬殊或者无法实施公平竞争的条件下，形式上公平竞争的结果却带来社会的不公正。企业的对等主体是同行业的企业，它们之间的竞争才能促使生产效率提高。如果企业与不对等的周围村民争夺公共资源，那么，污染企业对自身效益的追求将导致社会整体效率的下降。

第一节　基本背景

　　从现实看，污染企业与周边居民并不构成一个社区共同体，还没有达到谁也离不开谁的状态。污染企业与自己的上游企业发生买入和卖出的关系，和下游企业发生卖出和买入的关系，它们之间构成紧密的社会联系。污染企业并不在周边居民中开拓市场。周边居民也很少在污染企业中就业。两者之间的关系主要是围绕环境资源的使用展开。污染企业需要利用周边的环境排放废弃物（废气、废水和废渣），需要利用周围的环境容量。周边居民也需要使用周围的环境，作为自己的生存家园。他们需要呼吸新鲜的空气，饮用或者使用清洁的水资源，耕种承包的土地，养殖或者捕捞水产。对于环境资源，当地居民有永无止境的需求。但是，污染企业的行为阻断了周边居民与自然环境的天然联系。双方在经济、地位和信息上存在巨大的差距，加上我国处理环境纠纷制度的不完善，使得环境纠纷处理往往向不利于受害者的方向发展。本节主要介绍环境纠纷处理制度和污染企业与村民之间的不对等性。

一 环境纠纷处理制度

我国环境纠纷处理的主要方法是民间调解、行政处理和法院起诉。前两种不具有强制性，属于协调性质，只是协调的主体不同而已。法院起诉包括民事诉讼和刑事诉讼。在 2013 年最高人民法院和最高人民检察院会议通过并施行《关于办理环境污染刑事案件适用法律若干问题的解释》之前，法院起诉主要是以民事诉讼为主，在此之后，污染环境罪的判罚日渐增多。我们先简要叙述几种方法的内容，然后加以评述。

1. 民间调解

民间调解是由人民调解委员会进行的，人民调解委员会是村民委员会或居民委员会下设的调解民间纠纷的群众性组织。它主要解决乡镇、街道企业、个体户作坊和摊点在生产经营过程中产生污染而导致的环境纠纷。在双方存在合作关系的时候，调解是解决纷争、增强人民团结的一种有效方法。如果有些鉴定需要专业人士承担，则由各当事人共同委托专家进行。从成本效益上看，经过当事人理性的协商和妥协，可以节省相当的费用，而且调解属于非对抗性的解决方式，双方的关系也能够正常维持，不会中断已经产生的社会联系，最终可能得到双赢的结果。但是，调解也有一定的局限性：

调解达成的结果没有法律上的约束力和强制性，调解结论的实施得不到法律保障；主持民间调解的人士往往不具备专门的知识和经验，在解决具有专业性、复杂性特点的环境侵权纠纷时很难起到预期的作用；调解程序的非规范性也使得结果很可能向实力和能力强的一方倾斜；如果双方关系发生变化，当事人的一方从合作转向对抗策略，那么很难达成最终一致的结论。由于这些局限，民间调解一般仅限于利益纷争较小的熟人关系圈内发生的环境纠纷。双方均不想中断目前的社会联系，但又需要在环境权益上有一个清楚的界定。对于关系生存的环境纠纷，民间调解往往不被考虑。

2. 行政处理

关于环境侵权纠纷行政处理，1989 年公布施行的《环境保护法》第四十一条规定："造成环境污染危害的，有责任排除危害，并对直接受到损害的单位或者个人赔偿损失。赔偿责任和赔偿金额的纠纷，可以根据当事人的请求，由环境保护行政主管部门或者其他依照法律规定行使环境监督管理权的部门处理；当事人对处理决定不服的，可以向人民法院起诉。当事人也可以直接向人民法院起诉。"在实际工作中，环保部门在受理这类纠纷后往往都进行调解。调解不成的便做出处理决定，而这个处理决定究竟是什么性质，开始在司法实践中较为混乱。1991 年 11 月 26 日，国家环境保护局就如何正确理解和执行《环境保护法》第四十一条第二款的规定向全国人大常委会法制工作委员会做了请示。1992 年 1 月 31 日，全国人大常委会法制工作委员会的答复称："因环境污染损害引起的赔偿责任和赔偿金额的纠纷属民事纠纷，环境保护行政主管部门依据《中华人民共和国环境保护法》第四十一条第二款规定，根据当事人的请求，对因环境污染损害引起的赔偿责任和赔偿金额的纠纷所做的处理，当事人不服的，可以向人民法院提起民事诉讼，但这是民事纠纷双方当事人之间的民事诉讼，不能以做出处理决定的环境保护行政主管部门为被告提起行政诉讼。"可见，环境行政处理立法的原意是行政调解。对行政调解是不能提起行政诉讼的。

这样的环境纠纷行政处理体制的缺点是明显的：①没有具体规定环境纠纷行政处理的具体程序；②行政处理的性质属于调解，不具有强制力；③没有专门的环境纠纷处理机构和人员编制，也没有经费来源；④将行政处理视为行政调解规避了环保机构的责任，限制了环保机构的信息优势和专业知识优势的发挥。因此，2014 年修订的《环境保护法》删去了相关内容，环境保护行政机关负责行政事务，环境污染纠纷主要由法院进行裁定。

3. 法院起诉

根据我国的《民事诉讼法》和《环境保护法》，环境污染的受害者可以向人民法院起诉，请求人民法院判令侵权者停止侵害、排除妨碍、赔偿损失。这是最正式、最昂贵、最权威的纠纷解决机制，理应体现公正、透明和合理。污染受害者对其寄予极大的期望。但是，从事实来看，污染受害者的维权困难重重，主要障碍是：起诉资格、诉讼时效、诉讼费用的承担。

根据我国 1989 年公布施行的《环境保护法》，只有直接受到损害的单位或个人才可以向法院起诉，任何人不得对与自己无关的财产主张权利，即只有因自己权利受到侵犯或与他人发生争议而提起诉讼的人才是民事诉讼的当事人。2014 年 4 月 24 日修订后的《环境保护法》允许符合一定条件的社会组织向人民法院提起公益诉讼。在环境侵权案例中，"具有直接利害关系"的受害者往往难以确定。在某些情况下，遭受破坏的环境是人类共享的公共财产，任何人都不可能对其具有专有权和排他权。因此，按照常用的民事诉讼逻辑，没有明显的直接受害人就不能提起诉讼，法院也就可以不予立案①。同时，1989 年公布施行的《环境保护法》

---

① 陈法庆在 2002 年 6 月将所在区环保局告上法庭，法院认定严重污染存在事实，但判决其败诉。其在 2003 年 12 月将 Z 省政府和省环保局告上所在市中级人民法院，但未被受理；上诉至省高级人民法院，然而再次被驳回。其在 2004 年 5 月 18 日撰写标题《环境污染、法律无奈——关于请求对公益诉讼等立法立案审理的建议》，并于 5 月 21 日以挂号信函的方式向全国人大法工委、最高人民法院、最高人民检察院、国务院法制办、国家环保总局 5 部门建议。（资料来自农民陈法庆环保网，http://www.nmcfq.com/about.asp。）

总则的第六条规定："一切单位和个人都有保护环境的义务，并有权对污染和破坏环境的单位和个人进行检举和控告。"2014年修订的《环境保护法》第六条第一款也规定，"一切单位和个人都有保护环境的义务"，但不再明确有"检举、控告"权利。原因在于1989年《环境保护法》没有将此条控告权具体化，无法在实践中得到落实，也就失去了预期的效果。

关于损害补偿的内容，我国的法规滞后于现实的需要。在环境纠纷民事诉讼中，受害者的精神损害未被予以考虑，受害者只能以人身权或财产权益直接受到破坏为由提起诉讼，不能以精神上、美学上受到的侵害为由提起诉讼。环境权益并没有作为一种基本人权落实在具体的法律规定中。这样的规定极大地减小了加害者的赔偿责任，与人们期望的正义观念不相符。"举证责任倒置"是有利于污染受害者的法规。"谁主张，谁举证"是民事诉讼的基本举证责任原则。可是，在环境侵权案例中，常用的民事诉讼规则显然不利于环境侵权受害人的权益保护。为了弥补这一缺陷，1992年7月14日最高人民法院在《关于适用〈民事诉讼法〉若干问题的意见》第七十四条中明确规定，在因环境污染引起的损害赔偿诉讼中，对原告提出的侵权事实，被告否认的，由被告提供证据，负担举证不利的后果责任。2001年，最高人民法院在《关于民事诉讼证据的若干规定》第四条中进一步规定，因环境污染引起的损害赔偿诉讼，由加害人就法律规定的免责事由及其行为与损害结果之间不存在因果关系承担举证责任。根据有关法律、法规和司法解释的规定，在环境民事诉讼实践中，应由原告承担举证责任的具体事项为：①被告实施或者可能实施了污染环境损害行为；②原告本身遭受了污染损害，既可表现为人身伤害，又可表现为直接的财产损失。原告需就上述事项向法院提供充分的证据加以证明。应由被告承担举证责任的具体事项为：①其所实施的行为与损害结果之间不存在因果关系；②存在法律规定的免责事由。举证责任倒置的原则回应了污染受害者举证能力弱的缺陷，有利于受害者的权益保护。

由于既有的环境纠纷处理规定不够具体详细，对起诉人的资格、证据的收集和鉴定、因果关系的确定、损害赔偿额的计算、停止污染侵害的方式、污染受害者在无力起诉时的帮助等都没有做出专门的规定，环境纠纷处置工作时间长、取证难、胜诉难、执行难。

为什么每年几十万起的环境纠纷还没有促使详细的、可操作的法律规定的诞生呢？王灿发等总结了多方面的原因：①起草阶段由环境保护行政主管部门包办，没有污染受害者的参与，重视行政管理措施，忽视民事措施；②最高法院的法官很少能够接触到环境案件，但在征求相关法案的解释时，他们的意见最能够得到尊重；③立法人员和人大常委会委员们平时也很少能够接触到环境纠纷案件，不十分了解实践中对环境纠纷处理立法的实际需求，不会主动地在草案中加进关于环境纠纷处理的内容；④环境诉讼案件比例太少，虽然我国每年有大量的环境纠纷的投诉，但真正能够到法院起诉的很少，大概只有2%左右[①]。

总结上述的制度背景，可以看出，我国的法律制度对污染企业的制约能力非常弱，不仅受害者对污染企业的制约能力偏弱，而且环境行政主管部门对污染企业的制约能力也偏弱。这样的制度在实践中引起了很大的负面效果：多数环境纠纷受害者没有机会与污染企业展开对等的协商、谈判；环境主管机构受到体制约束，对于根治污染、解决纠纷，心有余而力不足；由于法院起诉门槛较高，大量行政机关没有解决的环境纠纷的受害者或者默默忍受，或者采用体制外的"私力救济"方式继续抗争。

二 实力差距

按照一般均衡分析，社会冲突的结果与双方的实力密切相关。从社会学角度看，衡量一个社会主体实力的指标通常是经济、地

---

① 王灿发、许可祝：《中国环境纠纷的处理与公众监督环境执法》，《环境保护》2002 年第 5 期。

位和权力。考虑到污染企业和村民都不是政治团体，没有掌握公共权力，因此，本书将之替换为信息差距。这个信息包括企业的排污信息，对污染物破坏力的了解，也包括对环境政策的了解。下面结合上述的三个案例进行具体的分析。

1. 经济差距

污染企业是一个资源聚集的场所，其最核心的资源就是经济资源。污染企业与村民之间的经济差距是巨大的。在张村案例中，氯酸钾厂从 1994 年投产到 2000 年年底，总投资达 8800 万元，累计实现总产值为 29366 万元，利润为 8027 万元，税收为 5851 万元，每年还为当地提供 500 多万元的运输业务，解决当地 600 多人就业。到 2003 年，氯酸钾厂资产已达 4 亿元，企业年产值占县工业产值的 15%，年利润达 1800 多万元，成为全国最大的氯酸钾生产基地，是 P 县最大的一家企业，也是该地区唯一一家产值过亿元的企业。相对而言，农民的经济水平低很多。2002 年，当地农民的人均纯收入为 2809 元。在邬村案例中，2003 年，N 镇化工园区建成 22 家企业，固定资产总额达 9.46 亿元，注册资本为 2.10 亿元，实现产值 15.97 亿元，出口交货值 2.08 亿元。按照利润 10% 保守估计，其利润为 1.59 亿元。在 2002 年，农民人均收入只有 7336 元。2000 村民的经济总量不过 1467 万元，不到开发区产值的 1%，不到其利润的 10%。况且 2000 位村民不是一个组织，想要组织全部村民即使可能，也需要很高的组织成本。农民纯收入中的大部分用于日常开支，如子女教育费、医药费和种子、农药费以及人情往来等。面对因工业污染而派生的环境纠纷，村民承担巨额的交涉费用是有很大难度的。企业拥有巨大的经济优势，可以调动很多的力量。在评估污染损失的时候，企业可以影响评估机构的独立性；如果遇到个别村民"闹事"，企业可以指使社会中的"混混"干扰环境维权者的生活；即使遇到村民起诉，其也可以雇佣优秀的律师。

需要说明的是，上述经济差距的计算范围是社会主体控制的经济收入，并不意味着这些资源的合法性。污染企业积攒的、强大的经济实力部分来自削减污染处理成本。如果完整估计双方的外部效应，那么污染企业需要扣除自己产生的外部负效应，而农民的社会价值应增加那些外部正效应。如此，双方的差距就会大大缩小，这说明可以看到的货币价值与事物的全部价值之间存在不一致，也从侧面说明了公共权力机构保障居民环境权利与生态文明建设或者可持续发展的一致性。

2. 地位差距

污染企业和村民之间的地位差距表现在两个方面：与权力机构的距离和组织化程度。

第一，与权力机构的距离。距离权力中心越近的社会主体在社会分层体系中地位越高。地方政府是环境纠纷场域中的权力中心。地方主政官员是由上级党委推荐、考核、投票和任命的。经济高速发展期的主要考核指标为经济绩效。如在张村案例，氯酸钾厂为 P 县政府提供了举足轻重的利税、就业和经济总量。据该县主管工业的副县长介绍，它为地方财政提供税利大概 1000 万元，占地方财政收入的 1/3。除此之外，污染企业之所以受到地方政府的青睐，还在于两者之间有更深的经济利益关系。氯酸钾厂属于"招商引资"的山海合作项目，是由省会城市第一化工厂出资 70%，P 县政府出资 30% 组建成立的。显然，政府参股足以影响它对企业的监管，也让企业分享了一些公共权力。比如，该厂总是年年获得环保先进企业，老总获得省级劳动模范称号，还可控制县郊的电力供应等。两者在经济发展战略上具有一致性，因此，污染企业得到地方政府的重点保护是自然的事情。在王村案例中，化工园区的地址是市委、市政府经过反复的现场勘察决定的，设计占地 1800 亩，一期建设面积为 800 亩。在 D 市的工业利税总额中，化工业的利税贡献接近 1/4，化工是该市的支柱特色产业。根据 2002 年的《D 市市政府工作报告》，当地政府把该年定为"投资环境整治年"和"招商引资年"，从战略高度重视发展环境的改善。在邬村案例中，N 镇开发区是 1992 年经 Z 省政府批准建立，由镇一级自行操作的省级开发区。即使在 2004 年全国治理整顿各类开发区时，该开发区仍被国务院、Z省政府列为全省134个保留开发区之一。该化工园区的产值占全镇的20%。从以上三个案例中，我们可以看出，化工产业对经济不发达且有水利、交通便利、管理落后的地方政府有很大的吸引力。通过招商引资环节的密切交往，一旦达成投资协议，污染企业与地方政府的关系就相当紧密。企业的优势在于其流动性，可以在各个地区之间进行投资环境的比较，迫使地方政府承诺更优惠的条件。一旦形成投资意向，企业还可以根据自身的需要与地方政府签订各种协议规避风险、控制成本。地方政府虽然掌握公共权力，但其劣势在于缺乏流动性，因此，不是遇到非常强大的压力，轻易不会做出关停污染企业的决定。

第二，组织化程度。无论化工园区还是污染企业都是有一定规模的经济组织，有固定的人员、制度、经费等。对于因环境污染可能带来的后果、舆论反应，其都有专业人员按照一定的程序加以应对处理，不需要逐一加以动员和说服。这体现了现代组织的优势。比较而言，乡村居民的组织化程度较低。虽然农村中存在村民委员会，但是在环境污染纠纷中，村民委员会的作用是消极的。这种局面与我国村民自治的不彻底有直接的关系。如果村民可以完全自决，那么，当大部分村民认为必须与污染企业进行交涉时，村委会就可以主动进行环境维权。目前，村干部认同于其为镇政府的"下级"身份，而村民环境维权的对象是基层政府招商引资的项目，他们如果与村民一起积极维权，就将自己置于与基层政府的对立面。因此，在行动上，村干部就难以与村民保持一致。如果村民出面进行环境维权行动，面对诸多困难：首先是要组织大量分散的村民，征求他们的书面同意[1]，王村人口有1.13万，邬村人口有将近2000，张村诉讼人口有1700多；其次，他们缺乏话语权，缺乏维权经验；再次，维权是需要成本的，经费筹集困难；最后，即使筹集到经费，经费使用，成本控制、核

---

[1]　由于我国规定上访不能超过5人，因此还要推选代表。

算，使用做到透明，不至于引起误会等，也是一些关键的问题。

由于污染企业和村民之间的地位差距太过明显，个别人的维权行为往往不被污染企业和当地村级组织重视。如从 2003 年起，韦女士和其丈夫一起开始监督和举报企业偷排污的自发行动，起初并没有引起这些排污企业的重视，有人甚至四处扬言，一个以打鱼为生的农民，和企业作对，看她到底能翻出多大的浪来①！

3. 信息差距

即使社会地位的差距不影响环境污染纠纷，污染企业还存在信息优势。污染企业作为一种经济组织，不仅聚集一定的物质生产资料和劳动力要素，而且也聚集了大量的信息。分散的个体居民在信息的拥有上也难以与企业抗衡。污染企业是环境影响的行动主体，掌握环境评价资料，掌握生产工艺、污染物的排放和处理等信息。而周边居民对"自己受污染损失的范围、程度"不是非常清楚，对于"自己的损失是否与企业的排污行为有因果关系"不是很清楚，对于"企业是否存在非法排污行为"不是很清楚，对于"法律保障公民权益的范围和程度"也不是很清楚。村民靠自身的力量获得的信息始终是相对少的，除非通过昂贵的司法程序强制获得环境信息，但有时候未必成功。

企业也有信息缺乏的情况，比如，它不清楚村民的环境维权行为的方式、目的以及出现纠纷之后对企业发展的影响。但是，企业和居民在面对信息缺失时，应对能力和手段的灵活性也有显著差距。尽管消费者和劳动者有时会自发形成维权组织，或者聘请专业代理机构进行维权，但是，如何筹集维权费用，如何排除"搭便车"问题，成为其面临的巨大阻力。这与企业这一营利性组织有显著的不同。实践已经证明，企业有多种机制可以消除或者减少信息不对称所导致的逆向选择和道德风险问题。在没有足够环境信息的条件下，居民的举报、投诉的针对性、及时性较弱，

---

① 因为韦女士是从广西嫁到这个村的，村支书根本没有把韦女士放在眼里，他说："你们愿意闹，就去中央，咱们这里都一样。"

难以形成有效证据。企业与村民之间在环境信息上的差距，加大了村民维权的难度。

在现代社会中，信息不对称其实是正常现象。它是专业化分工的必然结果。分工在提高生产能力的同时，使得人们只能了解与自己从事的工作相关的较小范围的世界，这造成他们与其他领域的生产者相比在信息获得上的不对称。而且，获取信息也是有成本的。如果获取信息的效益少于信息搜寻成本，那么，保持自己的无知状态是一种理性的选择。在社会竞争中，拥有的信息越多对自己越有利，因此，信息也变成一种带有产权性质的事物，它可能掌握在垄断组织或者个体的手中。政府通过立法、行政手段等措施对企业生产及市场价格等信息加以必要的规范，可以在信息领域实现反垄断效益。但是，在同一个场域内，某一方为了自己的利益，封闭环境信息，置其他相关群体的利益于不顾，则不是分工所带来的、自然的信息分化。因为前者通过市场交易可以形成价格，在交易主体中间流动，而污染企业的环境信息是主动的自我封闭，没有主观意愿将形成的信息投于市场，自然也就没有市场价格。因此，污染企业与周边居民在环境信息上的差距也是一种侵害。

综上所述，污染企业与周边居民在经济实力、社会地位和环境信息上均存在巨大的差距。这种差距是在具体的场域中发生影响的。周边居民作为环境受害者，本来处于道德的高地，可以获得社会的同情，但是，由于在具体社会情境中的不利地位，这种道德优势并没有充分发挥作用，反而，其地位劣势在环境纠纷中屡屡发挥作用。

第二节 污染损失评估

环境污染纠纷中的一个核心问题是如何客观评估受害者的损失。污染损失评估是一个十分复杂的问题。不同的主体基于不同的利益会有不同的评价。村民总是希望能够足额补偿自己的损失，污染企业总是希望从最低的标准界定自己的责任。因此，两者在污染损失的认定上存在矛盾是十分正常的。如果法律对如何评估相关的损失规定得明确、具体而具有操作性，那么双方争执的范围、数量和时间就会减少，相应的，处理纠纷的社会成本也会越低。

在讨论村民污染损失评估之前，我们要特别注意两点：一是不同的村民可能存在不同类型的损失内容和程度；二是由于没有客观中立的估计，损失内容是以村民一方的自我估计为基础的。认识第一个问题的意义是：有助于理解村民内部存在不同的维权意识和维权行为。哪些村民可能成为环境维权活动的"热情奉献者"[1]？哪些村民可能是环境维权活动的"坐享其成者"？农民环境维权的内部阻力是什么？认识第二个问题的意义是：可以了解村民对原初环境的价值估量；理解村民内心认识到的所遭受的损失。本节结合三个案例从身体、生产和生活三个方面描述村民所反映的环境污染的损失。

一 身体影响

村民收集环境污染损失是十分困难的。当面对环境污染加剧时，他们清楚光靠直观的感觉判断是不够的，需要收集一些其他的证据来证明，他们的身体确实受到了损害。案例表明，他们搜集的内容是：癌症；胎儿非正常死亡，婴儿畸形；难闻又刺鼻、刺眼的废气；咳嗽、感冒、皮肤病；等等。

癌症是最让村民感到恐怖的字眼。在农村，一个家庭中的某个成员患上癌症就意味着大笔的医疗开支以及死神的降临。现在的医疗条件已经可以清楚诊断癌症。癌症在农村也不是一个让人避讳的话题，因此，癌症患者的统计数据相对真实。在张村的案例中，自化工厂投产以来的7年中，适龄青年征兵体检无一人合格（在此之前每年都有一二人应征入伍），且癌症死亡率逐年提高。据村民统计：1990～1994年死亡13人，其中癌症1人；1995～

---

① 科尔曼：《社会理论的基础》（上），邓方译，社会科学文献出版社，1999，第319～320页。

1998 年死亡 14 人，其中癌症 4 人，平均寿命 67.8 岁；1999~2001 年死亡 24 人，其中癌症 17 人，平均寿命 59.7 岁，呈逐年上升趋势[①]。张村的医生以及村民均认为，这已经是充足的证据。在邬村，人口不到 2000，先后就有 60 多人死于癌症，其中最年轻的一个才 25 岁[②]。村里的恶性肿瘤发病率竟比 Z 省的平均发病率 0.192% 高出了十几倍！

村民对于孩子的健康最为关心。癌症虽然恐怖，但毕竟是少数成年人的遭遇。成年人患上癌症也不排除其他可能的因素。但是，孩子是无辜的，是未成年人，是最明显的弱者。没有任何理由让他们承担环境污染的损害。受到污染损害的孩子容易激起村民和社会的同情心。在王村，一所初中和一所小学距离化工园区仅三四百米，师生常常关着门窗上课。这样的情景被 Z 省卫视拍摄下来，引起了社会的强烈反应。同时，村民之间传言出现死胎和畸形儿童。相对而言，村民能够接受婴儿夭折或胎儿非正常死亡，但出现残疾或畸形是其最不愿看到的。因为一旦残疾或畸形的孩子降临到农村家庭，就会彻底打破已经建立起来的小康生活，就会让这个家庭永远处于悲伤的气氛之中。现在，东部农村家庭大部分已经过上相对舒适的生活，不过生活保障仍然比较脆弱。他们缺乏高水平的医疗保障，缺乏慈善福利事业的辅助，出现一个重症患者或者终身残疾的成员就可以拖垮整个家庭的小康生活。一位老人就表达了这样的想法："孩子死了也就算了，尚在的孩子健康让人担心呀！"[③]

---

① 村民宋延寿"记账比较清楚"，村里凡有红白事情的都请他帮忙。他自制了一本《张村阳间阴簿》，记录了 1984 年至今张村的死亡人口和原因。张医生根据这本阴簿，统计了癌症死亡人数：1985~1989 年死亡的 12 人中，无人患癌症；1990~1995 年死亡的 18 人中，患癌症死亡的 2 人；1996~2000 年死亡的 25 人中，有 14 人患癌症；2001~2002 年死亡的 15 人中，因癌症死亡的竟然达到 10 人，占到 2/3。

② 癌症患者如此之多，这在 N 镇化工园建成之前是从来没有过的事，分管工业的副镇长对此并不否认。

③ 周益：《污染引发冲突事件调查　××镇一年生了 5 个怪胎》，《周末报》2005 年 4 月 27 日。

受化工厂废弃物排放的影响，村民普遍出现头晕、脑涨、腹痛、恶心、呕吐、胸闷等症状，感冒、咳嗽和皮肤病等已经是比较"温和"的遭遇。在张村，某高校的环保志愿者调查发现：很多孩子身上长满了奇怪的疱疹，有的孩子眼睛因经常流泪视力下降，有的孩子声音特别哑，这是在其他地方没有发现的。他们的调查统计结果为：54.2%的村民较常或经常感到头痛，56.7%的村民较常或经常感到头昏、发晕，40.6%的村民较常或经常感到咽喉发干，18.3%的村民咽喉疼痛，37.5%的村民较常或经常咳嗽，33.3%的村民鼻部干燥。其他指标有：鼻部有刺激感（29.8%），流涕（36.6%），鼻塞（31.2%），眼睛怕光（29.4%），嗅觉降低（27.3%），流泪（36.3%），眼睛有刺激感（24.4%），眼睛模糊（44.2%），眼睛干涩（28.9%），肩关节疼痛（26.2%），颈部疼痛（26.8%），腰部疼痛（34.4%），胸闷（39.6%），心烦（31.9%），皮肤瘙痒（45.8%）。张村村民的平均健康得分为162.91，其中最大值208，最小值77。对照组的村民的平均健康得分为197.88，其中最大值210，最小值170。张村村民近五年来的平均医药费约为779.15元；邻村对照组村民近五年来的平均医药费约为538.44元[①]。这些证据表明，张村受到旁边的氯酸钾厂的影响是显著的。于是，村民开始了各种形式的上访[②]。

在村民看来，上述内容，既是污染损失的证据，又是污染受害的重点。从中可以发现，村民非常关注的是癌症和孩子健康，前者是本人的命运，后者是后代的命运。认知污染损害的常见渠道是：感官（尤其是眼睛、鼻子和皮肤）、水生物、癌症和征兵体

---

① 某大学学生绿野协会的问卷调查。该调查的有效样本总数为149份。其中：张村99份，占总数的66.4%；邻村对照组50份，占总数的33.6%。对两村村民的健康得分进行问卷调查，问卷中每一个症状后对应五个选项：经常、较常、一般、偶尔、无。并将这五个选项赋予相对应的分数，以此表示每个样本的健康状况。即经常，1分；较常，2分；一般，3分；偶尔，4分；无，5分。将每个样本所有症状的得分相加，即得出其健康总分，得分越高，则健康状况越好，反之亦然。（某大学学生绿野协会：《为了环境，我们一直在努力》。）

② 刘绍仁：《知情权得到有多难》，《中国环境报》2002年4月13日。

检。除了癌症需要医院的检查验证外,其余的途径都是免费的。尤其是征兵体检,这可以说是在全国范围内的一次抽检。因为选择的都是青年人,没有职业病的干扰,而且征兵工作是国家行为,脱离地方政府的干扰,可以保证体检信息的客观性和公正性。但是,由于一个村落的数据偏少(一般只有五六个),因此,如果以一个镇或者乡为单位进行衡量会相对可靠,可以作为县和乡镇的环境质量考核指标。它的信息应该可以反映一个地区的环境质量状况。村民没有能力收集一个县或者乡镇的情况,但其坚持认为,多年征兵名额空缺是一个非常重要的指标。很遗憾,在法律和制度上,这不能算作污染损害的证据,也不能被视为补偿的理由。

其实,在这些健康损失中,没有一项能得到中国现有法律和制度的认可,这一点在张村案例的诉讼结果中可以看出。我国法律只是认可直接的污染损害,比如污染事故中出现的死亡或者受伤。污染企业周围大气、水环境质量下降,如果没有造成大面积的、显著的伤亡,就不能视为污染损失。也就是说,村民明显感到了客观存在的环境质量下降和健康损害,但如果没有法律规定范围内的、能经环境科学证明的损失,这就不能成为发生环境污染损失的证据。结果是,污染的制造者可以免费将污染物向周围空间排放,无须承担自己的负面外部责任。这对于具有朴素公平观念的村民而言是无法接受的。如同 N 镇的官员所说的,他承认自开发区成立以来,邻村的癌症发病率有明显的提高,但是,没有责任人。

二 生产损失

农村的生态环境首先应满足人们的生存需求。农民生存离不开农地的产出。污染企业排放的工业污染物不仅影响周围村民的身体健康,而且还破坏周围的土壤、河流、地下水,排放的废气极易导致酸雨的产生。破坏农业生态资源的后果就是影响村民的农业生产。农民受到污染影响的主要项目是:粮食、蔬菜、渔业、林木和经济作物。影响村民收入的程度取决于他们依赖农业生产的程度。

农民的耕地被征用只能获得较低的经济或者实物补偿。比如在王村，征地的补偿价格是 800 斤/亩/年，按照当年的市场价计算货币收入。邬村的征地补偿价格是 500 元/亩/年（需扣除五项经费，实际只有 300 多元），后改成 500 元/人。虽然征地的补偿价格低廉，但是农民没有权力变更土地使用性质。在土地被限制农业使用的条件下，每年每亩 800 斤粮食或者每人每年 500 元，确实可以弥补失去土地的损失，村民还是可以勉强接受。但是，污染企业的影响范围不只是它所征用的土地范围。它的废弃物影响范围超出了污染企业的地理边界而侵入村民的农田、水域和生活空间。这种侵入过程是持续的、潜在的，需要经过一段时间的累积性影响，村民才能发现它对生产和生活的危害。

在王村案例中，村民在建厂一年多后（2002 年）发现，冬小麦无法种植，即使只种一季稻，长势也受到影响。菜农们渐渐发现蔬菜再也长不大了，后来，地里彻底不能种菜了。到了 2003 年，人们渐渐发现，邻近厂区下风向的山上的树木也开始枯萎[1]。D 市环保局正式通知了化工园区下游的村庄，说王村的水已被严重污染，不能用于灌溉，否则不仅会影响粮食的收成，还会破坏地下水的水质。从此以后，该村原本旱涝保收的 300 多亩良田就只能靠天吃饭。2004 年夏天，恰逢 3 个月大旱，四季长流的河水不能灌溉，农田颗粒无收[2]。方圆三公里之内的居民和农作物均受到影响。在张村案例中，从建成投产时，工厂周围就有树木、毛竹零零星星地死亡，由于数量不大，村民们认为这是自然更替或是虫害造成的，当时并未留意。1999 年，氯酸钾厂二期扩建完工，随

---

[1] H 镇五村村民：“没有收成，这个东西全部死亡了，没有收成快三年了。”农民们赖以生存的土地资源遭到了前所未有的破坏，不仅农作物无法正常生长，连树木也难以存活。西村的王××是个苗木大户，三年来他的苗木已经死了 1 万多株。

[2] 翁国娟：《谁使你如此满目疮痍？——Z 省 H 镇工业园污染状况实录》，《中国化工报》2004 年 10 月 19 日。

着产量的大幅度提高，张村周围的绿色植被开始大面积枯死①。仅三年的时间，受灾面积达5000余亩，其中近2000亩的绿色植被全被破坏。水稻有的时候收六成左右，有的时候收四成左右，有的时候就全部没有收成了。经过多方求证，在受害五年之后，村民才发现是氯酸钾厂排放的氯气等有毒物造成了自己生产上的损失。

损失评估往往是环境纠纷争执的焦点。污染损失评估包含的过程较为复杂。村民的估计只是其中的一种。在司法诉讼中，他们的估计往往被认为偏高。为什么会出现这样的情况？主要原因有两个：一是村民一般只是估计收入的多少，而不估计成本的多少；二是忽视自己劳动力投入的成本，认为劳动力的投入是没有成本的，因为如果不去做农活也会度过相同的时间。这与工业企业的核算逻辑不同。比如王村案例，村民是这样估计损失的：几千棵水杉树枯死，按每棵损失300多元计算，就是几百万元；普通村民家一年至少损失5000元，原来的水稻可以种双季，现在只能种单季，损失1000多元，果园果子已经无法成熟，损失3000多元，菜地不产菜，吃菜靠买，每年至少1000多元。村民还发现，环境污染导致农作物减产，相应的农产品价格却提高了。如蔬菜的产量下降，导致原来二角钱一斤的青菜涨到了一元五角以上一斤，春节前后，竟然达到三元多一斤。因为没有蔬菜产出，需要购买蔬菜的农民的生活成本也就上升了。再如，张村的一户农民估计，以前二亩菜地每年的收入在5000元左右，现在几乎卖不到钱了。邹村案例的老邵估计：以前一个渔民年收入有四五万元，但现在平均一年只有一两万元②。对于水资源和土壤资源的破坏给村民带来的损失总是被各方忽视，因为村民关注的是"我已经损

---

① 村民说："化工厂二期建好后，枯死的树就爆炸性地向四周扩散，不要说毛竹、松树，连地上的草啊什么的都变黑了。太可怕了，简直就像'火烧山'一样。"另一村民说："一棵要两三个人才能合抱的柳杉也死了，这棵树起码有两百岁。"

② 黄渭、李长灿：《大限将至 X区N镇化工园变本加厉顶风排污》，《今日早报》2005年6月23日。

失了多少",没有考虑今后到哪里去生产。

本来粮食和蔬菜可以自给自足,现在却要向市场购买,村民不能适应;自己偶尔卖些蔬菜的时候,价格低低的,等到自己买买的时候,价格出奇的高,村民不能接受;本来靠副业可以维持家庭的日常开支,或者还有节余,现在进入入不敷出的倒挂状态;本来可以安心从事熟悉的农业劳动,现在却无所适从,需要重新寻找谋生的方式。村民清楚地意识到,这一切不是自己造成的,而是污染企业搬迁过来之后才有的。从这些损失的内容和当事人的描述可以看出,处于污染影响区的农民对过去生活方式的留恋和对现状的不满。如果说村民不能肯定,身体健康上的影响是由周边企业的污染排放物造成的,那么对于农业生产中的损失,他们是有充分的自信认定污染企业就是罪魁祸首。从三个案例来看,对于生产的损失,地方农业局、环保局都给予了充分的技术指导和质量检测,帮助确认了两者之间的因果关系。但是,通过协调和诉讼方式解决所产生的后果仍然让受害者失望。

三 生活影响

污染企业的排污行为使得村民的生活受到严重的影响。在村民看来,主要表现为:环境舒适性下降、居住质量下降、生命风险增大、心理不平衡。

1. 环境舒适性下降

污染企业造成周边环境舒适性下降主要表现在:河流功能消退、地下水被破坏、空气质量下降、噪声污染。污染企业的污水直排到河流中,不仅使河流的水质下降,鱼虾绝迹,而且使人们再也没有机会开展游泳、捕鱼捉虾等农闲活动。地表径流污染也会使地下水受到污染,以往农村居民打一口井就可以解决基本的生活用水,但现在不得不废弃自己的劳动成果。污染企业的废气排放影响农村的大气环境。在张村案例中,张村过去最引以为豪的就是清秀的环境,青山伴绿水,空气可以"罐装出口",村民过着并不富裕但怡然自得的生活①。但现在，家里挂的窗帘，挂上几个月就开始腐烂，一拉就坏，而同样布料的窗帘在其他地方就没有这种现象。在邬村案例中，村民家的门窗必须紧闭。韦女士描述："你就看这么多的人家，没有人开窗户过日子，一间房子就表示一个人，窗就表示眼睛，眼睛睁不开了，你说日子难不难过。"一家热镀厂与她家不过一墙之隔，浓烈的化工气味呛得他们几乎一年四季不敢开窗户。夜里工厂作业的噪声很大。80多岁的婆婆经常抱怨说："这跟坐牢有什么区别？"

可见，与污染企业为邻，遭受的是全面的环境污染——水污染、大气污染、噪声污染等。让周边居民感觉自己生活在"牢"里，没有自由的精神，没有安静的心灵，始终处于压抑的氛围之中。原来居住在农村的自然优点，比如恬静、宽松、舒适、安逸，已经不复存在，代之而来的是肮脏、污秽、呛人的恶性环境。

2. 居住质量下降

环境舒适度下降的后果就是村民居住质量的下降。居住质量的下降造成有能力的居民快速地外迁，导致原有住宅价值缩水。有能力居民的外迁不仅破坏了原有的社会生态平衡，而且使得一些生活服务的供给出现不足。在王村，一位姓许的老先生说："有钱的人可以到外面去买房子，大多数没钱的老百姓只好等死了！"由于化学气体严重影响孩子的精神、身体和学习②，家长希望能够搬离或者转学，但这只是部分村民能够办到的事情。在张村，有人投资数万元建小楼，为了逃避这种瘟疫般的污染，迁到了别处，只剩下一座空荡荡的楼房，村里的房价一落千丈。有钱的远迁他乡，没有钱但有力气的到外地去打工，剩下的只是些既没有钱又没有力气的老弱病残，现在只有300人左右。村中的老人忧心忡忡地说："我们年龄大了，无所谓了，我们的孩子呢？下一代怎么

---

① 方萍：《谁该为环境污染"埋单" F省最大宗环境污染赔偿案的背后》，《人民法院报》2003年8月7日。

② 一位年轻的女教师说："想想孩子们在这样的环境里学习，真是令人难受。学校已经向市里反映过很多次，情况一直没有得到改善。"

办？长此以往，子孙后代怎么生存？"① 这是一个大大的问号。未成年人的权益需要成年人来保护，当成年人没有这个能力的时候，保护的力量在哪里？

3. 生命风险增大

伴随污染工业的另一个风险是安全事故。化工企业出现安全生产事故的概率较大，因此，靠近厂房居住的村民最担心的是，一旦化工厂有重大事故发生，村民的性命将不保。在张村，2005年7月21日凌晨4时30分，氯酸钾厂球磨车间突然发生爆炸，巨大的爆炸声，惊醒了周边数百米内睡梦中的居民。一名工人被炸伤，双脚多处骨折，后因伤势过重，于7时30分不治身亡。化工厂的安全事故造成村民强烈的恐惧心理②。同时，他们也看到过去熟悉的作物和渔业资源出现不正常的形态，更加重了恐惧心理。"杉树也死掉了，松树也死掉了，山上的杉树、松树生命力那么强的东西都死掉了。我们周围的居民都生活在这样子的空气当中，整天担惊受怕的，非常害怕。"在张村下游的一个农村，村民们捉到的鱼，经常见到有的瞎了一只眼，或者有的鱼鳍少了一块，这种现象把村民们吓坏了。在邹村，癌症的发病率达到3%，因此，家长们想尽办法把孩子送到外地上学，年轻人纷纷出去打工，癌症的恐惧笼罩着整个村子。韦女士描述为："以前的Q江是青山绿水，现在是白山黑水。""我天天看污水，看到这些黑水，我就想到死人的黑纱一点点多起来。"

4. 心理不平衡

面对污染企业老板的快速发迹，而自己的生活日益艰难，村

---

① 杨建民：《还我们青山绿水》，《方圆》2002 年第 3 期。

② 张医生为此向中华环境保护基金会环境治理基金指导委员会写过投诉："十万火急，数万生命危在旦夕；该厂一旦发生大爆炸，P 县城数万公民将成灰烬；该厂一旦发生大爆炸，其恐怖威力绝不会低于美国'9·11'事件。因此，为了数万人民生命财产安全，为了数万人民能够摆脱日夜死亡威胁，强烈要求立即拆迁立在 F 省 P 县县城南的不定时'炸弹'——某氯化钾厂。2005.7.25"（《污染大户再暴恶性伤亡　依法维权刻不容缓——一封来自 F 省 P 县的投诉》）

民自然产生不平衡心理。有一位村民这样表达："村民日夜忍受那发臭的水，那污染的空气，稍有反抗就以这样那样的'违法'名义被'严厉制裁'，还要看着老板们的奔驰宝马从面前开过，然后过年给你不足百元的补偿金！"村民认为，自己的牺牲与污染企业主的富裕之间存在因果关系，是自己在环境上的牺牲成就了企业的繁荣。但是，村民大多只能对衰败的环境表达一种无奈的抱怨。消极抵抗的方式就是离开自己的居所，到异地谋求发展。对于有城市化需求的人们来说，污染对他们的生产和生活影响不大。环境污染只是加速了其城市化的进程。对于经济能力有限、还得靠农业维持生活的中下层人士来说，生产上的损失可以说是致命的。没有经济来源，子女的教育费用就难以筹措；一旦出现身体疾病无钱医治，无抵御污染物的能力，也就更容易出现身体疾病，进入贫困加疾病的恶性循环之中。

四 小结

三个案例反映了乡村工业污染对村民影响的一些共性因素。归纳如下。

第一，普通村民对环境污染带来的损失并不是从开始有污染物排放时就意识到的。而是等到蔬菜、水稻、树木、水果等农作物受到明显的影响，才将自己的损失与污染企业的排污行为联系起来。

第二，普通村民难以解释自己所患疾病与污染之间的关联机制。

第三，普通村民估计生产损失时，不计自己的劳动投入，这与正规的会计评估事务所的评估存在巨大的差异。

第四，普通村民意识到环境舒适性的价值，也认为自己受到了损害，但并没有对此提出诉求，好像不具备充分的理由。

第五，普通村民没有重视环境维权成本。如果能够将它货币化，那么，它就属于经济学中的交易成本。从制度经济学视角看，制度变迁的目的是为了减少交易成本。维权成本是一种损耗型的成本，本身不创造任何的社会价值，但可能间接产生社会效益和环境效益，比如，维权行动，可以使维权者学习相关的知识，认识不同类型的朋友，可以实现自己的正义观，可以获得社会的尊重，可能推动法治的进程等。维权成本对于加害者没有任何价值。

除了第五项不能事先估计，前四项都可以在环境影响评价时做出准确估计。如果环境影响评价能够公开回应村民关心的利益，并将有关信息向村民公开，接受村民的提问，就可以让村民对自己的未来有清晰的认识。这对于改善厂群关系，降低村民的维权成本都有重大的价值。

维权领头人或组织者和普通村民在损失估计上存在不同的观点。他们之间的主要差异有三点：①普通村民估计环境污染损失主要集中在生产的损失以及对自己家庭经济压力的影响，而组织者估计环境污染损失的范围更广，有生产、生活和健康影响，强调的是总体损失，例如张村的死亡统计；②普通村民主要抱怨赔偿的微少，组织者抱怨的是争取赔偿的艰难；③普通村民希望能得到更多的赔偿，而组织者更希望回到过去良好的生活环境，让过去的生产方式能够继续。这是一种差异，也代表两种力量。在村落中，这两种力量都有可能占主导地位。笔者调查发现：在邬村是前者的力量占主导优势，维权组织者只是得到村民的有限支持，大量的村民存在一种"搭便车"的心理；在王村则是后一种力量占优势，形成一种"人人有责，人人需要付出行动"的氛围。为什么会形成这种差异？是与当地村落内部的社会结构、职业结构、村民的价值观、地域文化有关还是与别的因素（比如偶然因素）有关？这是一个重要的问题，需要进一步挖掘。

三个案例关于环境污染损失的估计也有不同之处。

第一，在王村案例，村民的损失得到了农业局和环保局的确认，而在张村，污染的损失一开始就没有得到政府机构的确认，留下了隐患，也最终成为环境污染纠纷诉讼阶段的最大争执。

第二，王村和张村的农作物是村民维权的最重要的依据，但是，在邬村由于土地全部被征用，没有农作物，Q江的渔业资源并不是村民所有的财产，当地法院拒绝以环境污染损害立案，只能立.关于青苗赔偿费不足的案件，因此，在现有的法律框架下，邬村环境维权的行政和司法途径变得异常艰难。

第三，王村和邬村面对的是工业区，而张村面对的是一个化工厂。面对一个群体的时候，村民表达损失，更多的显示一种无奈，而面对一个化工企业，更多的是求赔偿。在张村，因为有一位赤脚医生进行组织，他利用自己的信息，具体描述村民的健康损害情况，其表达的方式也更为成熟。

第四，在邬村，一位"伟大而质朴"的韦女士起到关键的作用，她虽然受教育程度只有初二水平，但是对环境影响的描述非常生动、具体、连贯，对村民的上诉材料进行有效加工，并将之在国际媒体和中央媒体上传播，因此，她独特的视角给公众留下深刻的印象。

第三节　环境维权

面对日益明显和增多的损失，村民开始了各种形式的维权活动。从实际发生的情况看，村民维权主要有两种渠道：一是直接找污染企业，提出赔偿；二是通过政府寻求补偿。但是不管采取什么渠道，维权的关键是确定自己应该维护哪些权益以及多少权益。受我国法律规定的限制，加害者和受害者之间的最大争执在于损失数量的估计。村民提出的往往是不折不扣的收益，而企业往往反问：损失有这么多吗？是我们的责任吗？两者之间损失估计的巨大差距，使得维权的道路漫长而又艰辛。笔者首先考察张村案例中的损失之争，然后考察王村的维权行为，最后总结了村民的环境维权行为特点。

一　损失之争

如果环境纠纷的双方愿意就污染损失的内容和大小进行协商，那么环境污染损失的大小通过多轮次的争论、讨价还价，最终能够达成一致意见。但是，现实的环境纠纷案例当事人一旦走上维权的道路，就很难坐下来一起谈判损失的内容和估计损失数量。这时，如果通过诉讼的渠道解决污染纠纷的话，可以清楚地确定被法院认可的损失内容和数量。张村案例就是采用诉讼的渠道与氯酸钾厂进行纠纷处置，因此纠纷双方在法庭上进行了详细的损失论争，资料较为充分。此处，就是双方的污染损失争论的总结。

1. 总要求上的差距

村民起诉时的补偿要求是：氯酸钾厂赔偿原告的农作物及竹、木等损失人民币 10331440 元[①]；赔偿原告精神损害人民币 3203200元（在试生产期间，每人 100 元/月）。可是，被告方的声明给村民当头一棒。企业代理人表示，被告的工厂从设计、投产至今都是严格按照环保要求做的，而且都低于国家标准排放，根本就不会造成污染，原告的要求不能被接受。如果是为了搞好周边关系，被告可以给原告一些补偿，但不能超过 20 万元。企业认为，自己已经在 2001~2002 年度向张村支付了 434415.2 元的补偿费[②]。但是村民认为，所谓的"2001~2002 年的补偿费"其实是没有的。当时只有 28 万多元，其中 9 万多元还是拨给另一个村的，而且这些款全部是 P 县财政局下拨的"农业税灾情减免款"，根本就不是化工厂给村民的赔偿款。

2. 聘请评估机构上的矛盾

要得到一个双方都能接受的赔偿数额自然需要一个公正的评估机构进行操作。在这个事情上，村民能够理解，也准备接受公正的评估，但是，对中间过程是否公正保持警惕。2002 年 11 月，双方在法院主持下约定除天津市[③]、F 省、Z 省的鉴定机构不能成

---

① 这是截至 2002 年的村民估计，原告声明，2002 年以后的损失可以忽略不计。村民觉得数额已经很大，能够实现也就满足了，从中也可以看出农民的理性。

② P 县绿色协会：《1721 名污染受害者控告的亚洲最大氯酸盐生产厂开庭情况简介》，2005 年 1 月 27 日。

③ 因村民这一方的代理人当时拿了一张天津的一家会计事务所的广告纸，被告方就提出其与原告方有什么关系也要将其排除。

为本案的评估机构外，全国各地有资质的评估机构，均可对本案的损失进行评估。2003 年年初，法院司法行政处已联系了北京的一家权威鉴定机构，准备对本案的损失进行评估。然而，该院经办法官以企业提出"北京的新闻媒体对本案十分关注，不能由北京的评估机构进行评估"为由，未经村民同意，辞退北京的评估机构，重新选择评估机构。村民认为，他们的目的是拖延时间，好让山上的植被变绿，造成评估困难。评估机构的工作拖了将近两年，才声称找到了邻省的一家会计师事务所。事实是邻省的会计师事务所仅出个名义而已，实际上是由本省的评估师评估的。8 位鉴定人中有 4 人是 F 省会城市的工作人员，只有 1 人到过现场，其余人均未去过现场。这些信息在法庭调查时已得到证实。2005 年 4 月 15 日村民紧急向法庭报告以上事实，要求经办法官回避，但是于事无补①。

3. 损失范围和数量上的矛盾

村民最大程度的退让方案是：损失统计时间截止到 2001 年年底，2002～2004 年三年的损失可以不计，另外零头 300 多万元也可以不计，赔偿 1000 万元就算了。但是，这种退让并没有获得企业方的正面回应。在损失的范围和数量上，双方展开了无穷无尽的较量。笔者不考察一面之词，仅考察被法院所认可的损失的范围和数量。一审法院采信了地级市林业局高级工程师唐××②的调查结论，除掉机砖厂周围的 600 米范围，剩下的肉眼能见到的损失为 104 亩。同年 11 月 11 日唐××高工又根据原告的指认，对受损面积进行了重新确认，面积为 5005 亩，其中竹林 43 亩，已死亡的毛竹林两片面积为 8.5 亩③。粮食受损量参照乡政府出具的证明计算：水稻受损面积 353.8 亩，受损产量 103552 公斤，受损金额

①　村民提出，这种暗箱操作，符合程序吗？关于法院如何与邻省 HP 联合会计师事务所联系，而邻省 HP 联合会计师事务所如何与省会城市的评估师挂上钩？这里面有着严重的问题。这完全是经办法官偏袒被告氯化钾厂。
②　这位高工是一审法院的法官聘请的。在鉴定时，这位高工没有通知村民。
③　但是在会计师评估时，这批损失又无影无踪了。

103552 元。村民不服，认为法院进行评估、鉴定的时间与原告要求评估、鉴定的时间相差两年多，损失的自然环境起了变化，因此评估鉴定结果发生误差。二审也做了类似的结论①。

4. 计算价格标准上的矛盾

关于计算价格的标准，村民（代理人）与评估的会计师在庭审中有下列对话。

原代 1：你这评估是按什么标准来计算？是按企业的来计算呢？还是按农民个人来计算？为什么要扣除 20 来项的经营费和税费呢？

谢（会计师）：这些成本都是要的。

原代 1：农民自己去砍几株自己种的树，扛到市场去卖，也要扣除砍伐费吗？

谢答不上来。

原 1（张）：评估报告中说是按市场价估算，那么你按哪里的市场价来计算？

谢：是按 P 县的市场价来算的。

原 1（张）：P 县现有的木材价格，在山的杉木、松木本价可以收 300~350 元/m³一切费用都是买主的事，你是怎么算的？能把 26 年的成熟杉木算成 2.84 元/株，松木 2.28 元/株。

谢：我没带计算机，现在算不来。

原 1（张）：在我 P 县一般的菜农，一年只能种 2~3 亩地，如果按你的估算一年收入只有 1108 元/亩，那么菜农一年的收入仅有 3000 元左右了，如此说来，还有农民种菜吗？

谢：这个我是按 P 县三年的平均价来估算的。

在这里我们看到，村民运用朴素的思维对评估师进行愤怒的质询，以及评估师回答问题时的困窘和狼狈。一审法院认为，HP

---

① 本案的评估机构有什么依据要收 10 万元的评估费，这种评估报告在家里就能完成，却要收 10 万元，依据何在，法庭应当调查。村民认为他们已经交了 10 万元的高额评估费，本次评估的不合法，是经办法官吴××造成的，与他们无关。因此，再次评估的费用，他们不承担。

会计师事务所具有对资产进行评估的资格，其对损失金额的计算在程序上是合法的。根据对 HP 会计师事务所评估的五种结论的审查，第一、二、五种是根据原告提供的损失估计的，不予采纳。从保护受害方利益出发，选择赔偿金额较多的一种，即第四种，损失金额为 61 万元（含水田受损价值 465984 元）。加上宝石厂征用前的受损金额，共计损失金额应为 684178.2 元。

5. 责任上的矛盾

村民发现，靠近化工厂那边的树木大面积地死了，其他远一点的地方稍微好一点，然后人们就这样把化工厂与污染、与树木（死亡）联系起来了[①]。生病的村民反映，干咳、咽喉痛、头晕呕吐等症状非常普遍，鼻塞、皮肤病症状也日渐增多。

企业认为，自己从建厂开始，就重视环保工作，到目前为止已投入了 500 多万元。工厂环保设备齐全、先进，规章制度健全，每年两次委托省、市有关环保检测机构进行检测，"三废"全部达标排放，而且绝大部分是在国家允许最高排放限值的一个数量级以下。因此，工厂的达标排放不会造成原告农作物减产绝收，也不会造成人体任何损害。村民的树木死亡，是附近一座机砖厂排出的废气所致，与公司无关。法院没有追究环保设备是否运行，化工厂是否偷排污水，达标排放的结论是否虚假，对化工厂里工人的身体健康也没有进行调查[②]。结果只是确认了被告化工厂达标排放，但不免除赔偿责任这样一种笼统的结论。

6. 关于资格与时效问题

企业上诉称，以 P 县人民政府颁发的"自留山证"和"F 省农村集体土地承包经营权证"为资格依据。本案中只有 3 人能够出示"F 省农村集体土地承包经营权证"，其所承包的面积只有 15.5 亩，其余均未出示权属证明书。而唐××勘察的林木受损面

---

① 张村案例中的张医生反映："因为我是在这里行医，在这里开诊所的，现在的人生病率非常高，现在我的营业额，差不多每年都是增长的。所以作为一个医生来讲，我自己感觉到非常可怕，非常担心。"

② 某大学学生绿野协会：《为了环境，我们一直在努力》。

积为 104.95 亩、毛竹受损面积 8 亩、水田 353.8 亩，因此，多数原告无权主张赔偿。另外，企业称依照 1989 年公布施行的《环境保护法》第四十二条，"因环境污染损害赔偿"的诉讼时效为 3 年，被上诉人要求上诉人赔偿 2000 年 1 月 1 日以前的损失已超过诉讼时效。一审法院认为，山场由原告等人实际经营没有异议。鉴于原告提供证据可证明其从 1995 年被告投产以来，在原告山地陆续出现毛竹等死亡时，就陆续向有关部门反映，要求氯酸钾厂赔偿损失。因此，从本案实际情况出发，诉讼时效可从 1995 年开始计算。原告主张按 8 年计算（前 5 年按 30%，后 3 年按 100% 计算）有理可予支持。被告主张原告诉讼时效超过，依据不足，不予采纳。二审法院认为，鉴于张医生等人对氯酸钾厂的污染情况曾于 1998 年起就多次进行了反映，P 县政府及有关部门也对该问题进行了联合调查。因此，氯酸钾厂提出上诉人张医生等人关于污染损害赔偿的诉讼请求超过诉讼时效与事实不符。

7. 关于健康损失

原告以从 1985 年起癌症死亡人数表及村民 1987 年 3 月以来的征兵情况表为依据，试图证明污染使原告身体受到损害，要求赔偿精神损失。但是，法院认为原告提供的证据不够充分，不予支持。我国的《最高人民法院关于审理人身损害赔偿案件适用法律若干问题的解释》和《最高人民法院关于确定民事侵权精神损害赔偿责任若干问题的解释》规定，精神赔偿只适用于精神损害和身体受到严重侵害的情况。因此，村民事实上的精神损害在有弹性的法规面前找不到充足的证据，也就难以得到补偿。

从以上的争执中，我们可以得到以下三点重要启示。

第一，村民不适应正式制度。

凭直觉判断

农民质询评估师的提问，主要依赖常识判断，比如评估的最后结论是"一亩山地每年的收入不足 17 元人民币，杉木管理 30 年后成材价值仅有 2 元 1 角多，松木 25 年后成材价值也仅有 2 元多点"，这在情理上难以接受。为此，村民专门向法庭提出紧急抗议①。村民认为，扣减 16 项税费是不应该的，但是没有具体指出哪一项是不对的，正确的该如何计算。是否应该扣除劳动力成本，农作物成本是否可以参照林场标准计算，我国的法律没有明确规定。这导致村民想找依据也未能找到，只能从常识、直觉上加以反驳，但是法院并不认可。

没有及时留下具有法律效力的证据

对于大量的损失不能计入损失评估的范围，村民是不能接受的。特别是调查员评估的时间与实际发生的时间相差两年。如果一开始就有农业局或者林业局进行环境污染损失评估，请公证处公证，那么也可以在法庭上作为有效的证据。由于没有做这些工作，结果是证据越来越灭失，最后的估计离事实、离村民的预期十分遥远。而且，村民自己花费很大成本的损失统计在法庭上没有任何价值。氯酸钾厂周边的毛竹大片死亡，树木枯死，果树减产、绝收，水稻绝收，均没有被法院采纳为污染损失评估内容。尽管这些客观事实得到中央电视台的新闻调查，新华社记者的报道及最高人民检察院《方圆》杂志等相关媒体的大量报道。

---

① 内容为："1. 没有任何事实依据要扣减 16 项的税费。我们都是农民，林木、农作物、果树，不可能按评估报告第 4 页要求扣减 16 项的税费。如检测费、采伐成本、管理费用，这些费用根本就不可能发生，因为我们自己上山砍几棵树去卖，不可能有这么多的税费，这是评估报告不真实之一。2. 任意加大成本。按评估报告计算的经营成本，每一立方米的木材（以杉木为例）要扣除大约 105.5 元的经营成本。自家自留山上的树木砍伐一立方米根本无须付出 105.5 元的成本。如果评估人是以林场的成本计算来套用本案，那么这种套用是错误的。3. 参照标准错误。以毛竹为例，评估报告参照地级市征用土地补偿标准就是错误的。这种标准是否合法有待审查，但地级市征用土地补偿标准是政府对原土地使用者的补偿。这种补偿是象征性的，且这种标准是对某一特定被征用土地使用者进行补偿，不是对不特定人所做的地方性规章，不具有广泛的标准性。而且这种补偿是针对土地，而不是针对毛竹。一亩毛竹有多少根，见过毛竹的人都知道，毛竹是成片生长，一亩少说也有上百根，以一亩 100 根计算，按评估报告的计算，一根毛竹仅有 2 元钱。我们到毛竹交易市场上，一根毛竹 15～20 元不等，差别如此之大，可见评估报告的不真实。"

在每一个环节中，处于被动地位

在确定调查员的时候，村民没有掌握主动权，而是在不知情的情况下，由经办法官一手操办。在确定责任的时候，氯酸钾厂咬定是机砖厂的责任，这样就将周围600米半径的损失范围排除在外。在评估师估价的时候，村民又没有知情，拿到结果就匆匆开庭了。村民后来认为，这是有人设计的。他们一直认为，唐××的损失调查报告，根本就是一份荒唐透顶的报告，HP会计师事务所所做的更是荒唐透顶的评估。因为不愿交纳第二次的评估费，所以，前面不公正的评估成为终审判决的依据。

第二，企业主的冷酷。

企业主利用自己与政府的密切关系，提前获得检测时间的消息，事先进行周密安排，以获取"达标排放"的证据和声誉；然后以此为根据否认自己的环境责任，千方百计减少自己的赔偿范围和数量。比如以承包证件为由，希望剔除绝大部分人的维权资格；以机砖厂污染为由，否定周围600米的损害责任；利用会计师压低补偿的数额，扣除尽量多的劳动力投入和税费成本。

第三，法院的"灵活性"。

法院有很大的回旋余地。首先，它可以选择立案，也可以选择不予立案。我国法律对地方法院规避敏感问题并没有明确的责任规定。其次，法官可以选择有利于污染企业的时间进行损失评估，如本案故意拖延两年。再次，法官可以选择容易控制的评估机构，如张村案例中，拒绝农业部的评估机构，"偷梁换柱"使用本该回避的本地评估人员。最后，法院否定污染受害者的大额损失，如健康、大面积作物损失，而给予一些小的恩惠以示平衡，如诉讼费用、检测费用的减免。

二　维权行为

关于环境维权的对抗行为，王村的案例比较典型。我们就以王村的案例为重点进行分析和探讨。与通常认为的相反，村民并不想走"先发展，后治理"的道路。对于污染企业的到来，村民从一开始就表示反对。

1. 骚扰——征地阶段

在 H 镇，当地村民在工业园筹划阶段就已极力反对。村民为此奔波游说，首先极力反对征地，开始两村（一村、五村）的村委会不敢同意土地征用①。在僵持了一些日子后，村民们突然得知土地被征用了（第一次约是 70 亩），在背后破口大骂那些签字同意征地的队长、村主任，许多有关人员收受好处费的消息也在村中广泛流传②。年长的老人痛哭流涕，大好的农田和土地就这样被征用了。老婆婆和老爷爷们点起香烛祷告，希望上天能保佑他们，能显灵让他们世代生存的良田不会消失。年轻一点的、头脑灵活一点的村民汇集到一起，不停地到镇政府找镇干部协商，要求停止化工厂区的建设。但是平民的力量无法改变现实。村民们为此非常愤怒。白天刚开挖的道路到晚上就被填平，刚堆砌的路基就被埋没，刚垒起的围墙就被推倒，就这样在反对中反反复复。化工园区在保护下最终建成并投入生产。

2. 冲击厂区——第一次抗争

在当初建厂的时候，有些村民曾经有过某种期望，希望这些厂区的建设能够带动当地生活水平的极大提高，促进当地经济的飞速发展。2001 年 9 月，五村书记来到地级市某药业公司，咨询了东×（即第一家征地 70 亩的市属国有企业）的情况，之后写了一份《给东×公司画像》（以下简称《画像》）的公开信。"东×公司的前身是东×农药厂，原坐落于吴镇卢村东面。"其生产的氟乐灵、三环唑、代森锰锌及中间体，在生产过程中都产生大量废水废渣，因此被当地村民驱赶。后东×公司欲搬至李宅，但被当地村民阻止；后又搬至魏镇，因遭当地村民反对，将

---

① 其中的原因是多方面的，有的是怕被人千古唾骂，有的是村里的许多小组生产队长不同意征地，不签字许可。

② 一村的王大爷反映，（村干部）为了个人既得利益，出卖了自己的良知，出卖了农民赖以生存的土地，出卖了村民对其的信任，更出卖了万代子孙的生存之基。

废水拉到旧厂址偷偷排放，后经当地媒体曝光，当时的 Z 省省长批示，予以停产。五村书记和其他村民复印了 150 份《画像》，从地级市寄到王村和附近村庄。之后有 600 多名村民对此进行了签名呼吁；村民代表王×等又复印了 1000 份《画像》，四处张贴，希望引起村民的注意。

当年 10 月，王村所在的派出所着手调查《画像》来源，并通知知情人王×前去谈话；王×同其他村民约定，若一小时内不返回，大家就敲铜锣去解救他。结果，王×没有回来，村民决定前去解救，半路遇到正回来的王×，索性一起前去镇政府。后在一家饭店看到正在吃饭喝酒的镇委书记许×，村民把许×拉出去要求解释。在将许×拉往 H 镇化工园区的路上，村民冲散民警，并和许×发生肢体冲突，致使许×受轻伤。到了园区，村民强行将化工厂员工赶出宿舍，并毁坏了机器设备等设施，造成损失 11 万多元。之后，五村书记等 12 人被捕。D 市法院刑事判决书给予如下定性：2002 年，五村书记以"聚众扰乱社会秩序罪"被判刑 3 年，村民代表王×等以同一罪名判 1 年或几个月不等刑期，两个缓刑[①]。

3. 阻断交通——第二次抗争

第一次抗争失败之后，平静了一段时间。之后，更多的化工厂陆续建了起来，污染逐渐加重。村民多次到 D 市、地级市、Z 省的环保部门上访。省环保局曾明确答复，其中几家化工厂是不符合有关规定的。村民也多次向媒体反映污染问题，省级卫视也为此专门做过报道，但化工厂一直没有停止生产。村民还几次去北京，向原国家环保总局投诉，找北京的记者，但问题仍没有得到有效解决。

2005 年 3 月 20 日前后，当地百姓听说又有一家规模超大、来自 X 区的化工厂要搬迁进来。大家非常愤怒，于是有一部分老人

---

① 宋元：《Z 省 D 市环保纠纷冲突真相》，《凤凰周刊》2005 年第 13 期。

开始搭建竹棚，挡住化工厂的主要出路①。搭竹棚的目的是阻止化工园区的载货车辆通过，一般的车辆、行人仍可通行，老人在此驻守，检查"毒物"。一连 10 多日，每天有成百上千人围堵"H镇工业园区"，强烈要求搬迁具有极大破坏环境作用的化工厂、农药厂。支持、响应的人们从四面八方赶来，用行动或者言语加入这个行列。

4. 占据道义

环境维权者善于学习。他们学习、总结其他地区的维权经验，看到环境维权可能遭受不公正待遇，寻找支持自己行为和诉求的正义基础，并向执行机构施加压力。在张村案例中，村民在二审庭审之前向法官陈述的意见："人身健康确确实实受到了侵害，人身健康所受到的侵害，在短期内不会有什么征兆，但长期的污染必定会造成严重的后果，这一事实大家都很清楚；如果法官也住在我们那，就会亲身体会到从空气污染到水污染给周边居民造成的影响；10 年来，我们饱受污染的侵害，10 年来我们所受的损失何止千万；我们是没有办法才提起本案的诉讼，我们 1000 多名原告相信人民法院的领导会为人民做主；为了还我们的家园一个明朗的天空，一条清清小溪，为了损失能得到补偿，请求院长亲自了解本案事实，支持我们的请求，做出公正的判决；如果贵院以不真实的评估报告作为判决依据，我们将集体上访，直至法院做出公正的判决。"

这里的言辞不是靠证据，而是靠道义。村民利用换位思考、环境保护、政治立场和一定程度的要挟等手段，呈现自己对环境纠纷诉讼的公正处理期望。面对低于预期污染损失估计的法院认

① 类似举动在别的环境污染纠纷中，也经常出现，如嘉兴和吴江的污染纠纷中出现的 2001 年 11 月 22 日"零点行动"，村民准备了数百条船和 8 台推土机，并打出了"富了几个老板，苦了千千万万""为了生存坚决堵住污水，还我一河清水"的条幅。数千名当地农民分成五个组展开行动。28 条大船依次被砸沉，当地一条被称为"大河"的河流被截断（《浙江嘉兴 3000 多农民沉船筑坝 拒绝污水流入"境内"》，中国新闻网，2001 年 11 月 27 日）。

定，村民的失望之情也就可以理解了。

三 污染企业的反应

针对村民逐渐增多的反污染行动，污染企业也有不少的对策。

1. 宣称达标排放

宣称达标排放是最简单的伎俩。因为村民不能检测污染工业的排放物，因此，企业在村民面前一直表明自己是达标排放的。他们还可以用地方政府的检测结论和所获得的环保荣誉进行辩护。在王村案例中，东×化工厂的负责人在接受媒体采访时否认环境污染与该公司有关。"我们公司是国有企业，环保肯定没有问题，否则我们就不会生产。"迈×公司也说："废水都是经过环保处理，然后储存到大池子中的，而且至今大池子没有满，还没有排放，所以不存在水污染；我们不存在废气，所以不存在废气污染；我们的废渣都在环保的标准下进行焚烧处理，所以也不存在废渣污染，我们还是 D 市环保先进单位。"在张村案例中，氯酸钾厂的负责人一直强调环保投资的力度和达标检测的结果。

2. 指责村民无知

村民确实没有多少环境知识，不能说清楚污染物对身体和财产是怎样进行侵害的，不清楚两者之间是否有因果关系。污染企业抓住村民的这一弱点，否认自己的责任。在王村案例中，对于村民的指责，东×化工厂的负责人说："有些农民知识层次较低，认为只要有化工厂，就没好事儿。其实有的厂子只是因为事故才有污染，平时是没有事的。"他指着厂子里的树木说："如果污染严重，这些树木能如此绿？"关于树木和蔬菜死亡的情况，他的解释是："那是因为天气，而非污染。因为今年气温持续走低，所以导致如此结果。"在张村案例中，氯酸钾厂的老总也认为，农作物的死亡可能是气候造成的。在邬村案例中，渔民反映渔业收入急剧减少，对方说是他们的技术太差了。

3. 寻求地方保护

污染企业寻求地方政府保护，在张村案例中有明显的证据。

氯酸钾厂在中央电视台要播出《新闻调查》的那天，厂领导眼看阻止不了，竟然想办法让全县农村停电。只是在 F 省环保局的督促下才在重播时没有断电，使老百姓了解他们生活在一个什么样的工厂旁边。在邬村案例中，有的政府部门、领导，为了自己的"政绩"，对污染企业睁一只眼，闭一只眼，甚至有个别领导还弄虚作假。曾有几个村民自发调查污染危害健康的情况，结果被有关部门找去谈话，软硬兼施，威胁那会影响他们今后的发展前途，后又给封口费[1]。地方政府还向村干部、党员和教师等公职人员施加压力，不准上访，不准搜集材料，不准组织村民，将村民对待污染企业的态度与对党和政府的态度关联起来，从思想政治意识的高度约束从事公职的人的行动。

4. 阳奉阴违

在遇到村民强烈抵抗的情况下，污染企业往往采取阳奉阴违的策略。在张村案例中，省环保局检查发现，氯酸钾厂的污水处理站的污水浓度很低，但是最后到总排污口的浓度普遍比较高。这种现象刚好是倒过来，该污的不污，该清的不清[2]。在邬村的案例中，韦女士反映，"化工企业对外宣称环保投入数百万至数千万元，在厂内兴建了各类环保设施，实际上却束之高阁很少运营。有的企业为了节省污水处理费用，想方设法向 Q 江里偷排污水。平时的工业污水就储存在厂区内的污水池里，伺机排放。一旦生产任务紧张时，白天也大肆排放。"虽然老百姓经常看见企业排放污水，但是区环保局检查经常空手而归。因为环保人员进入车间后，排污机器早已停止运转。环保局工作人员一走，排污机器又开始工作。这样的猫鼠游戏在唯利是图的污染企业中屡见不鲜。

5. 金钱收买

污染企业收买的对象有三种人：一是村干部，二是村里的混混，

---

[1]　胡雪良、叶宏军：《Q 江×× 段化工污染调查：鱼米之乡 VS 癌症高发村——母亲河告急》，《市场报》2004 年 11 月 26 日。

[2]　2003 年 4 月 14 日《省环保局副局长对 × × 化工厂进行检查的录音稿》。

三是环境维权的组织者。收买村干部的目的自然是利用村干部帮助他们安抚村民。收买第二种人在于利用他们的暴力手段阻止村民的维权行为。收买第三种人的目的就是瓦解环境维权力量。自1997年以来，邬村已经有三次维权行动。前两次的组织者，全部被污染企业收买。但是，对第三次维权行动的组织者，污染企业的收买行为没有成功。"一家热镀锌厂的翁老板叫我们（组织者）帮帮他的忙，让他的厂明年能顺利开工，"维权群众说，"让开工不是我们就能说了算，还是叫大家坐到一起来（商量）怎么做。说好了，我一个绝不为难你，我们倒是无所谓，我们这样做是为了我们的子孙后代"。"有人在外面说，韦××你这个刺头，外面传言说哪一个人能劝说韦××不要这样做，能摆平这个人有10万块钱拿，我说我有这么好这么厉害。"韦女士认识到，"环境如果就这样污染下去，那么世界上不要说动物，人都要绝种了。"被金钱收买的人中，有的已经打算到外地居住，所以环境质量的好坏与他们无关，因维权获得一定的经济补偿是一种令人接受的方案。还有的人虽然不能离开原住地，也认为污染企业难以撼动，自己还能接受目前的环境质量，与其硬碰硬，不如获得一些金钱更为实惠。可是，有的村民已经意识到，当前的环境恶化趋势是一个生存问题，在生命威胁面前，经济补偿是远远不够的。如果虑及自己的有限生命，不希望用经济补偿，还属于个体主义的生命价值观；如果顾及子孙后代，将时间拉长到无限的将来，那么，其思想境界已经处于可持续发展的层次，环境污染损失就不可能用金钱来交换了。

6. 暴力威胁

暴力在环境纠纷中也较为常见。不仅村民有时迫于无奈选择暴力行为，污染企业一方也会使用暴力威胁方式。在王村案例中，组织参加老年人搭竹棚的人就遭到同村"混混"的暴力袭击。在张村案例中，诉讼的5个代表中有2个遭受企业聘用的包工头的殴打。在邬村案例中，为了取得证据，韦女士被化工厂里面的人打得青一块紫一块。在搜集证据的三年多时间里，她曾多次遭遇恐吓，家里的玻璃也被人砸碎了许多次。"现在，我晚上出门时丈夫担心出事，总陪我一起去，但我不怕那些恐吓我的人，他们干了亏心事，吓唬我其实是害怕我。他们（村干部）威胁我说，你不要做这个事，以后要坐牢的。"与韦女十一起维权的一个同伴在家门口，就被一伙身份不明、坐没有牌照的面包车里的人殴打，家里的老人也受到惊吓，她始终规劝儿子"不要抗争，这样的日子过过就行了"，说话非常小心谨慎。由于她家的家境非常好，但住房与化工厂只一墙之隔，化工厂的存在严重影响她家的生活质量，因此，她的儿子坚决要继续维权。

7. 不招近邻村民

在王村案例中，化工厂区的工人都是从贵州、安徽、江西等地招来的农民。在邬村案例中，刚开始，村上有人想到农药化工厂去打工，但一些岗位不让本地人报名。负责招聘的人公开说，有些生产车间里毒性很大。大部分一线生产岗位都用外地人。企业换人频繁，干得短的几个月，长的不过三年。因为时间一长，身体就会出现不适。一些工龄长的外籍民工被查出尿毒症等病，工资还不够支付医疗费用。在张村案例中，全村只有4个人在化工厂工作，只有10来个人（包括前面4个）与化工厂有业务往来。

为什么会出现这样的现象？原因并不复杂：一是化工厂不愿意让村民掌握太多关于企业的信息；二是外地民工待遇要求更低一些；三是村民的生活空间已经处于污染的环境之中，如果继续在污染的环境中工作，那么环境污染对身体健康的影响是十分严重的。另外，从村民的角度看，当双方在环境权益上发生纠纷之后，如果村民还在企业上班，必然要接受企业的管理，二者成为管理和被管理的关系，那么，村民受到关系制约后难以进行环境维权活动。所以，在双方都不乐意的情况下，村民在化工厂实现就业是不太现实的。

第四节　总结

污染企业与村民是环境纠纷的当事人，是公害的制造者和接受者，也是加害者和受害者。探讨两者之间的关系、环境行为以及环境、社会影响评价是环境社会科学研究的重要内容。根据上面的分析，笔者在这里做进一步的分析和总结。

一　社会关系

村民与污染企业的社会关系是双方行为的基础。对于周围的村民，污染企业既可以选择与他们竞争，也可以选择与他们合作；既可以选择以和睦的社会关系为目标，也可以对紧张的关系无动于衷；既可以对村民的反抗做出积极响应，也可以漠然处置，或采用暴力威胁、金钱收买等手段打击他们。污染企业作为一个经济组织，其行为选择自然符合经济理性逻辑。从案例中企业的表现来看，污染企业主选择的是一种竞争关系，而不是合作关系。他们不顾村民的反抗坚持选择非法排污，否认超标排污事实，拒绝承担环境责任。

从现实角度看，污染企业主虽然与村民构成一个使用环境资源的共同体，但是并不构成一个社区，因为企业主根本没有考虑村民的损失，考虑他们的生存环境危机。企业不愿承担环境资源上的社会责任，而宁愿选择非法排污，与村民保持紧张的关系。因为在污染企业主看来，即使与村民保持这种紧张关系，也不会对污染企业利益构成有效的威胁，相反，进行污染治理，构建和睦关系会使企业利益受损。更为关键的是，村民无力干预企业的行为，即使他们的利益受到损害。只要污染企业不采取资源循环利用的生产方式，就必须处理污染物。如果处理污染物的费用高于直接排向外界环境排污（大部分的情况如此）的费用，污染企业就有动力选择直排行为。作为共同使用环境资源的成员，村民的环境权益不能得到保证，两者必然因此产生矛盾。这个矛盾由污染企业主动发起，因为污染企业主在环境行为上占据主动地位，其可以选择对环境负责的行为（达标排污），也可以选择环境卸责行为（非法排污）；可以选择公开企业的环境信息与村民开展交流，也可以选择封锁消息。污染企业主为了控制生产成本将非法排污作为手段，影响了周围村民的生产和生活利益，虽然他们在主观上没有故意伤害周围村民的动机，但是他们的行为在客观上伤害了村民。自从实施环评制度之后，污染企业其实是已经预见到这一结果。因此，可以说，污染企业夺取了村民在环境资源上的使用权，而且不承担自己给周围村民带来的损害赔偿责任，表明污染企业单方面选择与周围居民形成一种竞争关系。

二　环境行为

污染企业主与村民之间在环境资源上的争夺也可以化为一个博弈矩阵。村民存在三种策略选择：环境抗争、补偿抗争和沉默。所谓环境抗争就是环境维权的目标是获得一个舒适的环境，不管是为了生产还是生活。它强调污染企业必须依法审批、建设、生产，必须达标排放，保证周边环境的质量。所谓补偿抗争就是环境维权的目的是获得污染损失的补偿，只要能够获得满意的经济补偿，即使企业非法排污，人们也能够容忍，抗争的存在条件是污染企业不愿意承担补偿责任。补偿抗争也不排除以保护环境为目的。其与环境抗争的区别在于，当人们获得"好处"后就会停止环境维权行为，还有可能去阻止别人继续进行环境维权。沉默行为就是典型的"搭便车行为"，自己不组织、参与环境维权活动，但也不反对环境维权。如果环境维权成功，则要求分享维权成果，不管是获得经济补偿还是环境治理。污染企业也存在三种策略：承担保护环境的责任（包括补偿责任），承担补偿责任，卸责行为。我们假设村民的环境抗争行为的成本为（c_2），假设选择补偿抗争行为的成本为（c_1，它小于 c_2），假定抗争的成本与污染企业的行为策略无关；假设污染企业卸责时的收益为（b）；承担的经济补偿责任为（$-b_1$），注意这时污染企业仍然获得非法排污的收益（b）；承担环境责任时所付出的代价为（$-b_2$），注意这时污染企业已经没有非法排污时的收益（b）了，但每一个村民可以获得环境收益（b_3）。我们假定污染企业在选择三种策略时，它们的经济规模、技术水平、市场行情、国家标准等其他因素没有发生变化。根据上述的假定和假设，我们可以将污染企业与村民之间的博弈矩阵建构如表4-1所示。

表4-1　污染企业主与村民博弈矩阵

企业主

	环境责任	补偿责任	卸责行为
村民　环境抗争	$b_3 + b_1 - c_2$,　$-b_2$	$b_1 - c_2$,　$b - b_1$	$-c_2$,　b
补偿抗争	$b_3 + b_1 - c_1$,　$-b_2$	$b_1 - c_1$,　$b - b_1$	$-c_1$,　b
沉默	$b_3 + b_1$,　$-b_2$	b_1,　$b - b_1$	0,　b

表4-1的博弈矩阵中，最有可能的均衡点是哪一个？从这个矩阵的数字结构看，对于村民来说，在给定污染企业策略不变（即选择纯策略）的情况下，环境抗争不如补偿抗争（因为 $c_2 >$ c_1），补偿抗争不如沉默（因为 $c_1 > 0$）。对于污染企业来说，村民策略选择给定不变的情况下，环境责任策略劣于补偿责任策略，补偿责任策略劣于卸责行为策略。没有外来力量的介入，双方条件也保持不变，村民选择沉默和污染企业选择卸责行为所组成的策略是一个纳什均衡点，一旦进入这种状态，博弈各方均没有动力单方面改变策略。

如果企业与村民之间是一种竞争关系，那么，企业主既不会同情村民所遭受的痛苦，也不会补偿村民的污染损失。在两者处于面对面的角力状态时，各方只希望自己利益的最大化而不顾及自己行为所产生的外部负效应。仔细分析双方的社会关系，我们会发现，污染企业没有必然的理由选择与周围居民进行竞争，在条件允许的时候，企业也会选择与村民和睦相处。作为污染加害者，企业既有责任保护环境，也有义务承担自己的外部责任。对于上述矩阵，如果污染企业具有社会责任感，那么应该可能出现向补偿责任或者环境责任的方向变化。果真如此吗？

为了能够将上述的想法运用到上述矩阵，我们需要将社会责任感操作化为可以测量的变量。所谓社会责任感就是将外部负效应的接受方的损失（或者痛苦）感知为自己损失（或者痛苦）的程度。比如，假定村民损失 100 元，污染企业主感同身受，那么，该企业主具有完全的社会责任感；如果企业主视之为自己损失 20 元一样，那么该企业主的社会责任感就是 0.2（20/100 = 0.2）；如果一点都没有感知，或者自己觉得自己一点责任都没有，那么社会责任感就是 0。要注意的是，社会责任感只是一种认知状态，其原因可能是法律责任，也可能是道义责任。它虽然不直接表现为财产或者收益的转移，但改变了自己的收益结构。假设企业主的社会责任感为 α（$0 \leqslant \alpha \leqslant 1$），为了计算的方便，假定村民不改变收益结构，那么上述的博弈矩阵就演变为表 4 - 2。

表 4 - 2　污染企业主与村民博弈矩阵（补偿责任）

村民		企业主		
		环境责任	补偿责任	卸责行为
	环境抗争	$b_3 + b_1 - c_2$, $-b_2 + \alpha(b_3 + b_1 - c_2)$	$b_1 - c_2$, $b - b_1 + \alpha(b_1 - c_2)$	$-c_2$, $b - \alpha \cdot c_2$
	补偿抗争	$b_3 + b_1 - c_1$, $-b_2 + \alpha(b_3 + b_1 - c_1)$	$b_1 - c_1$, $b - b_1 + \alpha(b_1 - c_1)$	$-c_1$, $b - \alpha \cdot c_1$
	沉默	$b_3 + b_1$, $-b_2 + \alpha(b_3 + b_1)$	b_1, $b - b_1 + \alpha \cdot b_1$	0, b

从表格的收益值可以判定。

第一，只有当 $\alpha = 1$ 时，污染企业主的"补偿责任"和"卸责行为"的收益变得相等，也就是说，在企业主看来，村民承担的损失相当于自己在承担。如果自己不去承担，那么对于社会（由村民与企业主构成的社会）来说，会出现双份的污染责任，与其出现这样的社会损失不如选择自己承担补偿责任（因为对他来说两者是无差异的）。但这只是勇敢的负全责的企业家的选择，是一种极端的情况。

第二，假设污染企业主选择的 α 介于 0 和 1 之间，那么对污染企业主来说，选择"卸责行为"比选择"补偿责任"更优。污染企业主虽然也有一定的同情心，愿意承担一定的责任，但是在承担"全部责任"和"卸责行为"比较时，选择了后者。

第三，上述分析只是比较了企业主的后两个选项，如果分析第一个选项，那么，结果可能不同。假设运用逆向计算的方法，计算当 α 多大时，企业主会主动选择"环境责任"行为。因为（第二）已经证明"卸责行为"比承担"补偿责任"要优，因此，只需将"环境责任"策略与"卸责行为"策略进行比较就可以了。

条件是：

$$-b_2 + \alpha \ (b_3 + b_1 - c_2) \geqslant b - \alpha \cdot c_2$$
$$-b_2 + \alpha \ (b_3 + b_1 - c_1) \geqslant b - \alpha \cdot c_1$$

则：

$$\alpha \geqslant (b + b_2) / (b_3 + b_1)$$

从这里我们可以看出，社会责任感的要求程度虽然与企业的补偿责任（b_1）、环境责任（b_2）、非法排污收益（b）和村民的环境收益（b_3）等变量之间不是线性关系，但是他们之间的大小变化还是有联系的（要求单变量变化），即如果企业的非法收益越大，那么，要使企业主表现社会责任行为的难度就越大，也就是 α 越大；如果企业承担环境保护的代价越大，那么，要使企业主表现社会责任行为的难度就越大，也就是 α 越大；如果村民从环境中获得的收益越大，那么，要使企业主表现社会责任行为的难度就越小，也就是 α 越小。如果几个变量发生变化，最终的结果要计算公式才能判定。当然，我们也要求上述的 α 必须小于1，否则，企业主仍然是选择"卸责行为"。

第四，还有一点需要说明，我们假定在企业主不保护环境时，村民的环境收益为0，而在保护环境的策略下，所获得的环境收益为（b_3）。其实，这只是一种假设方式。我们也可以假设：在保护环境的状态下，村民的收益为0（参考值），而在没有环境保护的情况下，损失为（$-b_3$）。如此也可以计算类似的结果。

综上所述，如果企业主不与周围居民在环境资源使用上进行竞争，而关心周围居民的损失，建立与村民的和谐关系，那么只要企业主的社会责任感达到如上面的 α 的计算公式的大小，就会选择"环境责任"策略。

对于村民的行为策略也可以进行简单分析。在一般情况下，村民的最优策略是沉默。如果大家都选择沉默，那么只有依靠企业主的社会责任感调节其环境行为选择，结果显然是不确定的。但是如果有人准备进行环境维权行为，那么企业主为了应付村民的环境维权行为也要付出相应的代价。这个代价冲减了企业主的非法排污的收益，因此，企业主为了避免付出这个代价，就会提高"达标排放"的选择概率，或者收买环境维权者。环境维权者这时有两种选择，一是接受企业主的私下补偿，二是继续环境维权，直到企业主表现"环境责任"行为。前者就是补偿抗争，后者就是环境抗争。不幸的是，从单个村民的利益进行核算，"补偿抗争"是一个占优策略。因为只要有进行"环境抗争"的人存在，他的补偿诉求就可以满足，而且同时可以坐享环境维权者争取来的收益。

第一，如果人人要求补偿，那么，结果可能是：补偿数目巨大，企业主难以承担补偿责任，拒绝补偿或者撤资走人；或者村民获得了补偿但是环境遭受了破坏，只能等政府治理。两种结果反映了经济增长与环境保护之间的矛盾，不过，这时的矛盾是由村民来选择的，不会影响社会秩序。属于这种情况的有：污染企业与村民达成补偿契约，或自己污染自己的个体户或乡镇企业。

第二，如果每个人都追求环境抗争，认为追求补偿可耻，那么团结一致的群体可能阻止污染企业的非法排污行为。王村案例就表现为这一类。

第三，如果部分人追求补偿（或者沉默），部分人追求环境抗争，那么很可能进入一个可怕的陷阱：部分人为了环境保护奋力抗争，部分人追求补偿，而且后者很可能压制前者，分化前者，导致村民内部分裂，污染问题永远不能解决。这种情形不仅践踏了环境正义，也违背了社会正义原则。邬村的案例就表现为这一类。

当然，任何群体中，总是存在沉默者，参与环境维权活动的毕竟只是少数人。但是只有在第二种情形中，沉默的大多数慢慢地会转变成为环境抗争者。

三　环境影响评价

污染企业和村民的环境行为对农村的环境质量产生直接的影响。前者很可能是环境污染力量（表现为非法排污时），后者可能是环境治理力量（表现为环境抗争行为时）。如果环境污染力量一直占据主导地位，那么乡村的环境质量就会持续地恶化。反之，如果环境治理力量占据主导地位，遏止污染企业的非法排污行为，促使治理部门（政府或者企业）改善农村环境，那么乡村的环境质量就可以慢慢地得到优化。

笔者的分析表明，经济增长与环境质量保护不一定能够双赢。当村民陷入上述第三种情形时，靠自身的力量已经不能改变环境恶化。当村民选择第一种情形时，也难以靠自身的力量扭转环境质量下降。当然，也存在另一种可能性，如果企业科技发展到消灭污染且有利可图时，那么，工业污染也就不成为环境问题了。但是，从发达国家转移污染产业的形势看，这种情况对于发展中国家来说是不现实的。

笔者的分析还表明，让农村社区自己处理经济增长和环境保护之间的矛盾，比外在主体处理这对矛盾更为合适。前者不会影响社会正义，不会引起社会矛盾，不会引起国家与村民之间的紧张关系。而后者，外在主体一般是政府部门，他们并不是生活在农村的居民，不能准确理解农村居民对于环境的价值认识，也难以理解村民的污染损失。如果外在主体是污染企业（当地方政府允诺其排放污染），相同的情形也会发生。企业主如果视村民为环境使用权上的竞争对手，那么，由于双方实力悬殊，村民无疑永远是失败者。但是，如果企业主能够考虑村民的损失，勇于承担自己的外部效应，那么，也可能实现经济增长与环境质量保护的双赢。

还有一个值得注意的问题是，如果地区之间展开环境标准的

"触底竞争"，那么在甲地不能做的事情，在乙地却允许做。面临严峻的市场行情，各企业主不得不加入控制成本的行列。如果非法排污成为行业的常态，那么污染企业也难以获得超额利润。在这种情况下，污染企业的产品价格低廉，很可能在出口市场上具有竞争优势，但是这个竞争优势是以牺牲地区环境质量得来的，是牺牲周围居民的利益换来的。这时，污染企业主即使具备最高尚的社会责任感，也难以做出"环境责任"行为。因为他自己也面临生存竞争，在技术差不多的情况下，如果不进行非法排污减少成本，那么自己很可能被市场淘汰。这是一种最坏的结果，企业主非但没有经济实力治理污染，而且还要在市场竞争和周围居民的抗争两种压力之下谋求生产活动。这种情况在中国并不是没有，但是，笔者所描述的三个案例不是这种情况。

四　社会影响评价

污染企业的竞争场域应该是在产品市场、技术市场、信息市场，而不是与周围居民构成竞争场域。虽然两者在现实中发生了竞争，但是，应该说这是一场错位的、不对等的、不必要的竞争。如果存在一个设置公平竞争的社会秩序维护者，就可以重新设计竞争的场域，界定参加者的资格，制定公平的游戏规则，让地位对等的选手进行有序的竞争。污染企业选择与周围村民争夺环境资源的使用权，导致许多不良的社会后果。

1. 村民知情权缺乏保证

污染企业与村民争夺环境权利是在村民并不知情的情况下由企业隐蔽发起的。为了防止村民的反对，在项目建设之前，企业往往隐瞒项目的内容以及今后的影响。村民没有正规渠道参与地区的环境规划和产业规划，也无法获得具体项目的环境影响评估报告。村民也默认，招商引资是地方政府职权范围之内的事项，自己无权插手。在土地强制遭到征用之后，村民已经彻底失去对土地使用方式的决定权。项目在建设期间一片欣欣向荣，环境污染问题的影子也没有看到，如果这个时候反对，就是反对地方政府的"招商引资"工作，就是拖地方经济发展的后腿，因此，村民在法理上、逻辑上均不可能先期进行环境维权。

2. 村民举证十分困难

污染项目开始运行之后，环境污染开始慢慢呈现。囿于上述的知情权限制，村民的举证工作很艰难。首先，村民对于环境污染的危害认识仅限于感官的认知，举出的证据缺乏权威性。其次，污染行为和致害因素都是迅速变化的，如废水、废气和噪声等，因此当事人或者纠纷处理第三人在损害显现之后的调查和取证都已时过境迁，难以证明当时的污染状况。再次，确定污染排放与损害之间的因果关系需要专业技术手段和科学进步，有些污染物的致害原理至今难以确定。因此，农民面对环境纠纷，没有能力向外界传递准确、清楚的信息。污染初期村民不知道聘请哪些专业人士，后来通过维权获得相关信息，知道了渠道，但会面临高额的费用，比如王村村民也尝试聘请专业律师进行诉讼，但是对方的估价是 50 万元（2004 年），这是农民无法承受的价格。所以，农民渴求法律援助和技术援助，但是援助类服务是非常少见的。

3. 社会损失问题

社会成本主要是指没有创造社会价值而耗费的成本。环境维权者要花费大量的时间界定污染受害者的边界，收集污染损害的证据，还要与公共权力机构进行咨询、沟通、申诉，还要协调受害者内部的社会关系。环境维权者还面临企业主的分化离间，诱使具有补偿诉求的人遏制具有环境诉求的人。如果采取越级上访，还会受到基层政府的阻挠。如果采用社会募捐的方式筹集环境维权的资金，那么就会产生后续的问题，如环境维权成本如何分摊，污染损失补偿如何分配。这些问题如果没有采用透明、公正的解决方式，又可能导致村民之间产生新的矛盾。另外，若维权方式不当，环境维权者可能身陷牢狱之灾，比如王村案例中，12 人因为参与维权聚众扰乱社会秩序而受到刑事处分；张村案例中，作为组织者的张医生（赤脚医生）在申请执业资格考试中遭遇阻力，结果在国家规定的期限内没有拿到正式的执业资格证书，诊所被强制关闭，本人也因此失业。环境维权者本来也是普通公民，他们需要有谋生手段和渠道，因为参与环境维权而得罪一批人，造成社会关系紧张。紧张的社会关系会影响他们的生产和生活，这些在现实生活中发生的社会成本是得不到法律认可的，也无法列入污染损失估计。因此，对于欠缺社会组织运作经验的环境维权组织者来说，他们所承受的压力和可能遇到的社会风险均超出其预期水平和自身的防御能力。有的环境维权者经过长时间的抗争却没有结果之后，身心疲惫而又骑虎难下，内心深处充满凉意和悔意。如果社会缺乏对环境维权公益行动的鼓励和肯定，环境维权者容易陷入艰难困境。

4. 村民的损失难以得到补偿

村民与企业博弈的焦点是损失补偿。污染企业的补偿数量取决于企业社会责任的承担程度和村民对其可能构成的潜在损害程度。影响企业社会责任的主要因素有企业的规模、知名度和企业主的道德责任。影响"潜在损害"的主要因素有村民的实力和公共权力的偏向。在失去土地的控制权之后，村民虽然与相邻的污染企业共同使用环境，但是两者并不发生直接的社会交往，因此，直接协商往往是不现实的纠纷解决途径。行政调解的方式也难以实现补偿村民损失和环境保护的目标。剩余的维权方式只有合法的民事诉讼和非法的"私力救济"。民事诉讼是政府的司法机关直接处理的，因此，我们将它放入第五章进行分析。村民权益在不能通过民间协商和行政调解的方式得到保障后，村民有可能选择"私力救济"。"私力救济"是两败俱伤的维权方式，也是村民无奈的选择。

5. 环境权利重叠

村民认为，污染企业是加害者，理应承担由它的行为带来的影响，不管法律是否规定。污染企业则认为，只要得到地方政府的许可（默许），就可以自由选择排污行为，如果非法排污的行为被发现或被起诉，只需承担法律规定的相应惩罚。双方坚持自己的合理依据。从村民的角度看，污染企业承担自己的"外部负效应"符合

"污染者承担"的基本原则。从企业的角度看,企业的行为只要符合法律或者履行法律所规定的义务就可以自由决策。如果这个义务只是原则规定而没有实施细则,污染企业就可以凭借自身的优势规避这项义务。从现实来看,只要没有明确规定的义务和责任,对于强势群体来说,就是"软约束",可以将之降到最低限度。

污染企业与周围村民在环境权利上直接竞争的结果是,村民的环境权利受到挤压。如果企业缺乏充分的社会责任感,不肯承担因自己行为所造成的外部负效应,那么,污染受害者的环境权利挤压将成为现实,环境纠纷也将不可避免。村民在不能通过与企业协商解决纠纷的情况下,必然寻找承担环境正义和社会正义的公共权力机构主持公道。他们会有怎样的遭遇呢?

第五章　村民与地方政府

　　地方政府与村民之间存在多个层面的联系。他们是服务和被服务、管理和被管理、评价和被评价的关系。服务和被服务关系体现在政府提供治安、教育、医疗、社保、救济、基础设施建设等庞大的公共服务，满足公众的公共福利需求。管理和被管理关系体现在政府对公民行为产生影响力，通过明确的奖惩措施制约人们的行为，以满足维持社会秩序的需要。评价和被评价关系是指政府虽然具有公共权力，但是评价其用权是否公义的权利掌握在公众手里，不同的评价会产生对政府信任的不同水平，也会影响人们对政府行动或主张的配合程度。由于村民的力量是分散的，当地方政府做出不利于某些村民的决定时，村民并不能对地方政府构成有效的制约。村民虽然有规范地方政府行为的强烈愿望和动机，但缺乏通畅的参与渠道和有效的参与机制，以至于一些矛盾本可以在初期低成本地得到解决，却激化为对抗形式。本章的主要内容是：首先叙述村民和政府之间围绕工业污染发生互动的社会背景；其次分析村民与政府之间围绕环境信息展开的供需互动；再次分析村民与政府之间围绕环境公正展开的行为互动；最后总结当前存在的矛盾。

第一节　基本背景

　　村民与政府的关系是比较明显又十分复杂的。说它明显指的是，他们的互动是直接的、程序化的，可以通过媒体报道和对村民、政府官员的访谈获得相关信息。说它复杂指的是，由于我国环境管理体制的多元性和村民利益的分化，两者内部的利益并不是铁板一块。既有村民利用地方干部的情况，也有地方干部利用某些村民的情况。笔者从三个方面介绍乡村环境污染纠纷的发生背景：一是监督考核体制；二是土地征用；三是村民分化。

一　监督考核体制

目前，我国对地方干部实施的是自上而下的监督考核体制。整个监督考核体制包括监督主体、监督方式和监督内容。

1. 监督主体

根据我国的政治体制，各级主要领导干部是由上级组织考察、推荐或直接任命的，上级组织对官员的升迁具有最终的决定权[①]。各级地方干部接受其上级组织人事部门的考核。地方组织人事部门对于地方干部的政治素质和经济绩效的考核经验比较丰富、方法比较成熟、结果比较准确。但是，目前组织人事部门对地方干部的环境管理和环境执法的质量难以准确评价。这一方面是由于信息不足，没有各区域环境质量的全面检测数据；另一方面是因为现有的制度还未将地方环境质量和环境执法行为纳入政绩考核。环保部门热衷的"绿色 GDP 指标"并没有被统计局采纳[②]。因此，组织人事部门还是沿用自己熟悉的惯常标准，对地方官员进行考核评价。同级环保机构由于在人财物上受到当地政府的制约，无法对抗地方政府领导的意志。上级环保机构作为地区环保事务的统管机构，理应利用它的技术、信息、知识的优势，对下级人民政府进行环保业绩考核，根据考核结果做出奖励和惩罚。

2. 监督方式

在自上而下的监督体制下，如果能够将监督的过程和结果向社会公开，接受公众的检验，那么，即使公众不直接参加对地方

---

① 袁方：《政绩的多维视角及其矫正》，《上海城市管理职业技术学院学报》2005 年第 3 期。

② 庞皎明：《绿色 GDP：在部委争议中被"乌托邦化"》，《商务周刊》2005 年第 12 期。

干部的考核，在理论上仍然可以对地方干部的执法行为产生舆论监督压力，从而使地方干部在执法时考虑群众的意愿，满足其需求。遗憾的是，现有的监督形式主要是以"内部考核"为主，考核过程不公开、不透明，带有封闭性和神秘性。这种方式既没有激励公众参与，也让公众因缺乏监督考核的基本信息而无法参与。这种监督考核方式带来了诸多的弊端，如偏听偏信、互相吹捧、信息不完整等。为了改进现有的监督方式，可以通过民意测验、民主评议、舆论监督等反映真实民意的制度建设，将对地方干部的监督考核真正置于人民群众的评价和监督之下①。

3. 监督内容

有了真实的监督主体和开放的监督方式，如果缺乏明确、具体、可操作的监督标准，那么在评价地方干部时很可能无法形成一致的评价。设计科学的监督考核体制的目的是让地方干部公正执法，积极营造政绩。那么，政绩是什么呢？

政绩不仅是经济效益，而且是制度、文化、环境、社会福利等效益的统一。这是一个系统问题，是经济系统与社会其他子系统的关系问题。经济系统能够满足人民的物质文化需求，是社会发展的重要维度。经济系统的发展与其他系统的变化存在相关性。在没有其他系统支持的情况下，经济效益很难有较快的持续增长，同样，经济效益的增长也能推动其他效益的增长。但是，在一个时段内，经济系统也有自身独立运动的客观规律，它可以以牺牲其他子系统的发展为代价获得自身的发展，也可以出现"经济增长而没有拉动其他子系统"的情况。因此，全面科学考核地方干部的政绩必须既要包括所有重要的子系统，又要考虑经济系统与其他系统之间的关系。

政绩不仅是总量概念，还包括分配公正的概念。对一个地区来说，同样的政绩总量，由于分配公正程度的差异，也可能导致

---

① 宋波：《改革和完善现行领导干部政绩考核制度》，《理论前沿》1997 年第 15 期。

不同的社会效益。一般来说，在同样的社会财富总量下，分配公正程度越高，社会效益越高。这也不是绝对的，平均主义不仅不能提高社会效益，反而使整个社会失去竞争的积极性。分配公正的含义是指人民在获取财富的过程中享有的权利和承担的义务或者责任是相同的。分配公正必须已经包括负外部效应的内部化。一般的市场经济只能保证公民消费上的平等，不能保证生产机会的平等，也不能避免生产行为对消费行为的挤压。只有公正法治下的市场经济才能够保证分配公正的实现。寻求公正法治是十分困难的，但是，监督内容从"总量指标"向"分量指标"①的转化，可以逐步推进公正社会的实现。

政绩不仅是眼前利益，还包括长远利益。地方干部是公务员，他们存在个人的经济利益、社会利益和政治利益。在我国干部交流制度下，地方干部的执法行为存在向眼前利益倾斜的倾向。如果没有制度的约束，地方干部很难避免利用长远利益来换取眼前利益。这种问题在资源浪费和环境污染问题上表现得特别明显。目前，对可持续发展政策最具瓦解力的威胁往往来自地方政府的行为，有些打着"改革"旗号的做法，恰恰是少数人急功近利而牺牲了多数人（特别是弱势群体）利益和全国人民的长远利益②。

政绩应是"裁判员"的成绩，而不是"运动员"的成绩。"裁判员"是指社会中的执法者、仲裁者，其实就是地方政府承担公共服务的职能。"运动员"是指社会中参与市场竞争的经济主体，他们是直接创造社会财富的人。如果地方政府也参与市场竞争，那么它就扮演了运动员的角色。我国正处于由计划体制向市场体制转变的过渡时期。在这种特定的时空背景下，乡镇政府扮演着双重角色：既是市场竞争的"裁判员"，又是直接参与竞争的

---

① "分量指标"可以按照职业、地域、教育程度等标准划分不同的子群体，然后考察它们的变化，以反映政绩在不同群体中的表现。

② 孙长学：《政府作为与资源环境可持续发展》，《经济体制改革》2006年第1期。

"运动员"[1]。显然，两种角色都为社会创造价值，但是政绩的内容应该只是履行公共职能的角色的价值的相关内容。

二　土地征用

大规模的乡村工业污染是外来的，特别是来自各县或乡镇举办的重工业类工业开发区。环境纠纷的祸根就在于农民失去土地的瞬间。可以说，农民丧失土地使用权的时刻，就已经隐藏了环境污染的危险。失去土地之后，农民接着失去工作、身体健康和安宁的生活，这不是极个别人的遭遇。

研究环境污染纠纷，不能绕开土地问题，这是人类学相关研究的重要发现[2]。人类学家在研究原住民的环境权时，非常强调失去土地这一环节，如纪骏杰关于台湾高山族的环境权利研究[3]。工业污染纠纷也不例外。污染工业如果不能找到自己的安身之所，它也就不能对环境造成影响。为污染工业寻找安身之所的主体恰恰是地方政府。根据我国的法律规定，只有地方政府才能出于公共利益的目的征用农业用地。

1. 区位选择

化工园区或者污染企业选择的区位特征一般是：交通运输和通信便利；能源、水源供应充足，水质、地质好，适于进行各种基础设施建设；利于"三废"处理，留有发展余地[4]。但是，具有这些特点的地方一般在人口密集的东部，其必然也是农业发达、

---

① 笪素林、李志宇：《转型期乡镇政府的双重角色与制度创新》，《江苏社会科学》1997 年第 6 期。

② "除了直接射杀我们之外，最有效消灭原住民的方式便是将我们和我们的土地分开"。而台湾当局的所谓"产业东移"的历史，也是许多原住民痛苦地与他们的土地分离之历史。（纪骏杰：《原住民土地与环境殖民》；《我们没有共同的未来：西方主流"环保"关怀的政治经济学》，《台湾环境》1988 年第 98 期。）

③ 纪骏杰：《环境正义：环境社会学的规范性关怀》，第一届环境价值观与环境教育学术研讨会，1996。

④ 洪乌金：《如何创办乡镇工业小区》，《乡镇企业研究》1996 年第 1 期。

人口稠密的地区。三个案例均是当地政府为了发展经济在乡村建设工业开发区，选址都邻近居民点，靠近水源。地方政府也考虑到，化工园区设置在农村比设置在城区的环境负面影响要小些，农村的环境容量相对也要大些，村民对于污染企业的认识也要差些。厂址一般选择在有一定的工业基础，也就是已经有乡镇企业布点的地方，如张村过去有一个小型甲醛厂，邬村有五六个村办小化工企业，H 镇过去也有一些小化工厂，而且该地区的废旧塑料回收行业非常发达。但是，随着化工企业数量的增多，规模的扩大，环境容量轻易被超越，因此，企业与村民争夺环境资源的矛盾必然会爆发，这只是一个时间问题。

2. 征地价格

农村土地资源归农村集体经济组织所有。根据我国的制度，农民无权直接改变土地的性质。基层政府是改变农业用地为非农用地的合法机构。因此，土地征用是村民与地方政府之间的事务。在征用过程中，对于征用时间、地块、面积、补偿价格和方式等，农民几乎没有发言权。为了快速工业化和提升经济业绩，地方政府宁可牺牲农民的利益，也要留住工商业主，其一个重要砝码就是压低农业用地的征用价格。

以王村为例，该工业园用地指标不能满足市场需求。镇政府就采用"以租代征"的方式将农民的土地征用过来。镇政府给出的租金是每年每亩800 斤粮食，后来村集体与政府讨价还价，确定为每年每亩1000 斤粮食。以现金结算兑付，价格按当年、当地粮食部门的议购价收购为准①。在邬村，从开始第一批征地到现在村民都不知道征地所得的收入，想要查询当初的文件也难以办到。他们开始获得的补偿是 500 元/亩（每人的土地只有 0.45 亩），2005 年改为 500 元/人。全部土地被征用的家庭，由集体购买养老保险，或者一次性领取 15000 元现金。根据农村问题研究专家温铁

---

① 在 D 市，五通一平的工业区熟地、净地出让底价：一类地区每亩 10 万元，二类地区每亩 8 万元，三类地区每亩 7 万元，四类地区每亩 5 万元。

军的测算，拥有土地长期使用权、经营权和大部分受益权以及部分处置权的农民，在征地中只能得 5% ~ 10% ；村级集体经济可以得 25% ~ 30% ，它们一般由村干部掌握使用①。这与笔者调查的案例是一致的。

"以租代征"的征地方式其实是违法的。但是，如果没有发生环境纠纷事件，这些违法事件就会一直延续下去，因为这个格局处于一个利益均衡点。地方政府和企业主作为既得利益者不可能去举报、反映，普通村民也获得了超过农地农业利用价值的利益，也不能说是征用环节的利益牺牲者。因此，如果没有其他利益左右，村民也不会主动向上级举报。当然，如果重奖土地违法案例的举报者，或者重奖举报有工业污染行为的企业的人，那么土地违法事实会成为人们首先挖掘的素材。查询土地违法事实的一个优势是，2004 年国土资源部门实施了管理体制改革，上收市、县、乡的土地审批权力，省以下国土资源部门实行垂直管理。这次改革让之前地方官员为了个人政绩和地方利益置国家和农民根本利益于不顾，乱开乱占耕地的违法现象得以充分暴露。在王村案例中，村民到地方国土局比较顺利地找到了 H 镇化工园违法征地的证据，为后面的环境维权打下了基础。

3. 征地过程

在大多数的案例中，土地的征用过程不为村民所知。按照《土地管理法》第 48 条规定，征地补偿安置方案确定后，有关地方人民政府应当公告，并听取被征土地的农村集体经济组织和农民的意见。在现行体制下，有权去谈补偿条件的只是集体，而充当集体土地财产所有者代表的，往往是少数几个村干部，农民无法以独立权利主体的身份参与到征用协商谈判中去。其实，村干部也很难真正为村民说话，因为征地过程的主导者是镇政府，是村干部的上级。由于征地过程中公众参与程度很低，缺乏透明度，

---

① 转引自翁永孟《论地方政府的征地动力及制度成因》，《浙江海洋学院学报》（人文社会科学版）2004 年第 1 期。

所以村民不清楚征地的具体目的是什么，将来会引进什么样的项目，对自己又会产生怎样的影响。而且一旦征用过程完成，村民彻底与原土地断绝联系，理论上今后在该土地上发生的事情，均与其无关了。农民当然不能接受这样的契约安排，他们仍然将那块已经开发的土地视为本村的，与自己存在千丝万缕的联系。

在王村案例中，许多的土地征用是非法的。园区总面积800亩，其中有393亩土地是没有合法手续的。规模最大的是D市农药有限公司和迈×（D市）化工有限公司。农药有限公司非法占用土地81.3亩，迈×（D市）化工有限公司占地146.28亩。2003年4月29日，国务院办公厅下达《关于深入开展土地市场治理整顿严格土地管理的紧急通知》。同年7月26日，D市国土资源局对园区13家企业下达了《土地违法案件行政处罚决定书》。对迈×化工公司做出"没收146.28亩土地上新建的建筑物和其他设施并退出土地"的决定，并处以罚款146.28万元；对骏×油脂公司做出"没收14.5亩土地上新建的建筑物和其他设施并退出土地"的决定，并处以罚款14.5万元；对东×化工公司做出"没收54205.1平方米土地上新建的建筑物和其他设施并退出土地"的决定，并处以罚款81.3万元[①]。按照《土地法》第45条的规定，基本农田、基本农田以外的耕地超过35公顷和其他土地超过70公顷的必须由国务院批准。但是，邬村旁边的开发区征用了4000多亩耕地，并没有经过国务院的审批。当地农民提出查询当初征地的批文的要求，但是区、市级国土资源部门以各种借口禁止其查阅。

学者温铁军认为，土地集体所有制可以保障农民的温饱，相当于城市的最低生活保障，是农民的安全网。如果土地私有化，土地兼并、城市贫民窟和无业游民就会大量涌现。但是这种论述存在一定的缺陷，它不能解决土地征用过程中的矛盾。在土地征

---

① D市外宣办公室主任陈主任则说，"法院不执行的情况我不清楚。但据省政府相关规定，如果被处罚单位拆除后会造成较大经济损失的，经处理后，可补办相关手续"，但陈主任也承认，"有些企业还没有补办相关手续"。

用过程中，集体所有制不仅没有起到保护农民利益的作用，反而让农民的利益受到严重的侵害。县级政府为了快速城市化和工业化，存在压低征地价格的内在动力。如何在现有的土地所有制下，解决征地过程中的冲突，达成利益各方都能自愿接受的结果，这是值得研究的重要问题。作为公共事务的管理机构，地方政府面临是选择社会总产值、GDP、人均收入、财政收入等指标的最大化，还是保证所有公民合法的、正当的利益的抉择。如果是前者，那么转移创造较低社会价值（更主要的是经济价值）使用者的资源给能创造更多社会价值（主要是经济价值）的使用者是符合这个目标的，它也能使社会变得更有效率，而且转移价格和社会交易的成本越低，社会效率体现得也越高，但同时社会的不公正程度也越高。

在目前的制度框架下，将农业用地转为工业用地之后，农民彻底失去了对土地的控制权。如果被征用之后建立的工业企业没有外部效益，村民也可以在其中找一份工作，这确实是一个两全其美的办法。但是，事情的进展出乎村民的想象。村民不仅遭受失去土地控制权的第一次打击，而且还要遭受来自污染的长期折磨。

三　村民分化

农村人口流动和经济增长的结果就是群体分化。分化有多种表现方式，如可以以职业、居住空间等为标准加以划分。1989 年，陆学艺发现农民分化为八个阶层：农业劳动者、农民工阶层、雇工阶层、农民知识分子阶层、个体劳动者和个体工商户阶层、私营企业主阶层、乡镇企业管理者阶层、农村管理者阶层[1]。无疑，这些社会阶层之间存在巨大的社会特征差异，对于本研究来说，分析农村的阶层类型和划分标准不是重点。笔者强调的是，面对

---

[1]　陆学艺主编《当代中国社会阶层研究报告》，社会科学文献出版社，2002，第170～172 页。

共同的环境污染，村民可能表现出不同的行为反应。这些不同的行为反应源自不同的利益结构和价值取向。在王村的案例中，一位村民生动描述了各类村民所扮演的角色："政客有之，小丑有之，流氓有之，心里暗笑者有之，捶胸顿足者有之，胆战心惊者有之……"从三个案例综合来看，在环境污染纠纷事件中，活跃着以下几种角色。

1. 环境维权者

王村案例中有两批维权者，第一批是以村支书为首的几个村民骨干。他们为了保住全村人的环境安全，奋起向污染企业抗争，最后遭遇强制措施。第二批是以当地老年协会会员为主，还有一些残疾人。老年人因为占有道义上的优势，免遭强制、过激措施。其维权目的是保全子孙的居住安全和弥补农民的经济损失，维权活动经费主要是向村民集资。在张村案例中，维权组织者为村内的赤脚医生，他维权基于环保公益精神和医生的职业道德，他在村里没有田地，即使化工厂进行补偿，他也无法获得。在邬村，出现三批维权者。第一批以周有木为代表，他是村里的建筑包工头，从各种渠道获知化工厂的污染信息，但是得到化工厂的工程承包权后，就偃旗息鼓。第二批有 8 个人，针对一个即将开工的化工厂进行维权，被化工厂老板以 34 元万（由 7 个人分享）收买。第三批从 2003 年年底开始坚持到现在，也有 8 位，他们的住宅最靠近化工厂，其中最坚定者是一位渔民，因为 Q 江遭到化工厂污水的污染，捕鱼的收入大减。他们全部都是自费维权。坚持到最后的环境维权者的共同特点是，办事光明磊落，愿意接受群众监督，主动向群众传递信息，而且非常重视名誉，懂得一定的维权知识，主动学习相关的环境知识，有耐心，邻里关系较好，不计较小得小失，有大局观念，能考虑企业的难处。

2. 乡村干部

在乡村环境污染纠纷中，村干部的角色是隐身的，在上级检查的时候，他们作为配角出现。但是，在群众需要开设介绍信和证明的时候他们往往拖后腿，不肯积极配合。在污染事件中，群众对干部的评价不高①。在邬村案例中，韦女士说："乡政府、村里面三天两头往我们家里面跑，他们说这个事弄大了就不好了，用去了多少钱我们赔你。"镇有关领导甚至对记者公开抱怨，韦××是个多事的女人。陈镇长对韦女士也没有表示明确的支持。2004年，临近 Q 江观潮节，N 镇政府个别工作人员为了不让韦女士不断曝光本地污染情况，专门组成一班人马，挨家挨户上门做工作："你们不要跟韦××闹事，最后还不是好了她一个！"

在乡村干部中，也有人表达自己的环境正义观。在张村案例中，前乡人大主席郑××说，这件事对于那些急于招商引资的地区来说是个教训，当初生怕引不进来，现在引进来了，没想到是这样一只虎。他认为，事态发展到今天这样的地步，各级领导还对这件事轻描淡写，没有引起足够的重视。工厂照样生产，三期工程正在扩建之中②。

3. 公职人员

公职人员，如教师、公务员等，是环境维权行动的消极人士。一方面是因为他们的工作与政府机构有关，如果参与环境维权，可能会丢掉工作，而且这个成本又不能分摊；另一方面也是因为自身的收入有保障，所受经济损失不大。他们也可能是明哲保身，存在"搭便车"的心理。1998 年区纪委、宣传部和信访局颁发的通知中明文规定，共产党员不能参与群众集体上访活动（《关于共产党员不能参与群众集体上访的通知》）。党员有了这个规定，也就有充分的理由摆脱这里的干系，而跨入"搭便车"行列。

4. 混混

"混混"就是民间的暴力分子。在农村，事实上已经出现一些

---

① 一位村民说："五村原来的村长王某某，他家发财了，村里都流传着，他在第一次当村长的时候还好，不大敢。第二次上任后就利用权力拼命捞钱。儿子包化工厂的油漆工程，自己收其他钱。估计一任下来有个上百万了。村里还流传着原来的五村书记才被判 3 年了刑，这个村长不用说 3 年，6 年、16 年都够上线了。"（2005 年 4 月 12 一位网民的通话记录）

② 杨建民：《还我们青山绿水》，《方圆》2002 年第 3 期。

靠暴力或以暴力相威胁获取不正当利益的人员。经过调查发现，三个村落都存在这样的人群。在邬村案例中，韦女士说："暗地有人跟我说，你这样下去说不定哪一天会被人家打。我说打死也值得，我们在家里受污染也是死，还不如轰轰烈烈地让他们打死了。""混混"本身不是环境的破坏者，也不是真正的环境维权者。他们与环境维权活动是一种共生关系，没有环境维权活动，也就没有他们的利益空间。当没有人出来进行环境维权活动时，他也可能出来进行环境维权，但他并不是真正想把环境污染问题解决，而是希望环境维权的状态持续下去，双方的矛盾拖延下去。在恶劣的环境中，首先受到损害或者受损害最大的群体是身体虚弱者，年轻力壮的"混混"凭借身体的优势暂时处于安全状态，但仍然不能改变今后悲剧的命运。在现实的场域中，他们可以利用他人表现的痛苦，增加自己获利的砝码。

5. 普通村民

普通村民的人数是最多的。他们一般的参与方式是捐点钱、签个名。如果有群体性聚会的场所，他们也会参与，进行诉苦和宣传。普通村民担心环境维权者为了一己私利出卖群众的利益，因此时刻盯着那些维权人士。有时受到一些人的挑拨或者出于自己的猜忌（也可能出于过去的怨恨），也会散播一些对维权者不利的谣言。这些谣言形成舆论，既能对维权者产生"必须为公共谋利益"的压力，也可能使一心为了环保的真正的维权者在心理上遭受重大的打击，动摇维权的决心，消弭维权群体的力量。韦女士说："他们说，我这样做是为自己弄几个钱而已，有些事情还被编得有鼻子有眼，说我丈夫和周××两个人一共拿了36万元，后来两个人又分了，一个人18万。"这种无中生有的谣言让韦女士感受到莫大的心理压力，对于环境维权的前景更是蒙上阴影。

村民由于受到信息和知识的限制，很难自己判断环境污染的情况。比如，当 HF 热镀锌厂建设时，村民开始就怀疑该厂会造成环境污染，于是向村里的环保代表询问情况。那位环保代表说："你怕啥，他们是在烧饭。"村民由于没有确切的信息，有时也会被这样的手段欺骗。

6. 污染企业职工

污染企业的职工掌握了一些污染企业违法排污的证据，是企业环境行为的最真实、最合适的观察者。但是他们的收入主要来自污染企业，与企业是一种管理与被管理的关系，如果为了环境保护，把企业弄垮或使其迁出，或者自己被开除，除非获得巨额的补充，否则，他们的损失是自己及其家庭所难以承担的。污染企业也会雇用一些不在周边居住但住得不远的本地人，他们往往不做最脏的活，职业保护措施也相对较好，只是在污染企业工作，下班之后就离开污染区，因此并没有时刻处于污染的包围之中。在企业中最脏的活也就是环境质量最差的工作的往往是外地人干的，他们也不可能进行环境维权。因为一方面，他们觉得自己是一个局外人，对工作地没有归属感，也就没有受侵害的感受；另一方面，他们往往在一个地方干的时间不长，也有迁出的自由，没有包袱，也没有必要为自己的子孙考虑。因此，这些人并不是环境保护的坚定力量。例如，在邬村案例中，当地有1000多人（绝大部分是本镇外村人）在化工园工作。也正因为如此，韦女士的举动在N镇上引发了很多不同的声音①。

7. 生活在外地的本地人

从利益上讲，生活在外地的本地人没有受到污染的直接影响，也与污染企业没有瓜葛，但是从关心、爱护家乡，关心亲戚朋友利益损害的感情出发，希望能够提供力所能及的帮助。

---

① 同样的情况在Z省X县也发生过，X县在几年内从贫困县发展为全国百强县，制药业做了很大的贡献。2001年化工医药行业占全县GDP的60%，不过2004年只占16.9%。2005年7月4日，X江下游的村民"用自己的方式"冲击了离他们最近的××药业原料药厂。本地居民说："我们肯定希望这几个企业早点搬走，不过我们肯定不会去砸。这几个企业对我们县的就业、城市发展做了很大贡献。"××药业对环保的投入，就其利润总额来看其实并不小。2002～2004年每年投入污水治理的钱都在1500万元左右，相当于这几年每年利润的50%以上。之后，X县进行产业结构调整，计划2007年年底之前，把这三家化工医药企业的原料药部分搬迁出去，为此政府提供60%的财政补贴。

这些从农村出去的人，一般是村里的能人或者精英，见多识广，在提供法律、媒体、网络等信息方面有自己的优势。在王村案例中，环境污染能够引起早期媒体关注的一个重要原因是，他们有一位在高校工作的老乡，正是他提供给媒体素材，提供给老乡法律知识和律师服务等信息，还帮助提供网络信息的发布。由于生活在外地的本地人没有受到污染企业或地方政府的压力，他们的行动相对更为隐秘，他们的主张表达也相对自由度更高。

其他与环境纠纷有关的人员还有环保 NGO 和环境志愿者。在张村案例中，在张医生的努力下，农民自发组织了一个民间环保协会，用来协调村民的行动。由于民间社团当时管控相对较严，一直没有找到合适的业务主管部门，所以他们一直处于非法生存状态。厦门大学的一个学生环境保护协会做过一次社会实践，写过一篇调查报告，并在网上发表。在王村案例中，当地的老年协会非常有影响力，它们有专门的场所（近 280 平方米），有 1529名会员，其活动经费来源于每年收取的菜市场的摊位费，过去大概 8 万元/年，2005 年为 12 万元/年。老年协会每年会组织春游、秋游，老年节时，要开大会，组织唱戏三天，由各小组轮流主办。相反，村委会没有办公楼，也没有办公室，组织比较涣散。王村的环境维权行为是由老年协会的成员发起并坚持下来的。在邬村案例中，笔者没有发现明显的群众性组织。

第二节　信息供求

政府并不是污染的制造者，而是公共领域的管理者、支配者，也是环境纠纷的最权威的裁决者。村民对于政府有两项主要的诉求：一是环境信息，二是公正裁决。这一节主要是论述信息供求的情况。现代社会强调信息的价值。生活在农村的居民，不仅对幸福生活和个人自由有了更大的要求，而且要求有更加清洁优美的生态环境，遏制包括官员腐败在内的各种社会不公现象，要求更大程度的决策和信息透明度，要求更广泛的政治参与。村民也逐渐树立了自我独立和审视政府的意识。可是，一些地方政府似乎并没有意识到这一点，也没有从村民的立场、需求进行理解，而对其诉求采用简单的命令加控制的手段应对。这种工作方式的结果就是，村民认为自己没有得到应有的尊重，政府官员高高在上，态度傲慢，没有一种平等协商的意识。本来需要双方配合的事情，最后要么强制执行，要么拖拖拉拉，制造社会潜在的矛盾。围绕村民和地方政府之间的信息供求关系表现为三个方面：一是关于政府行为方面的信息，需要由政府出面加以解释；二是关于污染企业的环境行为方面的信息，需要政府和企业共同向村民提供；三是对环境污染物损害方面的知识需要科研人员、企业或者政府加以提供。

一 决策信息

与环境纠纷相关的公共决策信息主要包括环境规划、环境标准、污染企业建设前的信息、对非法排污企业的惩处决定。村民在感觉到自己生存的环境受到污染之后，会产生获知上述诸信息的需求。

在王村的案例中，村民通过各种方式表达了自己希望政府尽告知的义务。但是，地方政府往往消极回避，没有任何组织出面回应。村民集中关心的有以下五点。

（1）汤×（时任 D 市委书记）先生或者其家属在当地化工厂是否有股份①？

（2）为什么要将污染这么严重的企业往人口密集的××镇搬迁？

（3）为什么政府不顾国家的土地政策乱占耕地？对于非法征用的土地如何处置？

---

① 出租车司机说，汤××有20%的干股，而那家化工厂生产的除草剂，成本只有 5 元，出口价为 25 元，利润是400%。

（4）村民认为，企业主与村干部还存在利益勾结现象①。

（5）为什么不能让外界的媒体真实报道？

面对村民迫切想知道的问题，政府的信息供给十分有限。冲突事件发生后，D市环保局办公室的同志也表示："我们有通知，要统一口径，不接受采访。"

对于村民来说，土地已经被"征用"，环境已经被污染，他们想要弄清楚为什么。一个人与政府交涉，显然太孤单无力，因此，为了共同的利益就自发地聚集起来，希望得到政府的正面回应，但政府未给予正面的回应。村民协商无门，只好求助于广大媒体，希望能够引起上级政府的注意，进行实事求是的调查，科学地做出分析，给老百姓一个满意的答复。

在邬村，村民从环境评价资料获知，HF热镀锌厂排放的废气有毒。陆副镇长却表示："不会有毒，请大家放心！"政府部门说，欣×化工厂已经停了三条生产线，只留了一条生产线。但是，当地电视台对其暗访时，发现工厂实际上仍在整体运转②。地方政府提供这样虚假的信息如何能够获得村民的信任？在张村案例中，化工厂也是在村民不知情的情况下建设起来的。县领导在接受中央电视台采访时表示，将化工厂放置在城郊已经够"角落"了，没有将事情事先告知村民。

公开与透明是政府执政为民的最基本要求，也是维护市场经济秩序的必要基础。地方政府由于担心受到群众的反对，在未告知村民的情况下将污染企业安置在农村区域，又没有对企业进行严格的环境管理和控制，导致污染企业肆意排放废弃物。受到污染物影响最重的村民起来进行维权时，地方政府又以保证经济发展、维持社会稳定为由消极回避群众的要求。结果是，村民对地

---

① 一些村干部承包了工厂的建筑装潢工程，而一位村干部的儿子结婚，企业主都曾前去送礼，一般每个企业送礼一两万元，总共有13个企业。这在一个熟人社会中，几乎就是公开的秘密。

② 胡雪良、叶宏军：《X区政府表示要铁腕治理污染企业》，《市场报》2004年12月17日。

方政府失去信任，有的甚至产生逆反心理。因此，隐瞒决策信息的后果就是失去群众对政府机构的信任。

二　环境信息

直接造成村民污染损害的是污染企业的排污行为。村民十分关心：企业排放污染物的成分，污染排放是否达标，是否偷排。如果政府不提供真实的信息，那么村民为了获取信息，需要经过艰苦的努力。因为污染企业的偷排一般在夜间进行，因此，村民要起早摸黑。有的企业的排污管道非常隐蔽，村民要努力寻找。有的企业还派人放哨，这更增加了村民获取信息的难度和危险。村民可以不辞辛劳地搜集排放物，但是，了解排放物的成分，是否超标等问题，并不在村民力所能及的范围内。它需要环境检测机构分析排放物的性质，需要环境监察局认定污染的责任。环境监察局和多数环境检测站为环保局的直属事业单位，在村民看来，这些机构都是环保局。

1. 信息需求

根据时间的顺序，在项目拟建设之前，村民需要了解的信息有：入驻企业的性质是否符合国家或地方的环境规划和产业规划，排放的污染物及其对农作物、水资源、身体健康有何影响，环境事故的风险大小和防御办法。在企业开始生产的时候，村民需要了解：企业是否按照环境评价的要求进行建设和生产，排放的污染物是否达标，自己的周边环境的质量如何。如果发现污染损害，他们也需要了解这与污染企业之间是否存在联系。如果企业发生安全事故，那么村民需要了解：事故的原因，事故的危害，出现损失如何赔偿，如何预防危害等。如果企业或者地方政府能够主动将这些相关信息传达给村民，那么村民也不需要日日夜夜盯住企业的污染排放，也不会有无谓的恐惧和惊慌。这可以大大降低村民的维权成本、政府的公共服务开支和企业的生产成本。

2. 自身供给

从现有的案例看，地方政府并不重视污染企业的环境信息公开工作。于是，受到污染损害的村民只能依靠自己的力量寻找损失与污染企业之间存在联系的证据。

第一，搜集范围。

从三个个案的调查看，村民搜集污染信息的范围主要是：农作物的损害（水稻、蔬菜、树木等），本村出现的疾病种类和发病率（与全国或者地区相对比），历年癌症的死亡人数及占总死亡人数的比例，胎儿死亡和畸形状况；企业排放的废水、废气、废渣，安全事故；工厂内部职工的健康和他们的观察纪录；企业的历史背景；国家的相关规定和排放标准等。

第二，搜集方法。

村民搜集信息的方法是比较原始的。对于自己能够触及的信息，一般用简单的统计和比例计算及观察描述。比如农作物的损害、疾病、死亡，主要是当事人口头陈述。关于村民的疾病，有的也提供医院病历卡和医疗费票据，但是大部分只是一个数量，没有详细的陈述。对于企业排放的废弃物，一般用相机拍摄，有时也用瓶子搜集废水的样品。对于厂内的信息或者法律的规定，一般是通过直接询问，有的是通过亲戚或朋友打听搜集。在这些环境信息中，企业的废弃物是最为关键的，因为所有的损害都是由它引起的。关于这个信息，三个案例存在不同的方法。

在王村案例中，维权者通过请教地级市的工程师获得企业的关键信息。张村的村民首先通过官方检测机构（地级和省级）获得废弃物的信息，之后，媒体也提取过样本。在邬村案例中，村民是通过中央电视台的记者提取样本，进行检测的。邬村后来的维权者坚持用日记记录企业和政府的行为以及村民的损失。这是一种比较持久、有效的做法，被放到网上后以《一个农妇的环保日记》广为流传。在张村案例中，张医生也记录了污染纠纷的发生过程，并在网上发布了相关信息。他主要记录的是重大事件，而且主要是村民受害的事件。很遗憾，由于乡村的特点，很多损害缺乏强有力的证据，如农作物损失，可能评估的时候已经返青①，又如精神恐惧、紧张，肿瘤疾病的高发病率、高死亡率，癌症的高发率均难以得到司法机构的完全认可。因此，对村民来说，非专业的调查人员从事调查评估工作，要做到规范有效的信息搜寻是十分困难的。从这点上讲，村民的环境维权需要专业人士的帮助和指导。

老百姓也认识到自己拿自行采集的水样送去检测，其证据的证明力是不足的。其实，对村民来说，做这些事情真正的目的是能够引起有关部门的关注，进而启动正规的环境检测程序，给当地人一个可信的说法。然而，在与地方经济密切相关的企业的环境纠纷案例中，群众的呼声往往没有引起环境检测部门足够的重视，这使得厂群纠纷在未激化前被化解的途径被忽视。

第三，搜集成本。

即使获得粗糙的信息证据，对于农民来说也要付出巨大的成本。例如，统计农作物的损失，张村案例中，张医生足足花了半个月，材料放满两个药箱。在邬村案例中，韦女士花了上百个黑夜搜集废水，同时要面对与企业正面对抗的危险。为了弄清楚国家的相关法律和标准，她一趟又一趟去环保局咨询，向各方人士请教。韦女士在两年多的时间里已经自出费用2万多元，大部分用于环境信息的搜集；张医生自出费用4000多元，大部分也用于搜集信息。

如果村民能够阅览环境影响评价资料，那么有些信息其实不需要花很大成本去获得。如果污染企业存在一些商业机密，不方便让周边村民进入现场，那么可以由公职人员查阅，然后告知村民结果，这也是可行的办法。现在的《环境影响评价法》虽然规

---

① 从环境污染对林木侵害最严重的时候到现在，已经三四年了，当年被毁坏的树木和水稻今天已经不复存在，山上植被有一些已经恢复，表面看起来绿油油的，很难直接看出损害的发生和损失的大小。

定建设项目的环境评估需要公众参与，但是对参与的人数、方式和公开的范围均没有明确规定。所以，在实际操作中，一般只是找几个村民谈谈就可以了。对于弱势群体来说，法律没有明文规定的权利就不是权利，即使与立法的宗旨是一致的。

面对村民的正常的信息需求，污染企业和政府管理机构又是如何做的呢？

3. 企业供给

第一，环评阶段。

企业总是认为，自己没有义务向村民告知自己的环境行为。在张村案例中，氯酸钾厂认为，是县政府负责选址、征地，而不是企业与村民直接发生联系。因此，"为什么厂址离张村那么近"的问题应该由县政府对村民进行解释。氯酸钾厂一直认为自己的"三废"排放全部达到国家规定的标准，不存在造假的问题，三期工程并不会造成更大规模的污染，而是会将"三废"更加有效地回收，再加以利用，用来生产人工宝石。氯酸钾厂每年排放的废氢气达3000万立方米，这些废氢气经过再利用，可产生相当于1.65亿千瓦的电能。附近的某晶体公司正是回收这些废氢气作为燃料，将废氢气净化提纯成水，剔除氢气中的氯气，生产高技术晶体材料。这个生态型的高科技项目论证上报后，即被列为地级市与省经贸委的重点项目，落户P县，选址就在临近氯酸钾厂的西南方。但村民并不相信，张医生解释："它根本就不能改变氯酸钾厂的污染现实，而是使张村的生态环境遭受进一步的破坏——张村唯一的一条干净小河也被彻底污染。该厂利用的是氯酸钾厂排放的部分氢气。氢气虽然是一种有害的气体，但由于氢气密度极小，又难溶于水。因此一经排出，立即散发，对生态环境的影响是极其轻微的。氯酸钾厂的大气污染物主要是氯气和二氧化硫。"

第二，生产阶段。

生产阶段是企业真正制造污染、排放污染的阶段。2003年，国家环保总局（现环保部）出台了关于企业环境信息公开的规定①。如果企业做到达标排污，并且企业主意识到村民可能出现的维权行为的话，那么企业主为了避免今后的环境纠纷，与村民事先沟通，取得村民的信任，应该是一种双赢的选择。但是，从现实的三个案例看，当村民提出环境信息需求时，污染企业并不是积极配合，而是拒绝与村民沟通，拒绝让村民进入厂区观察。有时，环保局的检测结论也拒绝向村民公开。这样，村民难以知道企业是否按照环评要求展开生产，是否存在超标现象，结果加深了村民对企业非法排污的怀疑，对企业的承诺也更为不信任。

4. 政府供给

第一，关于选址。

在张村案例中，县领导说："从一个居民角度来讲，应该希望生存环境比较好一点。现在就是说，经济发展与环境保护呢，是辩证关系——也不是说，发展了经济就不要考虑环保，也不是说单纯追求环保就不要发展经济。当时把氯酸钾厂建在这个位置的时候，好像那地方已经很角落了，至于说合理不合理，我不学这个专业，也讲不出所以然。化工企业都没有污染也不现实，也不客观。但是我想，企业也在全力地做好环保达标排放，这个企业从现在来看呢，三废排放是达到国家标准的，也就是达标排放。"作为分管环保的县领导，他也不太清楚污染物具体有什么样的成分，主要做的工作就是协调工作，督促企业做好环保工作的同时，协助企业做一些协调工作。具体的工作是由政府的环保部门执行，比如监测废弃物、监管企业的排污行为等②。如果企业与居民区的间隔距离能够达到国家标准，而自身能够做到达标排放的话，那么，对村民的生活影响相对会小些。但是，在案例中，污染企业与村民的住宅距离只有不到 50 米，而 1987 年 2 月 17 日国务院发

---

① 2003 年 9 月 2 日颁布《关于企业环境信息公开的公告》（环发［2003］156号），其对象不是所有企业，而是各省、自治区、直辖市中超标准排放污染物或者超过污染物排放总量规定限额的污染严重企业。列入名单的企业，应当按照本公告要求在当地主要媒体上定期公布相关环境信息。

② 杨春：《张村旁的化工厂》，《新闻调查》2003 年 4 月 12 日。

布的《化学危险物品安全管理条例》第十条规定，距离居民区
1000米范围内不得规划和兴建剧毒化学危险物品生产厂。因此，
县政府的这种决策根本没有把村民的身体和财产纳入其考虑范围
内，事后也不肯承担责任。当计算得知距离村民住所130米的工厂
的搬迁需要400多万元时，就再也不提搬迁的计划。

第二，通风报信。

在王村案例中，村民举报工厂非法排污，但等到环保局赶到
工厂时大多地方已停止排放污染物，很难抓到证据。在张村案例
中，氯酸钾厂曾被F省环保部门评为"省环保先进企业"。一位不
愿透露姓名的P县政协常委反映，每次来化工厂检测，厂里总是
能事先知道并进行充分的准备，分明是有"内线"通风报信。村
民对省、地、县各级环保部门的检查工作也有意见，每次来检查
三废排放，结论都是"达到国家规定的标准"。一位在厂里做过修
理工的张××说，"厂里只有一台污水处理机，根本满足不了需
要，大量的污水白天积聚起来，晚上十二点后才偷偷放掉，每次
环保部门来检测，厂里都事先知道，他们就用让机器空转或者少
投料的办法来应付检测，每到这时候，工厂的废气没有了，排出
的水也变清了，结果每次检测都"达标"。但检查组一走，一切又
是老样子"。虚假信息不能反映平时状况。在邬村案例中，笔者从
在化工厂工作过的人口中得知，当环保局要来检测或者媒体前来
采访时，"镇里接待一下，厂里通知一下，卫生搞干净，电话打过
来，扫地、拖地，用自来水打入污水池"。

第三，检测能力。

县区级环保局的仪器检测设备还较为欠缺。县级检测站经常
遇到检测不了的污染源。在王村案例中，最后检测化工厂是否达
标要请省环保局派专家进行检测。如在张村案例中，P县环保局只
有4个人，还超编1人。他们一没有技术人员，二没有检测设备，
每年所能做的就是收排污费。氯酸钾厂是省属企业，建厂时是省
环保局审批的，监管和处罚权也在省环保局。环保部门每年也下
去做些检测，结论是废气排放达到国家规定的标准，只有污水中

六价铬的含量一直超标 10 来倍左右，这在建厂之初就给他们提出过整改建议，但是一直没有得到解决。虽然企业的污染问题一直没有解决，但并不影响其继续生产。在邬村案例中，群众举报之后，下来检查的人经常不带检测设备，这打击了群众关心环境保护的积极性[1]。

在王村案例中，受害农户怀疑蔬菜染怪病与氯气污染有关。D 市环保监理大队有关人员说，环保监测部门一时还无法检测出蔬菜里是否有氯残留。但"限于当前的监测水平和部分大气污染因子没有国家规定排放标准的情况，区分责任大小及鉴别所有气体污染因子存在一定难度"[2]。

第四，拒绝检测。

在张村案例中，2002 年 5 月，为了拿到化工厂偷排超标废水的证据，村民们轮流监视该厂三个排污口 24 小时，采到 5 种污水水样，并在当天送到地级市环境检测中心。原本约好的工作人员一听是氯酸钾厂的水样，"脸马上就拉下来了"，以"水样量不够"为由拒绝检测。送到省会城市，相关部门也不肯检测。在邬村案例中，环境维权者一再要求地方环保局对自己周围的环境质量进行检测，区一级说检测过了，质量比过去好多了，但不肯提供数据，市一级说，必须由区一级测量；如果区一级不能检测的，再由市一级进行检测。这给村民的印象就是互相推诿，回避检测。

第五，封闭信息。

地方政府一般把环境纠纷认定是负面新闻，不希望更多的人了解相关的信息。在张村案例中，2004 年暑假，16 名来自全国各地的大学生自发到张村做环保调查。当询问当地一所小学的校长

---

[1]　2005 年 7 月 30 日，韦女士向区环保局反映，××江上排放污水，水是红黄色的，带有点褐色，热电厂的小烟囱排出来的烟很厉害，工业垃圾堆也在烧。环保局来的人说：'这个水好不好，我也不知道。这个烟好不好，我们也没有仪器来测。'如此结果给村民的印象就是，环保局不敢管农村的工业污染。"

[2]　蒋中意：《蔬菜病因至今难以确定》，《X 市日报》2005 年 1 月 16 日。

时，他说："学生来这里住可以，就是不要做什么环保（调查）。"地方政府也阻止村民与上级机构接触。2003 年 4 月，央视《新闻调查》报道张村污染问题后，F 省环保局副局长带队前来调查，点名要见见张医生和一些村民。本来约好在化工厂见面，但第二天他们接到村干部的电话，称见面地点改在了县里的宾馆。当村民们在宾馆焦急等待时，却接到电话说副局长在化工厂等得不耐烦了。

三 环境知识

环境知识是环境科学研究的专业人士进行科研后的劳动成果。但是，我国环境科学研究集中在污染物对环境的损害及其防治，关于环境污染对人健康的损害研究甚少，而且研究的结论也没有应用到司法实践中去。一方面司法人员缺乏环境知识，影响判案的质量；另一方面，环境科研人员并不研究司法中所需要的环境知识。公众与环境科研人员的关系也一样，环境科研人员关于环境科普的知识主要是满足公众日常环保的需要，而不是满足处于环境纠纷旋涡中的村民的需要。村民也无能力委托权威机构专门研究自己所碰到的问题。即使有这个能力，现有的体制也难以认可。即使现有的体制认可，从开始研究到得出结论也需要很长一段时间。因此，如果我们不能够设计比较周全的体制，那么，环境科研人员对环境知识的供给会始终处于不足的状态，而污染受害者将继续在确认污染损害和企业责任之间的因果关系上费尽周折。这是社会分工脱节的表现。相反，污染企业凭借自己的信息优势和经济优势，可以聘请优秀的研究人员为其寻找有利的证据。

在张村案例中，群众所获得的环境知识是有限的。他们认为氯气、二氧化硫可以导致癌症①，而地方领导出于某种目的未说出真相，从而加深了人们的恐惧心理。国家环保总局太原环境医学

①　主要是根据张医生的观点，他是从十几年来，张村死亡病症的规律得出的结论。

研究所研究员高增林介绍说，每个人身体内都有癌细胞，正常情况下人体内的自身抗癌性与癌细胞是平衡的，一旦抗癌性减弱，癌细胞占主导地位，才诱发癌症。而氯气在正常情况下，不是导致癌症的主导因素；二氧化硫侵入人体，按国际上通行的计算方法是 15 年左右才诱发癌症，但不能否认有特殊的情况出现[①]。关于六价铬的问题，科研人员认为，这是一个慢性中毒的过程，是一个低剂量的长期暴露问题，所以强调要进行环境监测，应该进行规范化和长期的定时定点的检测，这应该是一个企业的责任，也应该是政府的责任[②]。

　　在邬村案例中，村民向 Z 省中医院肿瘤科教授咨询。后者做了一些解释，长期生活在这样的环境（氨氮超标的五类和劣五类水质）中，食用的水或者食物会诱发一些消化道癌症，比如食道癌、胃癌，甚至肝癌。化工厂排放的污水中，某些元素本身是一个致癌因素，或者能活化一些致癌物质，产生肿瘤。短时间内可能看不出来，但是随着时间的延长，发病率可能会增加[③]。这也是通常情景下的学理解释，并没有针对本案例做出的专门研究。

　　在王村案例中，经过"4·10"事件之后，D 市政府委托省环保局邀请了 13 位农药、化工、环保、农业、林果业、大气环境监测分析等方面的知名专家，对王村工业功能区内相关企业、产品及周边环境、农作物、林果业种植、大气污染、土壤污染等情况进行专门的论证、评价。最后得出的结论：一、对迈×化工有限公司、高×精细辅料厂、D 市东×化工厂 3 家企业，依法责令其关停；二、对东×化工有限公司、吴×合成化工有限公司、某造纸厂 3 家企业，依法责令其停产整治。整治方案必须经专家组论证合格后方可实施，企业在未达到国家有关标准之前，不能恢复生

①　刘绍仁：《知情权得到有多难》，《中国环境报》2002 年 4 月 13 日。
②　杨春：《张村旁的化工厂》，《新闻调查》2003 年 4 月 12 日。
③　参见《一个农妇的癌症村日志》，《每日商报》2004 年 12 月 9 日。

产①。这个结论为老百姓所接受②。

四　供求矛盾的后果

从上面的情况可以看出，企业和政府对村民所需信息的提供远远不够。在正规渠道信息供给不足的情况下，各种小道消息到处传播，以致"人民内部矛盾"演变为"敌我矛盾"。这样的结果就是政府将环境维权者视为对立的一方，村民对地方政府产生不满，污染企业获得权力的庇护，推卸环保责任变得有恃无恐。

1. 村民对地方政府产生不满

在张村案例中，村民不知道化工厂排出的三废到底含有什么污染物。张医生说："我们只能怀疑，因为我们对这个专业什么的，我们都不清楚、不懂。"村民把样品送 F 省监测站检测，监测站通过电话告诉了村民污染物超标的数字（最高的是超标 54 倍），但检测站领导说，检测报告单不能提供给村民。一个星期后，F 省环保局来了 10 多名调查人员，其检测结果是没有超过国家标准。检测结果前后不统一，也许排放的废弃物确实是变化的，也许是企业对检测进行了预防。对村民来说，结果是一样的，村民感觉到自己遭受了不公平待遇，政府部门没有站在一个公允的立场，偏向污染企业。张医生说："我们一知道是省环保局来的人调查，马上就失望了，对这样的结果一点不意外。"在邬村案例中，村民说地方政府不是真正为老百姓办事，而是采用拖延、压制等方式处理群众的正当要求，如果可能，村民想起诉开发区和地方环保局。

2. 企业有恃无恐、推卸责任

如果政府机构没有检测出非法排污，所有的污染企业都声称：对环保工作非常重视，环保设施相当完善，在国家、省、市、县

---

① 《D 市人民政府关于对迈×化工有限公司等 6 家企业依法予以关停、停产整治的决定》，东政发〔2005〕36 号，2005 年 4 月 30 日。

② 吴高强：《坚持原则 实事求是 公开透明 科学论证》，《D 市日报》2005 年 4 月 21 日。

环保部门的历次检查中，都是检测合格；村民抗议环保部门的检测报告是不真实的'是无效的，只是其主观臆测，没有任何事实根据。张村案例中，化工厂还认为，2002 年 7 月 11 日氯酸钾厂被当时的国家环保总局列入严重污染的违法企业黑名单，仅是互联网上发布的一条未经证实的消息，与事实不符。如果化工厂对身体有损害，首当其冲的应当是一线工人和干部。而事实是工厂的全体干部、职工每两年体检一次，在建厂后 3 次体检中均未检查出职工有职业病和患癌症的现象①。我们每一天检测的数字都公开，该厂的检测值均低于国家标准②。污染企业否认农作物歉收、绝收与化工厂有关系，认为气候对农作物的影响更大。村民说："鱼虾没有了，河水连洗脚都不敢洗"。厂长振振有词地说："我们的上游有没有鱼虾？我这水应该是往低处流，应该说，如果下游是我氯酸钾厂造成的影响，上游不会造成影响，上游有没有鱼虾？上游也都没有！"事实上，《新闻调查》的记者在上游发现有鱼，大的有六七斤，小的有半斤左右。财大气粗的污染企业竟然如此颠倒黑白，推卸责任，其虚伪卑劣的品质昭然若揭。如果没有现场调查的反驳，他的话语也确实能够取信一大批人。

3. 企业的治污努力不被村民所认同

虽然在村民面前，污染企业表现得非常强悍，但也承受一定的压力，在尽可能的范围内也会采取一些措施保护环境。由于双方的信息沟通机制不畅和利益矛盾，村民并不认可企业在环保上的努力，有时可能还阻碍企业执行治污计划。比如氯酸钾厂按照环评大纲的要求，投资 400 万元进行了环保配套设施的建设，但在生产中这仍产生一定的废气、废水、废渣，其废气主要含有氢气、水蒸气、氮气、氯气；废渣含有镁、盐、钙；废水含有一定量的六价铬。为了对"三废"进行治理，厂方投资 35 万元，对氯气排

---

① 实际这只是未经证实的一面之词。

② 村民反映，自动检测装置的数据始终只有一个数据，连环保局测出超标的时候，它检测的结果还是达标的。

放进行了碱回收；投资 130 万元将生产废水采取加硫酸亚铁的方式，将六价铬还原成三价铬。2002 年，化工厂还从德国进口了一套 500 多万元的污水监测设备。对这些行为，村民并不感兴趣。村民只是用自己的标准衡量环境状况，不管"三废"是否达标，只要山林不枯死，他们的菜地、粮田能播种，他们的果树能结果实，就算达到了环保的标准①。二期工程按环评大纲的要求，废渣应堆放在厂内，但厂方在建设中按县政府的要求将堆放场改建在距厂 3 公里的县生活垃圾场处，并投资 100 多万元修建了具有防水、防渗、防流失的堆放场，但当地群众害怕废渣有污染，一直不让厂方启用，所以只得暂时将废渣堆放在厂内。村民希望所有的问题一起解决，污染没有解决，又要征地，他们则不能答应，所以村民对于后期的征地进行了阻挠②。

第三节　公正供求

环境正义现在成为环境社会学研究的主题。这标志着环境社会学真正开始成熟。环境社会学的主题应该是微观研究。在微观研究中，环境纠纷又是核心领域。受害者参与环境纠纷的实质是对环境正义的诉求。裁决机构只有采取满足环境正义的处理方式，才能达到没有真正受害者的目标。显然，环境正义观念影响人们对环境正义的追求，决定人们的环境维权行为。因此，探讨受害者的环境正义观十分重要。

一　普通村民的环境正义观

村民认为，为了生存环境而维权是合乎社会正义的，是自己的正当权益，维护环境就像维护自己祖传的宅基地或者住房一样。村民表达自己的环境正义观念有很多种方式，如口号、标语、传

---

① 杨建民：《还我们青山绿水》，《方圆》2002 年第 3 期。
② 刘绍仁：《知情权得到有多难》，《中国环境报》2002 年 4 月 13 日。

单、请愿书等。村民开始并没有多少维权知识，但是，通过维权过程，他可能接触记者、教授、官员、网友和其他维权者，学习他们的经验，并将之运用于环境维权活动。梳理村民维权表达的内容，笔者可以总结出其四个观念。

1. 环境健康是人们的基本生存权利

村民没有太多的法律权利和政治权利知识。但是，他们可以引用伟人或领导的话语作为依据。如王村案例中，村民引用了大量的口号，其中一个口号是"温总理语：搞好环保，让人民呼吸新鲜空气，喝上放心水"。这里运用的策略非常丰富，既是人们惯用的"语录"形式，又是向地方政府示意必须执行中央的法令。这句话浅显易懂，包括了最基本的生存需要，也是中央政府负责人的承诺，自然应该得到各级人民政府的认同。还有一些标语顾及子孙后代，倡导每一个村民珍视自己的生存权利，尽义务付出一份努力进行环境维权，直至获得健康的环境权利。

> ××镇村民，起来吧，为了生存而维权，不（屈）不（挠），前仆后继，坚持到底，（誓）死把毒厂赶出为止，这是每个村民（……）义务，确保子孙后代身体健康……
>
> 同胞们，我们虽手中无权，但我们求生存，求人权，不打、不抢、不放火，我们是正义的，我们是被迫的，我们是无罪的，只要我们万众一心，团结一致，有钱出钱，有力出力，坚持到底，我们的正义行动一定能够战胜邪恶。最后胜利一定属于人民。

2. 生存权利高于经济权利

当普通村民遇到环境污染损害时，他们也能区分出生存权利应该高于经济权利。他们认为应该"要田不要钱"。如果地方政府以经济发展为理由，允许污染企业非法排污；村民也可以反问，假如地方官员的居住地遭遇污染，他们是否还能持有同样的态度。如 D 市民质问官员："如果你的家在王村，如果受污染且告状无门的是你自己，难道你的内心世界不会有'公正'两字?!"这里不

197

仅反映环境权利应该是每一个公民的权利，而且公平享受环境权利也是社会正义的一部分。在王村广为流传的《告××镇同胞书》写道："素有××××之称的王村，由于有十几个化工农药等厂的严重污染，现在是臭气、毒气冲天，山在哭，庄稼死，勤劳善良的王坎头附近几万父老乡亲，在慢性中毒后走向鬼门关，有几百年文明史的王村及附近将遭灭族之灾，太可悲也!!"他们将环境污染视为"鬼门关""灭族之灾"。因此，在生存考验面前，"为了经济发展"的说辞成为一个违背民意的借口。为了自己生存环境的安全，村民放弃"谈判协商，以污染换取经济补偿"，而"下定决心，不怕牺牲，排除万难，去争取胜利"。

3. 污染受害者应该得到补偿

面对巨大的污染损害，地方政府的行为让村民难以理解。地方的环保部门以客观条件不具备和工作时间限制为由，没有对非法排污企业进行严格监管。地方政府为了平息村民的愤怒，也组织过一些相关部门进行协调，但补偿数额仅仅是每人 10 元①，这让村民大为失望。有村民去查化工区的问题，结果发现化工区的土地手续不全，属于非法使用。经过国土局查实，违法用地总共393 亩，每亩罚款 1 万元，总计 393 万元。环保局也对企业的非法排污进行了罚款，金额是 40 万元。让村民疑惑的是，为什么这些罚款与村民一点关系都没有。地是村集体的，受污染最厉害的是村民，为什么罚款到了政府的手里，而且土地又不能回到村民的手里，这是什么道理？对于具有朴素推理逻辑的村民来说，他们百思不得其解。一位小店老板直接对笔者明言，这里面关键的问题是土地问题，不是环境问题，老百姓最看重的是土地。确实，土地是最宝贵的资源。这些农地本来是宝贵的农业资源，政府承诺开发土地会给村民带来巨大的福利，事实证明开发区成为危害农民的祸根，因此，村民希望地方政府能从农民的角度，考虑相

---

① 笔者访谈的一个村民说起这个事情，带有一种滑稽的表情说，"这点钱，去买农药，也药不死"。农民不能种植蔬菜，青菜的价格涨到将近 2 元/斤。

应的损害补偿。

4. 政府裁决要公正，中央政府是可以相信的

"政府裁决要公正"表达的是一种反事实倾向，意指村民对地方政府公正裁决的怀疑。事件发生后，有一位网民表达了解决问题的建议。

> 他们是父母官，有责任有义务尽快妥善地处理好这件事。
> 第一，必须尊重民意，不能伤老百姓的心，抽老百姓的筋。
> 第二，经济发展绝不能以损害环境为代价，要不然这样的发展只是暂时的，到最后必将尝到损害环境和民心的苦果。我相信，破坏环境必将受到大自然的严惩。
> 第三，就算当前的领导一时出了政绩，后来为官者却得来扫这个苦尾巴。
> 第四，如果仅想依靠强制的力量，利用自己手中的权力强制处理这事，我想必将更加激起百姓的愤怒和怨恨。

失去信心的张村村民认为，"虽然 P 县研究过化工厂的环境污染问题，但那不过是摆摆样子，到现在也没有谁想去认真兑现，而且，对这样大面积的污染只搞个一次性赔偿就能补回村民们的损失吗？明年、后年的损失怎么办？如此恶劣的生存环境又是赔偿能够解决得了的？他们认为，是地方政府公然违背党中央、国务院的有关政策"[1]。经过几次博弈，村民对地方政府越来越失望，强烈要求中央一级的执法机构到现场执法。在邬村案例中，村民对于地方政府的行为感到失望，其只是解决一些皮毛问题，回避本质性问题。若要求企业排出的污水向 X 区城市污水处理厂[2]集中，但是，半路滴漏现象非常严重，个别企业向地下偷排污染物。

从三个案例看，污染问题并不是单一的问题，它总是与土地

---

[1] 张医生：《F 省 P 县地方政府个别领导野蛮粗暴的行为——怎不值得关注！》，2004 年 8 月 7 日。

[2] 其本身也是不达标的排污企业，2006 年被 Z 省环保局曝光。

问题、腐败问题纠缠在一起。村民的意见就是，来自省外的调查组才有可能给村民一个明明白白的交代，甚至有一位村民（70多岁）认为，如果查出经济问题，宁可交给国家，也不能让这些腐败分子贪污，他们得到的钱越多，腐败越厉害，坏事干得也越多。显然，来自省外的调查组只可能由中央政府来组织协调，村民希望的就是中央政府能够直接处理环境纠纷。

在张村案例中，张医生通过一份媒体邀请函表达他们的观点："我们虽然是通过司法途径，由公众向国家司法机关提起环境公益诉讼，请求人民法院行使裁判权。但我们毕竟是无权、无势、无钱的弱势群体，通过司法的途径是否能使侵害人停止环境侵害行为，赔偿环境损失，直至恢复原状，我们并不乐观。因此我们污染受害者诚心邀请你们届时能够前来旁听庭审，适时报道，使案件能够公开、透明地审判，这样可以弥补环保部门执法手段之不足，也有利于强化环境法治，同时给弱势群体有力的精神支撑，好让祖国的明天山更青、水更绿，人们的生活环境更美好！"邀请函开庭之前发出的，目的是引起社会关注，给法院施加一定的压力，让原告在审判中处于一个较为理想的位置。

二　环境维权者的正义观

环境维权者的环境正义观比普通村民的环境正义观更为深邃。他们不仅需要考虑维权的法律依据，而且需要考虑维权的道路、困难和目标。

1. 非法排污就是犯罪

非法排污就是犯罪，这是环境维权者们不约而同做出的判断。他们认为自己是在与犯罪分子做斗争，是在与违背国家政策的人士做斗争。2005年韦女士得到了省会市长的会见。她表示，她对于这个整改结果只是有限接受，这引发网上的大规模议论，网友纷纷赞扬韦女士的环保觉悟和对地方政府拖延时间的愤慨。其实，在之前，她也表达过类似的观点："这些（指冷言冷语和打击报复）我都可以扛过去，最让我伤心的是，污染厂子仅仅交点罚款就没事了，这不是拿老百姓的命在开玩笑吗？它们是在犯罪！"这里的"犯罪"不是指一般只需罚款的违法行为，而是谋财害命式的刑事犯罪。2005 年 8 月 24 日，一家化工厂发生安全事故，死亡两人，分别赔偿 46 万元和 48 万元。村民说："他们是把命卖给厂里的，我们没有卖给厂里，也遭受这种空气，也就是在慢性自杀。"

2. 环境维权是正义事业

正义事业不以自己的利益得失为衡量标准。比如张医生，他原来其实是从环境污染中获益的，因为他的小诊所的病人随着污染程度的日益加重而激增，生意兴隆。但他说："生存环境这么恶劣，村民受这么大的苦，我一个人赚钱有什么意思！"① 当他的诊所被关停的时候，他为了安慰群众，不得不"以身试法"，照常生活。明知"每日按罚款数额的 3% 加处罚款"，足以使他倾家荡产。可是，他还是对群众说："请大家放心，法律是公正的，他们不可能一手遮天，总会还我一个公道……"

在邬村的案例中，韦女士认为："做人最重要的是讲良心，做什么事要对得起自己的良心。""这个事（指反污染行为）要坐牢（有人警告她，与政府作对要坐牢的），你们不是说保护环境人人有责，我不能做吗？我说这是伸张正义，这个是理，以前大人们都在说有理走遍天下，无理寸步难行，我就希望证实一下这句话是真的。我们去签名的时候有些人不理解，说你这样做有个人目的，你是为了自己，我说是为了自己，为了自己的子孙后代，希望子孙健健康康的。""这是做好事，总要有个人来弄。你不弄，我不弄，这个环境谁来保护？这是关系到老百姓性命的大事情！"

有了社会正义观作支撑，他们的环境维权活动更多地呈现一种自发、自愿的心理状态。在持久的环境维权活动中，环境维权者之间总是相互支持、鼓励，坚持学习新的知识，积极排查污染物来源，向外界不断寻求帮助。由于环境维权活动需要耗费大量

---

① 林世钰：《一个村庄的命运》，《检察日报》2003 年 4 月 25 日。

的时间、精力和财力，环境维权者在经济上往往得不偿失，需要有强大的正义力量来支撑其漫长的抗争历程。

3. 村民要通情达理

环境维权者与普通村民之间存在一种组织和被组织的关系。环境维权者选择环境抗争，会面对社会、政治风险。如果参与集会的村民未能遵从环境维权者的要求，那么，维权场面一旦失控，容易酿成新的社会冲突。因此，村民要通情达理是社会秩序的普遍要求，是维权者说教普通村民的基本内容。在张村案例中，作为维权行动的组织者，张医生跟村民说："我们不反对现代化，不反对工业文明，我们也不要求工厂关停并转，但是，我们要求一个公开的、透明的、实事求是的检测真相，我们要求工厂的生产、扩建能与P县的绿色植被共荣共存。我们只是为了要回我们的青山绿水。"① 张医生表达的诉求是："我们的目的很简单，山上的毛竹、松树什么（的）能够正常生长，农作物能够正常收成，河里面鱼虾什么（的）能够养得活，昆虫什么（的）能够存活，我们就可以了。我还是相信政府，相信环保部门，按理说，（它们）应该对我们村民的生命财产负责。"②

在王村案例中，事件发生之后，村民表达意见也是委婉的："如果现在撤出厂区，对于污染的土地，或许有救；当然，这样对工厂而言是有损失的。但生命大于一切，群众利益高于一切。"最后事件的进程出乎村民最初的预期。D市政府保证在三个半月之内，让6家污染企业搬家。当地的镇党委书记向群众承诺，如果企业不能如期（8月26日）搬家，他就辞职。村民就相信了他，一直耐心等到8月26日。

4. 前途是光明的，道路是曲折的

"前途是光明的，道路是曲折的"，这是郐村的村民所说。"去年11月，我们共1000多位村民还联合上书国务院。现在看来，离

---

① 杨建民：《还我们青山绿水》，《方圆》2002年第3期。
② 杨春：《张村旁的化工厂》，《新闻调查》2003年4月12日。

彻底解决是不远了。"但韦女士很快就发现，"前途是光明的，但道路是曲折的"。因为人大执法检查组刚走，就又有企业顶风作案。"现在我应该在 Q 江上打鱼，而不是干这样的事，因为这本不是一个农村妇女该做的。"她想不明白，为什么这么一个再明了不过的事实，非得要她这么艰难地去做，这么多年了，那些该做这些工作的人都在干什么？这些事为什么就得不到解决呢?①

在张村案例中，一审后，企业劝说村民用诉讼的成本和精力来帮助支持他们治污。村民认为，"这在理念上讲，的确是一个解决污染的好办法。然而，对于这样一个财大气粗，又有当地政府做靠山的企业来说，像我会（P 县环保协会）这样一个不起眼的农村、农民环保组织，有什么能力和权力去改变它们的行为呢？因此，我会只能坚定地走法律道路，运用法律武器来监督、改变他们的违法行为，这才是我会持续发展和壮大的唯一途径"。他向记者说："你看过美国大片《永不妥协》吗？这里面讲的也是六价铬污染纠纷。一个小律师都打赢了上亿赔偿的官司，我们的胜利不会太远。"②"我们一定要用实际行动来感化公众，共同努力保护环境；我们要用执着的勇气来唤醒有关部门领导保护环境的良知。像我们这样一个不起眼的农村农民环保组织，没有任何经济基础，所以我们每迈进一步，都要付出巨大的血和泪的代价"。③ 这里既表达了维权者对于环境正义的理解，也表达了由于力量不对等，他们维权道路的艰难曲折。

三　维权途径及成效

维权途径是村民在环境维权时需要做出的重要选择。影响决定维权途径的因素有：经济水平、维权成本、维权风险、预期收益。从经济理性人来分析，经济水平较高的人，对环境质量的要

---

① 张平：《十分关注——周末人物：农妇韦女士》，2004 年 12 月 17 日。
② 何海宁：《一个小山村的环保艰辛路》，《南方周末》2004 年 9 月 16 日。
③ F 省 P 县绿色协会：《P 县绿色协会——环保项目总结报告》，2005。

求较高，参与维权的机会成本也较高，但是其费用的承受能力较高；经济水平较低的人，对环境污染的经济补偿意愿较高，参与维权机会成本较低，但是费用的承受能力也较低。经济水平与环境维权行为的发生之间并不是线性关系。下文笔者对各种维权途径，结合案例进行成本和效果分析。

1. 上访

上访是成本较小，难度相对较小的维权途径。每一起环境污染纠纷事件中，村民首先选择的维权方式是上访。上访的对象首先是地方环保局和地方政府。如果问题没有得到解决，村民就会向上级政府上访。一般而言，上访机构的级别越高，上访人的交通费用越高，对于机构的了解越少，可以依靠的社会关系也越少，但同时，上访人会觉得事情解决的可能性更大。对于上访人来说，上访的道路也就是增长见识，接触新人的过程，是一个与国家越来越接近的过程。上访作为一种抗争行为加重了政府机构的行政负担，影响地方政府的形象，因此，各级机关均会将上访的频率看作对下级机关政绩考核的一个指标。从政绩考核的角度说，不管是否解决问题，村民的上访本身已经成为向地方政府施压的一种手段。正是因为上访关系到地方政府的政绩，因此，地方政府有动力尽量避免上访的发生，有时候也可能采取压制和威胁的手段，这也就加重了上访者的成本。

如果将上访看成环境维权的初步形式，那么在外来的工业污染纠纷中，人们的环境抗争行为与其经济水平没有关系。也就是说，与理论假设不同，不是等到经济增长到一定水平的时候，人们的环境意识才达到较高的程度。在经济水平较低的时候，人们只要认为自己的环境是有价值的，并且已经面临被破坏的危险，那么，他就可能采取环境维权行为，不管其目的是为了环境质量的提升还是环境损害的经济补偿。在王村案例中，村民得知要建化工园区后，就马上坚决反对。之后出现村民冲击厂区的行为，结果遭到地方政府的刑事处分。有了第一次失败的环境维权经验之后，村民选择去市政府、地区和省政府上访，以求公道，也委托人到中央上访，道路十分漫长。

村民的环境维权行为与地方政府的环境行为之间存在一种博弈关系。村民可以估量自己上访可能产生的后果和成本，地方政府也可以针对村民可能采取的行动做出相应的对策。在王村案例中，地方政府已经考虑到村民可能反对，判断他们的能力不足以推翻地方政府的决定，因此，在化工园区选址的时候并没有征求老百姓的意见，也没有进行环境影响评估，就在环境容量狭小的地方兴办化工产业①。

根据我国的法律制度以及行政事务的运行逻辑，上访行动只是传达信息，告知村民的诉求，而并不直接解决具体问题。地方政府仍然掌握上访事件的调查和处理权力。县级环保机构可以直接受理环保类的投诉。受制于工作人员素质不高，环境检测设备缺乏和落后，加上环境管理体制的影响，对于影响地方经济的环境污染纠纷事件，县级环保部门往往是心有余而力不足。地方政府与污染企业之间存在紧密的联系，往往对环境纠纷事件处理不够彻底，这导致我国因环境问题引发的上访频次逐年高速增长，一些环境纠纷导致人们连续几年不断上访。一些污染案件本来可以在初级阶段解决，但是由于一拖再拖，事件向恶化的方向发展。

2. 媒体公开

村民愿意将环境纠纷在媒体上公开。与传统保守的农民形象不同，处于环境纠纷旋涡的村民急迫需要媒体的关注和介入，不管是本地媒体还是外地媒体。媒体公开可以发挥多种功能，主要有两个：一是沟通功能，即表达各方当事人的想法，公开企业、政府相关行为和政策信息；二是注意功能，即能让更多的人关注环境纠纷，引起舆论对地方政府处理环境纠纷形成压力。对于环境维权者来说，通过与媒体记者的接触，他们可以获得其他地区的环境维权经验，并通过信息沟通，获得对今后维权行动的指导。

---

① 王军、何新生、边富良：《化工污染何时了》，Z省卫视《新闻观察》2004年6月13日。

沟通功能　媒体报道环境纠纷，可以将环境纠纷中的各方主张、行为在一个共同的场域中呈现。村民与地方官员、污染企业主因为存在利益冲突，所以相互之间难以直接沟通，但是他们可以通过媒体的记者将自己的利益诉求表达出来。这种利益诉求一方面是向更广泛的公众传递该社区正在遭受的不公待遇；另一方面，也是向地方官员和污染企业主传达他们的解题思路。如在王村案例中，2003年年初，《D市日报》和《××市晚报》报道农户污染受损情况，帮助农户鉴定污染损失、寻找污染原因，确认污染是王村化工园区的污染排放物引起的。最后，政府和企业拿出20多万元作为赔偿金。媒体公开还可以让村民获得靠自身能力难以获得的环境信息。Z省卫视的记者调查发现，化工园区共有13家企业，只有7家通过了环保验收，有1家企业是无照经营。在张村案例中，《新闻调查》栏目组委托检测机构对污染企业的排放物进行了检测。在郜村的案例中，《经济半小时》的记者做了同样的工作。这些信息是村民凭借自身的力量难以获得的。作为社会中的重要组织，媒体的调查给予村民大量官方的信息，为揭露环境纠纷的事实真相做出了重要贡献，也为村民建立与政府、企业之间的有效沟通发挥了重要作用。

注意功能　村民认为，通过媒体公开也可以引起社会公众的注意。村民认为，获得公众的注意就意味着地方政府将面临舆论压力，就可以更好地保护维权者的人身安全。受到公众注意的环境维权者也意识到，自己没有退路，即使碰到更大的阻力和困难，也必须走下去。他们相信，公众还是讲良知，能够主持公道的。他们也认识到地方官员的面子心理，重视舆论面前的表现。

王村的村民向记者说："一定要把××镇被污染的现状如实地反映出来。再这样搞下去，老百姓连活路都没有了。"① 媒体也可

---

① 翁国娟：《谁使你如此满目疮痍？——Z省H镇工业园污染状况实录》，《中国化工报》2004年10月19日。

以向地方政府呼吁，应将群众利益放在心上①，注意社会秩序背后的隐忧。在张村案例中，维权者发现化工厂二期投入试产后，周围的植被像被火烧过一样，都枯死了，就开始向各个部门举报，向媒体求助。经过不断努力，《方圆》杂志终于首先报道——《还我们青山绿水》。披露后，由于地方政府并没有解决实际问题，村民继续求助媒体。在 2003 年的春节，村民得到了他们认为最权威的中央电视台《新闻调查》栏目组的正式采访②。在邬村，为了取得外界更广泛的支持，韦女士和 1000 多名村民按上血红的手印，在 2004 年向 Z 省新闻中心、央视《焦点访谈》、国家环保总局等多家新闻媒体和相关部门发出求救信，请求救救"母亲河"——Q江，救救他们祖祖辈辈赖以生息的地方。韦女士的奔走呼号引起国家和 Z 省人大和有关部门的高度重视，在韦女士的举报信发出后不久，不仅 Z 省的各家媒体，北京的报纸也用重要版面报道了他们村里癌症高发的情况，国家环保总局专程派人来实地考察后，责令当地政府"立即整改"。

效果　媒体公开的效果并不稳定。首次公开的影响比后续报道的影响要大。级别高（指媒体所属的行政主管部门的级别）的媒体比级别低的媒体影响更大。国外的媒体比国内的媒体影响更大。张村案例，《方圆》杂志一披露，地级市环保局马上采取了一些措施③。环保行政措施的效果并不能够立竿见影。环境纠纷也没有遵循地级市环保局的解题思路发展，污染企业的表现并不能让村民满意。之后，F 省环保局提出要建设卫生防护隔离带，即由县政府统一安排，把张村生活在氯化钾厂附近 130 米范围内的村民全部迁出，消除这些村民对化工厂环境污染隐患的担

---

①　王军、何新生、边富良：《化工污染何时了》，Z 省卫视《新闻观察》2004 年 6 月 13 日。

②　该期节目的主要内容是：反映村民受到损害的情况及其诉求；带 5 瓶污水上省会检测；厂方对环境纠纷的态度；县政府的部分决策内容；县级环保局的配置。调查的结果对地方政府和企业非常不利。记者拿去检测的 5 瓶水样，检测结果为 1 瓶达标，4 瓶超标20 倍。

③　刘绍仁：《知情权得到有多难》，《中国环境报》2002 年 4 月 13 日。

忧。该计划需要搬迁 24 户村民，一共要花 400 万元左右，而 P
县一年的财政收入才 3000 多万元，超出政府的承受能力，计划
因此没能实施①。接着，村民维权行动受到《新闻调查》栏目的
注意。节目播出之后，F 省成立专门调查组，由省环保局副局长带
队，召开了由县政府、县有关部门、企业和作为企业环保监督员
的群众代表参加的座谈会，分析存在的问题，提出工作要求②。

在邬村，在连续的媒体公开压力之下，地方政府也采取了一
些措施，如"发现企业一次违法排污即强制拉闸停电，两次停产，
三次停业"③。地方政府做出承诺：三年内撤掉化工园区。X 区政
府改革了考核机制，把环境整治、生态保护作为考核指标。X 区政
府在总分为 100 分的单位年度考核中，将生态建设与环境保护目标
责任定为 10 分，涉及 1 家企业发生环境违法行为，一次扣 0.5 分，
扣完为止，每一分都与领导干部的奖金挂钩④。2003 年，N 镇党代
会、人代会代表率先提出"三个宁可"⑤的发展思路。开发区内实
行企业负责人责任制，对于考核评比先进、文明单位实行环保一
票否决制，所有企业都签署了环境保护目标责任书。在重点排污
企业的排污口安装在线监测系统，并专门设立小组实行全天候实
时监控。

从表面上看，地方政府采取的措施力度很大，做法也比较新
颖，但是里边没有提到公众参与，也经不起时间的考验。比如，X
区政府承诺"三年内关掉化工园"。当村民要求做出书面保证时，
区政府相关人员表现得支支吾吾。随着时间的推移，村民从别的

---

① 陈晶晶：《村边的化工厂何时让人放心》，《中国普法网》2003 年 10 月 13 日。
② 钟志鲲：《治污，需要各方的共同努力——来自 P 县氯化钾厂环保问题的调
   查》，《F 省·环境与发展》2003 年 4 月 23 日。
③ 丁品：《减速提效益 和谐促发展 ××市 X 区重新规划定位工业园区功能》，
   《中国环境报》2005 年 4 月 15 日。
④ 魏皓奋：《三年内邬村开发区摘掉"化工"帽子 X 区治理污染下狠招》，《今
   日早报》2005 年 6 月 16 日。
⑤ 宁可降低工业增长速度，也要保护环境；宁可减少财政收入，也要保证人民健
   康；宁可牺牲短期利益，也要谋求长远发展。

渠道获知，它将被周边的另一个工业园区兼并。由于媒体不是正式的权力机构，因此，它并不能对社会现实产生直接的影响。而且，地方政府一般不愿意接受媒体的报道，认为环境纠纷的报道会影响自己的投资环境评估，影响招商投资工作的开展，也可能打乱自己的环境治理计划。参与媒体公开的村民其实承担一定的风险。

3. 私力救济

"私力救济"是一种无奈的选择。当村民发现求助政府机构难以解决环境污染纠纷，而通过司法渠道解决纠纷一则费用太高，二则也不一定能够得到公正处理，这时村民发现只有依靠自己的力量做最后的努力。村民选择"私力救济"也是有条件的。如果条件不能满足，在大部分情形之下，村民选择沉默。促使村民选择"私力救济"行为的关键是村民的组织化程度。因为村民的人数众多，如果组织化程度较高的话，那么，选择"私力救济"行为时，搭便车的人较少，参与维权的人数就会较多，等量的责任就可以在多人承担的方式之下变得可以承受。在笔者选择的三个案例中，只有王村实现了"私力救济"的形式，这与它存在一个较高组织化程度的老年协会①有关。

即使王村的社会组织化程度较高，"私力救济"的维权方式仍然是一个艰难的、应急的选择。由于多次上访没有成效，村民希望在2005年3月15日的市长接待日上直接与市长对话。市长上午接待完一批上访者之后，已是中午，他们被安排在下午接待。但市长下午一直没有出现，村民感到很气愤。在多次要求不成之后，村民成立了以拯救当地环境为宗旨的民间团体。该团体以老年人为主，本意为促使政府及化工企业消除污染影响，团体工作人员告诉大家："我死了没有关系，我已经没有几年活头了，为了让你们及后代有一个干净的休憩之地，我死而无悔。"从3月20日起，

---

①　该老年协会有稳定的经费来源、上千名成员、有固定的活动场所和稳定的组织架构和组织活动。

村民陆续在化工园区邻近各村的出路口搭建了 10 多个毛竹棚，禁止化工企业发货及进货，并由村中老人驻守，堵塞路口，强烈要求化工厂、农药厂搬迁。他们还约定：只要鞭炮一响，成千上万的村民便汇聚至化工企业出入口，协助老人做禁止化工企业正常收发货的工作。竹棚还设有募捐箱。阻塞交通自然引起当地政府的注意。3 月 28 日，执法队伍清理了竹棚。而邻村村民募捐的 6000 多元钱，也不知是给烧掉了，还是给没收了，没有下落。这更激起群众的愤怒，村民再次搭起毛竹棚，并贴出标语指责地方政府。化工企业怕了，将数额不小的一笔钱交到受害最严重的西村书记手中，希望能够平息他和村民的愤怒。箭已经在弦上了，书记就直接回绝了化工企业。如此持续了 10 多天，严重影响化工企业生产经营。地方政府也面临巨大的维稳压力。从 4 月 1 日到 4 月 10 日，地方政府组织执法队伍，采取现场强制措施，结果引发与村民的冲突。

事件发生后，省委省政府相当重视，立即做出批示。D 市县两级领导及有关部门负责人也召开数次紧急会议，表示要"认真学习贯彻省领导指示精神，强调要本着维护社会稳定、维护群众利益的宗旨，妥善处理好这起事件"。在事件发生后的几天内，D 市县两级领导及有关部门负责人几乎天天来到现场，做群众工作。D 市一位市长当场向村民表示："对于那些无法达标排放的化工企业，该关闭的坚决关闭，该转产的责令转产，这样不仅能优化发展环境，也有利于经济健康发展，有利于社会稳定和谐。"这位市长还说："如果做不到这些工作，我就回家种田。"① D 市市委、市政府强调：坚持依法行政；相信科学，尊重专家组意见；要形成合力，抓好落实②。地级市领导强调：一是要广泛宣传，村民、企业共同承担维护生态环境的责任；二是要依法行政，充分尊重专

---

① 宋元：《Z 省 D 市环保纠纷冲突真相》，《凤凰周刊》2005 年第 13 期。

② 吴高强：《相信科学 依法行政 抓紧抓实环保整治》，《D 市日报》2005 年 4 月 17 日。

家组的意见；三是把工作的内容和进程及时向群众公开，提高透明度，争取群众的理解支持，消除不必要的疑虑，使极少数别有用心的人没有可乘之机①。2005 年 4 月 15 日，D 市政府根据省环保局建议，决定责令，1 家企业停止生产，并注销其工商执照，5家企业继续停产，经化工、农药、农业专家论证后，决定是否关闭、转产或有条件地恢复生产；其余 6 家企业，经环保等部门组织检查合格后，方可恢复生产，否则依法严肃处理②。5 月 7 日上午，市委、市政府、H 镇党委、政府联合召集王村工业功能区周边村的 27 名主要村干部，经过沟通达成了三点共识：一是理解政府、支持政府的决定。二是劝说相关村民要顾全大局，理智对待事情。讲环保要科学，讲诉求要依法，讲结果要理智，要加快 H 镇的发展，必须有一个正常的生产生活秩序，对 H 镇人民的正当环保诉求，政府已做出了积极的回应，满足了 H 镇群众的环保诉求，并展开了深入细致的思想工作，但目前仍有极少数不明事实真相的村民感情用事，阻碍工作的正常开展。三是强烈要求政府坚持原则，依法办事。不要把政府的善意容忍看成软弱，把过细的思想工作看成迁就。村干部希望政府坚持原则，依法办事，对一小撮打着环保旗号行违法之实的不法分子予以严厉打击③。

4. 司法诉讼

中国人在传统上有"厌讼"的心理，不到万不得已不愿意使用司法的方式解决问题。司法诉讼虽然是最权威的手段，但是村民使用诉讼手段并不是一件轻松的事情。邹村案例中的环境维权者一开始担心诉讼费用太高，后来，经人劝说同意采用诉讼的方式，但是没有被当地司法机关受理。王村案例中的维权者经济相对比较困难，也是因为诉讼费用的原因，一直不主张采用诉讼解决纠纷。只有张村案例的维权者最终使用了诉讼手段。他们为什

---

① 单昌瑜：《××市政府召开王村工业功能区整治工作专题会议》，《D 市日报》2005 年 4 月 16 日。

② 《关于对王村工业功能区企业实施环保整治的决定》，东政发〔2005〕32 号。

③ 《D 市王村工业功能区周边村干部座谈会召开》，《D 市日报》2005 年 5 月 7 日。

么选择这一方式？主要原因有两个：一是《方圆》杂志社记者的
建议，他认为村民要走法律渠道，问题才能得到彻底解决，并推
荐村民与某政法大学污染受害者法律帮助中心联系；二是该政法
大学污染受害者法律帮助中心提供了经费援助，还多次派人前来
调查，为村民提供律师援助。

　　司法诉讼是最昂贵的一种维权手段。为了搜集诉讼材料，张医生
花了 8 个多月的时间统计整理。评估鉴定费 10 万元，一审和二审诉讼
费各 87683 元，还有烦琐的调查、取证、出庭等。王村案例中王村也
请过律师，但是对方要求支付 50 万元费用，远远超出村民的承受
能力。

　　司法诉讼给了污染的加害者和受害者在同一个场域面对面互
动的沟通机会。污染企业因为财大气粗，又有地方政府的支持，
因此，在取证、庭审和判决上均可能获得一定的"照顾"。污染企
业自身积累了很多环境信息，并可以根据自己的需要选择性地提
供证据，如环保设施先进、齐全，省、市有关环境监测机构的监
测证明。企业还可能质疑村民的环境正义动机，并强调他们的经
济补偿诉求，认为村民之所以找企业打官司，在于该厂"是一块
唐僧肉"，并解释过去企业为了搞好与周边村民的关系，基本上是
"有提都赔"，助长了这种不正常的索赔现象①。

　　司法诉讼的结果也不一定能够让村民满意。如张村案例，一
审法院虽然判定企业应该承担民事责任，但只肯定被告赔偿原告
的农作物经济损失 249763 元。这样的结果离村民诉求的 1300 多万
元实在差距太大。双方不服，均提出上诉，二审判定企业赔偿损
失人民币 684178.2 元。即使采用最正式的司法维权渠道，环境维
权的组织者仍然可能面临地方政府压制。如张医生至少遭遇四次
较大压制：①街头募捐遭没收和扣押；②遭受"混混"的殴打；
③P 县卫生局以张医生没有"医疗机构执业许可证"和医师执业

---

　　① 　陈强：《F 省最大污染赔偿案开审 千余村民状告企业污染》，《中国青年报》
　　　　2003 年 7 月 18 日。

证书为由，责令其停止执业活动和处以 5000 元罚款；④以违反计
划生育政策的处罚期未满为名，取消其参加村委会选举的资格①。

第四节　总结

　　村民与污染企业之间存在利益冲突，两者之间的实力悬殊，
因此，双方往往不能通过协商来解决环境纠纷。这时，作为受害
者的村民就会寻求地方政府帮助解决环境纠纷。作为公共权力机
构的地方政府，承担着促进社会公正的职能。村民与地方政府之
间的互动受到污染企业主的影响。本节先总结两者之间的社会关
系，然后分析双方的环境行为，最后评估其环境影响和社会
影响。

一　社会关系

　　康晓光和韩恒认为，在国家和社会的关系上，中国大陆已经
建立分类控制体系。从 20 世纪 90 年代开始，国家不再全面控制经
济活动，也不再干预公民的个人和家庭生活，但仍然控制着"政
治领域"和"公共领域"。分类控制体系就是国家控制公共领域的
基本策略和组织系统。国家允许公民享有有限的结社自由，允许
某些类型的社会组织存在，但不允许它们完全独立于国家之外，
更不允许它们挑战自己的权威②。从案例看，这不能概括现状。因
为公共领域的概念没有得到共识性的界定，公共领域与私人领域
也不能绝对分割，所以，国家在控制公共领域时不可避免地影响
了公民私人领域中的权利，或者可能产生以维护公共领域的名义
控制公民的私人领域的现象。

　　其实，村民与地方政府之间的关系是动态变化的。村民与企

---

① 但现任村委会主任有 3 个孩子，最小的只有两三岁。
② 康晓光、韩恒：《分类控制：当前中国大陆国家与社会关系研究》，《社会学研
　　究》2005 年第 6 期。

业之间发生的环境纠纷，如果不涉及地方政府的利益，那么，地方政府是能够从地区利益出发，秉持公正的原则处理人民内部的矛盾的。这时，他们就是行政主体和行政相对人的关系。地方政府执行环境法规，村民遵守环境法规，双方均是依法行事。但是，如果环境纠纷涉及地方政府的切身利益，比如影响财政收入或者经济增长速度，那么，地方政府是否能够公正处理环境纠纷，就可能是个未知数。

村民与地方政府的关系变化因素来自污染企业。污染企业与村民是环境纠纷的当事人。他们对公共权力的影响是不同的。如张村案例中的氯酸钾厂对当地政府的财政贡献达到1/3，如果该企业撤资或者经济效益滑坡，那么当地的财政状况会迅速恶化。因此，受地方政府与污染企业关系紧密的影响，村民的环境维权行为并不会一帆风顺。环境维权者很可能受到一定程度的约束。村民与地方政府之间的关系该用什么词来描述？是管制还是服从，是代表还是制衡，是独立还是竞争？

在经济学上，有一个词叫"管制"（regulation），也叫行政管制，其主体是政府，其目的是约束人们的市场竞争行为。行政管制是外部的，政府作为斡旋者、中立者出现，它对所有的企业进行平等的管理。在计划经济时代，政府对社会进行全面管制，公民的任何行为都受政府的管制，不能有自己的作为；在转型时代，管得很细的条块结合的政府管理开始松动，即放松了管制。摆在主政官员面前棘手的问题就是，如何协调企业和周边居民、消费者之间的利益冲突。

在环境纠纷案例中，笔者发现地方政府往往将发展地方经济作为执政目的，将环境维权者视为对社会有一定危险的人士，因而对他们采取一定的管制措施。地方政府的管制手段有以下几方面。

第一，公职人员、党员不能参与环境维权，否则，就有被革除公职的危险。虽然这种措施不一定立即或者必然能够实施，但是仅仅采用威慑的手段，就可以约束公职人员的行为，也就无须验证该约束的合法性。

第二，普通村民维权可能"坐牢"。这个约束首先是语言上的恐吓，只是带有威胁性质。对大部分村民来说，它会形成足够的威慑力。如果村民出现激进行为，那么即使是维护正当的环境权益，相关政府机构也可能以该行为激进为理由直接制裁。

第三，约束村民的表达自由。只要在地方政府的能力范围之内，封锁消息、禁止采访、没收资料、警告被采访人以及对网络信息的屏蔽等都有可能成为约束村民自由表达的方式。

如果村民违背上述原则进行环境维权，那么，不管他受到多少污染伤害，地方政府首先会对他的维权行为进行处置。无论村民采取的是上访、媒体公开、私力救济还是司法诉讼方式，地方政府经常作为一个社会秩序的维护者出现，将环境维权者视为危险分子进行打击。法律没有明确规定，地方政府保证公民享有什么水平的环境质量，也没有将局部的环境指标纳入政绩考核的范围。为了维护投资环境和遵守招商引资时的承诺，地方政府可能绝对地保障污染企业的生产安全，其反面就是对周边村民实施管制或者管制威胁。

二　环境行为

地方政府与环境维权者之间是管制与被管制的关系。这对村民环境行为的影响是巨大的。村民为了维护自己的环境权益采用了种种维权手段，如上访、媒体公开、私力救济和司法诉讼等。但他们在进行环境维权时往往受到许多限制。

地方政府作为公共权力机构理应代表区域内的全体人民的利益，对人民内部的利益一视同仁，公正处理环境纠纷。但是，现有的制度结构是，公众不能直接监督地方政府的行为，地方官员仍然是以自上而下的方式产生。因此，对于地方政府在环境纠纷中的消极作为和对环境维权者的积极作为，村民只能表示无奈。

一些地方政府对环境维权者的严加管制和对污染企业的偏向裁决，使得环境事件的发展朝向偏离社会正义和环境正义的方向发展。不仅村民以往受到损害的环境权益不能得到补偿，而且还可能因为环境维权而受到新的损失。"明智"的村民可能会选择沉默，虽然怀揣愤怒和不安，但默默承受污染的侵害。不过这种表面稳定的社会秩序是脆弱的。

三　环境影响评价

虽然中央政府非常重视环境保护事业，但是，没有明显的措施使地方政府自觉履行环境保护职责。地方政府虽然没有明目张胆地倡导"为了经济增长就可以牺牲环境"，但是可以公开地在环境容量之内进行经济开发。在一些污染工业聚集的地方，污染产业已经成为地方经济的支柱。其污染总量也已经达到或者超出地区环境容量，但是经济规模又没有达到市场化治理环境污染的程度。这时，污染企业的排污权和周围居民的生存权利之间的矛盾就会成为一个现实的问题。如果地方政府不能较好地处理这一问题，污染企业的排污行为必然变本加厉。因此，地方政府虽然不直接排放污染，但是其公共决策行为间接地影响了环境质量。

为了保持地区的环境质量，地方政府可以利用村民进行环境监督和治理。村民的环境监督需要地方政府提供环境信息。地方政府提供的信息越多，村民维护环境权益的理由就会越充分，也就越有利于制约污染企业的排污行为。反之，地方政府提供的环境信息越少，村民对周围的环境质量越不了解，对污染企业的环境行为也不清楚，也就越难以做出合适的环境监督和维权行为。

环境纠纷的裁决更能影响污染企业的排污行为和村民的环境维权行为。污染企业如果发现环境法规是轻软①的，环境纠纷的仲裁可以使用经济手段加以影响，那么，它就没有动力去改进生产工艺，加强生产管理，开发环保技术，而是努力经营与地方官员的社会关系。对于村民来说，如果政府能够公正裁决环境纠纷，那么，既能满足村民的环境需求，也能满足村民的社会正义需求，

---

① 指环境法规对非法排污行为的惩罚是轻的，而且是有弹性的。

更能激励其持续的环境维权行为，反之，就会约束村民的环境维权活动，失去环境治理的最佳力量。可以说，一些地方环境问题的产生在一定程度上不是政府干预的失败，而是政府错误干预的结果，是地方政府放纵企业排污行为的结果。

四　社会影响评价

在征地问题上，村民与一些地方政府已经进行了不平等、不满意的交换。这种不满意奠定了村民在环境纠纷中对政府产生负面态度的基础。其实，在非农产业较发达的地区，征地并不明显减少村民的收入。但是，引入企业的非法排污将村民的生产和生活推入了深渊。遇到环境污染侵害的村民，首先想到的还是政府，希望政府能提供环境信息，主持公道，维护村民的合法权益。基层政府实际难以提供上述公共服务，村民只得选择上访，希望上级政府直接解决环境纠纷。上访与起诉相比，操作更简单，费用更低廉，但是解决问题的可能性很小。如果起诉费用较低，村民也会使用法律的武器对污染企业和环保机构进行民事诉讼和行政诉讼。但最强制、最权威的司法诉讼也不一定实现村民的诉求。

民事诉讼方式并不能满足村民对"公正"的诉求。许多村民"确认"的损害难以得到法律的支持，即使判决了，是否如实执行仍然存在变数。当村民通过地方行政和司法途径均难以获得损失补偿的时候，他们将引起中央政府的关注作为最后的"救命稻草"。但是对于中央政府来说，面对大量的环境污染纠纷，其只能选择有重大影响的环境事件进行处理。村民也认识到其中的道理，他们希望事态扩大。而推动事态扩大，村民需要付出代价。在这个代价面前，作为一个利益共同体中的一些村民存在"搭便车"的心理，可能出现"公共品"供给危机。当然，僵局也有可能被打破，条件是"出现有能力承担代价的人，或者出现有能力规避代价的人，或者出现大量愿意承担责任的个体，或者遇到强大外在压力"。前两种情况的抗争方式一般遵循一定的社会秩序，后两种情况的抗争方式可能对社会秩序构成冲击。总体上说，在村民与政府的关系上，政府掌握主动权，只要政府把握发展的方向，珍视群众的合法权益，主动公开环境信息，公正处理环境纠纷是完全有可能的。

村民也能理解，政府从来不是中立的机构，它对于资源的配置符合政府官员的利益取向。但是，村民不能理解的是"地方官员为什么可以置法律于不顾，置中央的政策于不顾"。村民不能参与污染企业的引进工作，不能主动参与环境影响评价，也不能阅览环境影响评价书，不能获取企业的环境信息。即使想检测周围的环境质量，如果地方主管部门不加以配合也难以实现。在环境知情权难以充分满足的情况下，村民是焦虑的，有时甚至是恐惧的。这种悲观失望的情绪持续较长一段时间后，可能会使村民对地方政府彻底失去信心，对污染企业深恶痛绝。当污染损失逐渐增大而环境无好转迹象的时候，村民意识到自己正在走向绝境，很可能会选择"两败俱伤"式的反抗。

环境污染收益和损失的主体分离是导致环境污染的社会冲突的根本原因。解决问题的出路不是保全一方的利益而损害另一方的权益，而是在保证居民生存环境基本质量的前提下，让污染企业发展经济。污染企业必须在承担社会责任的前提下享有排污权，并且其排放强度应受到限制。地方政府作为公共权力机构应该站在公正的立场上，保证各方的合法权益，并且遵循尊重"生存权优先于发展权，先在的环境权优先于后致的环境权"的基本原则。

第六章　转型机制

转型机制是指在厘清乡村工业污染的发生、发展逻辑的基础上，在社会结构层面建构一套能够影响各相关主体环境行为，促使生态环境向好的方向转变的社会机制。转型机制的最终目标是实现乡村环境的彻底好转，使农村居民获得优美的生产和生活环境。转型机制需要有建设者、责任人，需要有可操作化的路径和手段。根据前面地方政府与企业、企业与村民、村民与政府之间关系的论述，环境治理主体需要在权利、义务和责任上进行界定。本章的内容包括转型机制的目标、条件、内容三个方面。

第一节　目标

当前乡村环境仍然在恶化，环境污染力量依然强大，乡村环境存在超出生态极限的风险，居民也面临失去宜居家园的风险。环境治理力量需要研究、宣传、决策和落实科学、合理的环境转型社会机制。该机制拟确定各相关主体在环境事务上的权利和义务，各方之间的分工与关联、竞争与合作、委托－代理与监督制约等内涵。让每一方能够认同于一个环境共同体，平等获得环境容量和承担相平衡的义务，不忽视哪一个主体的环境权利，也不存在没有义务的权利，承认环境使用权利上存在的差异，相互尊重、平等协商、合理配置。新的转型机制要让每一个主体承担得起、愿意承担环境责任。环境法律、环境科学并不能给予环境纠纷场域中的行为主体以行为指导。环境行为边界需要参与各方协商确定。协商需要有一个基础平台，即认识到环境共同体的存在和唯一性，每一个成员均有同等的权利，以及环境使用权利的先后次序。特别是这个先后次序需要处理，比如生活权利优先于生产权利，"前在主体"权利要优先于"后进主体"。"前在主体"相当于原住民，"后进主体"相当于移民或外来人口。二者之间如果缺乏社会联系，那么，如何诚实协商，就需要有一个扮演中介角色的行动者。环境科研人员需要攻克技术难关，为企业、社会提供知识、技术和服务。政府主管部门在这个事业中扮演关键的角色，是引导者、组织者、决策者和仲裁者。他们需要了解最新的科研成果和政策管理手段，充分运用技术、经济、政治、社会等资源，在社会能够接受的前提下，判断和决策环境质量标准、技术准入标准和污染排放配置，并配以环保监察机构监督执行。环境的立法机构和执法机构应该完全独立，使环境执法机构享有完整的权力。根据这些原则，就可以界定政府、企业、居民的行为目标。

一 公正政府

这里的政府是指环境主管部门和地方政府。政府是实现企业行为转变的直接推动力量。政府的力量强大而又直接，但不一定合理。合理的政府干预既能保证市场体系的效率与公平，又能有效保护环境，实现企业行为的生态化转向。转型机制中的政府目标是：严格执法、维护正义。具体地说，每一个地方人民政府主动承担保障地区环境质量的责任；每一个地方的环保部门主导环境规划、参与产业规划、严格执行环境法规；每一个环境管理工作者努力勤奋工作、严格执法。改革的目的是为了每一位辖区内的居民可以获得环境检测信息、环境纠纷公正仲裁、环境安全保障和居住安全感。现有的环境管理体制存在许多不正常的现象：不能管、不敢管、不想管、管不好等。不能管是因为环境法规存在缺陷，没有给环境管理部门足够的执法权威，导致想对环境保护和治理事业做出贡献的执法人员不能有效管理"非法排污"的现象。当然，2014年修订的《环境保护法》对于环境主管部门的权力配置有改观，但是，也仅是让人谨慎乐观。因为此次修订在环境保护监督管理体制方面没有重大突破，如环境的整体性监管、区域性监管等，仍规定为统管与分管相结合，而且统管与分管职责权限不明，如何统管如何分管没有明确规定，不可避免地导致"九龙治水、各部门相互扯皮和推诿"[①]。不敢管，是指法律已经授权，或者在自己的执法范围之内，但是工作人员害怕得罪某些既得利益者而不敢管。不想管的原因是工作人员卸责，工作偷懒、马马虎虎。管不好的原因，可能是客观原因，比如环境检测设备落后或者不足；也可能是主观原因，如执法人员知识能力不够，难以胜任现有的工作。

环境污染不是简单的市场失败或者政府失灵。任何一个社会，政府都不能包办所有的活动，也不可能让市场调节所有的资源。市场是政府消灭不了的事物，它在社会中起基础性的调节作用。政府管理社会活动是人类社会的一个常态。在社会秩序稳定时，政府干预是主动的，比如干预生产者设立排污权交易市场，干预地区财政收支建立生态补偿，干预消费者建立环境消费税。

转型机制设计的目的就是要解决环境治理过程中的不正常现象，让地方政府在环境容量的硬约束下进行规划和决策，逐步提高环境保护标准，积极建设或参与排污权交易市场；给予环境主管机构充分的权力，使其能够独立执法、敢于执法，同时要求其公正、公开，经得起群众、舆论的质疑；让想干事、能干事的环境管理人员脱颖而出；让环境正义首先在环境管理人员身上体现出来，使得我国的环境法律在各地能够得到严格的实施。

二 责任企业

企业是污染的制造者，是"市场失灵"效应产生的主体。如果从机制设计的角度来看，解决"市场失灵"效应的关键是建立

---

① 彭本利、李爱年：《新〈环境保护法〉的亮点、不足与展望》，《环境污染与防治》2015 年第 4 期。

一个正确的涵盖资源环境配置的价格信号机制，将企业产生的外部效应内在化。转型机制关于企业的总目标是：遵守法规、改进技术、尊重他人、善待环境。具体地说，改革制度，让企业自愿地、理性地选择先进技术，选择合法排污，选择严格的内部管理，选择与周围居民和睦相处；让企业严格执行环境生产标准和污染物排放标准；让达标无望的企业退出产业；积极引导企业投资环境治理产业，投身于环境治理建设的事业；引导治污难度大的企业在空间上集中，提倡防治分离、分工合作、综合整治；让企业尊重周围居民的环境权益，主动公开环境信息，提供污染防治知识；让企业主动接受排污权交易市场，参与环境生产标准和污染物排放标准的制定。

三　公众参与

村民处于环境权利和经济权利受损的地位，是环境纠纷中的最大受害者。村民的特点是人数多、经济能力弱；污染损失大、环境知识少；表达渠道少、潜在压力大。村民个人的力量、责任是非常小的，他们组成的社会公众却是环境治理的决定力量。他们可以向地方政府施加压力，促使其遵守环境法规、保护生态环境。他们可以向企业施加压力，促使其引入环境友好型技术，承担环境责任。社会公众还可以形成消费拉力，引导企业开发和生产环境友好型产品。转型机制关于村民的目标是：让其关心自然、生物多样性，积极参与地区环境规划和产业规划；积极参与对污染企业的监督；合理安排自己的生产、生活，减少"搭便车"思想，培养绿色消费，扶持环境保护社会组织。

第二节　条件

社会机制的运行离不开自然环境和社会环境的支持。机制设计需考虑机制所在环境的特点和变迁趋势。社会机制与环境存在两种可能的关系：在一定的环境条件下，没有可供选择的社会机制能够实现社会目标；在一定的环境条件下，存在可供选择的社会机制实现社会目标。借用诺顿"良性"（benign）问题与"恶性"（wicked）问题之概念，前者为"恶性"问题，后者为"良性问题"。所谓良性问题是指有确定答案的问题，一旦找到解决方案，问题就会无可争辩地得到解决。如数学问题和科学问题就是典型的良性问题。所谓恶性问题是指永远得不到根本解决的问题①。恶性问题没有即刻的、最终的彻底解决方案，也无所谓对错好坏，只能使用"两害相较取其轻"。转型机制设计就是要转变运行环境，让"恶性"问题逐渐转化为可以解决的良性问题。笔者现在探讨的是前一个问题，通过进一步的研究分析，找到最佳的社会机制。这个问题包括三个部分：一是环境管理体制；二是最低环境质量保障体系；三是其他条件。

一 环境管理体制

环境管理体制是政府内部关于环境控制和治理事权的配置体系，是公共权力运作的框架结构，是环境立法、执法和司法的重要决定因素。环境管理体制的主体有：中央政府、地方政府、国家环保部、地方环保部门或机构。其实地方这个概念还有层次之分，有省级、地级、县级三级。环境管理体制的内容是可以变化的，目前的环境管理体制并不完善。改革和完善环境管理体制的主导权在中央政府，因为只有中央政府才拥有完整的立法权和政策制定权，才能给地方政府制定游戏规则。

目前环境管理的相关机构的关系如图6-1所示。从图中可以看出，地方环保局受到地方政府和环保部的双重领导。环保部受中央政府（主要是行政机关，其次是全国人大）的领导。地方政府受到中央政府的领导。地方政府掌握产业规划、审批和关停污染企业的决策权，但是从关系上看，它只受中央政府的指导、监督和考核。中央政府没有掌握具体的环境信息以及相关的环境保

---

① 田宪臣：《诺顿环境实用主义思想研究》，河南人民出版社，2010，第118页。

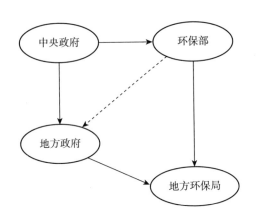

图 6 - 1　目前环境管理体制中的管理关系（虚线是笔者所加）

护地方性知识，难以做出切实的监督和考核。掌握信息的环保部门却缺乏必要的对地方政府环境行为的管理权。其结果是：环保部门拥有的权力难以承担其肩负的责任；地方政府行为没有受到环境法规的硬约束；中央政府缺乏必要的基础信息，环境法规在地方的执行中受到扭曲。

环境管理体制改革是面向管理机构的制度设计。它的核心内容有两个：一是改革环境执法机构之间的关系；二是界定中央政府与地方政府的权利与义务关系。改革环境执法机构之间关系的目的是提高环境执法的质量和效率，让环境执法机构之间相互促进和牵制。目前，环境管理部门难以制约同级地方政府的环境违法行为；上级政府有权规制下级地方政府，但是缺乏必要的环境知识和环境信息。因此，笔者认为的改革策略是：环保部以及下属的环保机构有权对下级的各个地方政府的环境影响行为进行指导、监督和考核，即国家环保部监督省级政府的环境相关决策，省级环保局监督下属的地区或县级政府的环境相关决策。也就是在图 6 - 1 的中间再添加一条直线，将虚线变为实线。界定中央政府与地方政府的权利与义务关系的核心是建立三个机制，即立法机制、督察机制和示范机制。

1. 立法机制

环境管理低效的一个重要原因是环保法规的权威性不足。权威性不足的一个重要原因是环保法规的部门色彩过重，没有找准与其他部门的合作基点。当遇到法规修订、解释、补充的机遇时，环保部门需要充分研究自己的优势和不足，以及与其他相关部门存在的冲突和合作，如与国家发改委、公安、国土、农业、水利、卫生、科技、住建、能源、工商、税务部门之间的具体关系，梳理出问题的类型，对部门内可以解决的环保问题制定具体的操作细则，如环境监测、污染企业非法排污、环境容量配置、地方政府环境业绩考核，以行政效率赢取部门的权威；对需要其他部门协作的环保问题制订具体的解决方案，如产业规划、重大环境污染纠纷、环境排放标准、排污权交易、垃圾回收等，监督案件或环境状态的进展，并给予当事人解决环境问题的路径。环保部门的力量来自公众和社会组织的环保诉求及其机构的信任。因此，环境法规的立法工作应避免封闭化、神秘化，避免部门擅自扩张权力和部门利益法定化，破除法律规定的"过于原则化"，提高公众环境权益，让公众和社会组织的环境诉求作为立法的根本原则，将环境行政主管部门定位为公众环保行动服务的专职机构。

2. 督察机制

因为环境是一个无主体事物，任何个体或企业均可能对环境做出不利的行为。因此，督察人们的行为是必要的。统一管理和分工负责相结合的管理体制在实践中屡屡遭受挫折，于是，环保部设立环境监察局和华南、西南、东北、西北、华东、华北六大环保督查中心，强化监督力量。环保督查中心工作内容集中在三个方面：一是督查地方环境保护工作情况；二是协调跨省的环境保护工作；三是处理应急事故。环保督查中心仅是一个事业单位，督察业务接受环保部环境监察局指导，应急工作接受环保部应急办公室指导，所委托事务均由环境部的相关部门进行处理[1]。环境督察顶着中央环境监督之名，实际只有建议权，充当环保部的传

---

[1]　彭本利、李爱年：《新〈环境保护法〉的亮点、不足与展望》，《环境污染与防治》2015 年第 4 期。

声筒和监视器①。若想真正发挥这些机构的督察职能，应该放权于监察中心，明确其作为大区监管机构的行政执法地位，赋予其执法权限。为防止其专断滥用权力，与之配套的改革是启动环境监测制度改革，打破环境监测的垄断格局。环境监测以政府的环境检测站为主导，将环境检测业务市场化，对非政府环境检测机构实行资质管理②。环境检测机构以事实为准绳，对检测结果承担完全责任，经得住检验的结论才具有法定效力，以此印证政府检测机构的不实行为。如此，公众就可以在市场中寻找检测机构，平等获得环境信息，了解环境状况的真相，也可以知道污染企业的排污情况。对于政府来说，也可以降低环境检测成本，不需要在全国范围内密集设点，也不必设置一支庞大的日常监测队伍。

3. 示范机制

环保执法长期受到来自地方政府为发展经济而施加的压力和制约。这也可归因于干部的综合素质和执行能力。但是，干部的能力从哪里来？示范机制就是要解决环保干部的能力问题。环保部可以自身国家级的权威对地方政府的违法行为（如包庇污染企业、任意降低环保标准、超出环境容量、规划环评作假等）进行约谈、披露、裁决及执法；对于新型的环境纠纷，可以联合最高人民法院形成巡回最高环境法庭或者派遣专员进行调查取证、讨论、研究，形成具有权威的判决或调解结论，并向其他地方环保机构和地方法院提供相关信息，形成新裁决范例；摒弃为公众所诟病的部门利益，真诚、客观与其他部门合作，共同开展真正有利于中国生态文明建设的合作行动。知识准备不足也是制约我国环境管理体制改革的因素③。我国的环境治理工作需要复杂的理论和经验知识体系，需要国家最高环境主管部门收集现实遇到的知

① 高晓露：《完善中国环境管理体制的法律思考——云南铬渣污染事件引发的深思》，《财政监督》2011 年第 10 期。

② 蔡守秋：《中国环境监测机制的历史、现状和改革》，《宏观质量研究》2013 年第 2 期。

③ 李文钊：《环境管理体制演进轨迹及其新型设计》，《改革》2015 年第 4 期。

识难题，动员组织全国的专家逐个解决，并及时将科研成果应用于实践。这样的良性循环可以让地方各级环保干部不怕困难，因为困难可以上报，让专家研究解决；不怕能力弱小，因为可以学习已有案例、咨询相关专家；不怕地方政府的钳制，因为有上级部门、以往案例做基础。

二　最低环境质量保障体系

日本经济学家都留重人在其 20 世纪 70 年代的著作《公害政治经济学》中曾经提出"市民最低生活环境标准"。他认为，从整个地球的角度看，一切被称为"外部性"的因素实际上都会被内部化，我们应该寻找一个超越市场机制的标准。他提出，如同社会福利、社会保险等必须由公共部门提供，市民最低生活环境标准也应该由公共部门保证实施。极端地说，可以将之作为政策指标代替 GDP[①]。日本环境经济学家宫本宪一评述，都留重人虽然指明了环境治理对策的方向，但是将之应用于现实世界，仍然显得抽象，还需要进一步的阐述和事实调查。

本书提出"最低环境质量保障体系"是对应"最低生活保障制度"的概念，并将之运用于环境管理领域。也就是说，环境质量的安全保障是最低生活保障制度的组成部分。对于那些在不适宜居住的地区生活的居民，政府有义务创造条件动员其迁移到适宜居住的地区。最低环境质量保障体系包括三个层次：生产、生活和自然保护。最低生产环境质量是指劳动者的劳动条件不能低于某一个环境质量标准，旨在保护劳工的权益；最低生活环境质量标准是指所有公民的生活环境质量不能低于某一个环境质量标准；自然保护环境标准是最高的一种，它要保持原生态的特征，如自然保护区、风景名胜区以及饮用水功能区。上述环境所指向的要素包括：水、大气、土壤、声和光等。

我国的环保法规其实已经有了一定的体现。如环境保护部污

---

① 转引自宫本宪一《环境经济学》，朴玉译，三联书店，2004，第 50~52 页。

染控制司提出的《环境空气质量功能区划分原则与技术方法》①规定：环境空气质量功能区②分为三类。一类环境空气质量功能区（一类区）指自然保护区、风景名胜区和其他需要特殊保护的地区。二类环境空气质量功能区（二类区）指城镇规划中确定的居住区、商业交通居民混合区、文化区、一般工业区和农村地区，以及一、三类区不包括的地区。三类环境空气质量功能区（三类区）指特定工业区，是冶金、建材、化工、矿区等工业企业较为集中，其生产过程中排放到环境空气中的污染物种类多、数量大，且其环境空气质量超过三级环境空气质量标准的浓度限值，并无成片居民集中生活的区域，但不包括 1998 年后新建的任何工业区。一般工业区，是指特定工业区以外的工业企业集中区以及 1998 年 1 月 1 日后新建的所有工业区。类似水、土壤、声、光等环境质量功能区的划分工作在一些地区已经展开，但是还没有全国标准。

制定环境质量的最低标准不是一项十分困难的工作。真正的困难在于如何实施国家环境标准。例如国家有大气环境标准，但是一些"癌症村"的居民仍然难以得到该公共服务③。而且，2014 年修订的《环境保护法》也没有能够解决这个问题。因为目前的法规还是强调政府环境监管的权力和民众保护环境的义务。2014 年修订的《环境保护法》并没有明确提出环境权的概念，也没有按照权利本位的应有逻辑进行立法设计。2014 年修订的《环境保护法》总则中只有第六条规定了公民的环境保护义务，没有对公民环境权做出一般性规定④。

最低环境质量保障体系是国家保障所有公民最基本生存资料

---

① 本标准 1996 年 7 月 22 日发布，从 1996 年 10 月 1 日起实施。
② 空气质量功能区，是指为保护生态环境和人群健康的基本要求而划分的环境空气质量保护区。
③ X 区邬村的村民为了获得自己周围的生活环境质量信息，费尽周折，但还是没有环境监测机构提供监测服务。
④ 彭本利、李爱年：《新〈环境保护法〉的亮点、不足与展望》，《环境污染与防治》2015 年第 4 期。

的体现。当公民通过自身的努力也不能保证其基本生存资料时，他/她有权向各级政府提出申请，地方政府和中央政府应保证给予相同的待遇。它是法律面前人人平等的权利保证，体现生存权的优先性，也是一种普惠机制。目前，在城市和农村，地方政府均推出不同程度的最低生活保障制度，而且农民还有耕地，那么，如果低保人员连生存环境安全也不能保证的话，这些资源又有什么价值呢？因此，保障每一个人有最低标准的空气质量和最低标准的水源应是政府义不容辞的责任。如同人口政策是基本国策，环境保护也是基本国策。所谓国策，就是以国家为单位，视国家为一个共同体，与所有的国人有联系，而不是哪个省的问题。国策需要由中央政府制定具体制度，并监督实施。人口政策有户籍制度作为稳定器，其外部效应不明显，不会出现危害他人财产和人身安全的现象。但是，环境事故或者污染物不合法排放，可能造成周围居民的生存危机。阿玛蒂亚·森认为，具备基本能力是一个人实现自我价值和贡献社会的基础，不要求事事平等，而只要求国家为个人提供攀登社会阶梯的条件。"基本能力"是一个和发展阶段有关的相对概念，就现阶段的中国而言，基本的医疗保健、基础教育、就业和基本养老应该是优先考虑的内容①。但是，我们不能忽视已经处于环境危机的地区。

最低环境质量保障体系的意义在于：保证公民的环境安全感；使企业在明确的、必要的环境责任制约下，充分发挥经济自由的权利；有助于企业与周围居民建立沟通协商的平台；使公共服务渗透每一个居民区，不管是城市居民还是农村居民，建立国家与公民的和谐关系。

三　专业服务分工

环境问题与社会问题总是纠缠在一起。解决环境问题，需要

---

① 姚洋：《当代中国问题的复杂性》，见"经济演化与复杂性分析"网站（http://web.cenet.org.cn/web/keyouxz/）。

专业化服务：独立的司法裁决、独立的环境检测、环境影响评价、损失评估和环境科研。关于独立的司法裁决的设计超出本书的范围，但笔者需要强调，独立的司法裁决系统是其他所有环境纠纷解决机制的根本。没有公正的司法裁决做最后的保证，任何其他解决方式均难以取得公正的结果。环境影响评估已经在环境影响评价制度中做了分析，这里不再涉及。这里重点就环境检测、损失评估和环境科研进行分析。

1. 环境检测

环境检测与企业的污染防治没有直接的关系，但是对受害者来讲，环境检测具有十分重要的意义。如果环境检测制度设计合理，不仅可以满足受害者关于自身周围环境质量的信息，还可以对污染企业的排污行为进行有力的监督，也可以为环境诉讼提供法律证据。2013 年 6 月 8 日最高人民法院和最高人民检察院《关于办理环境污染刑事案件适用法律若干问题的解释》中的第 11 条规定：县级以上环境保护部门及其所属监测机构出具的检测数据，经省级以上环境保护部门认可的，可以作为证据使用。这赋予县级环境监测机构的结果以法律证据的效力。但是，这个效力还需要省级环保机构认可。该法规并没有给予社会中具有检测能力的机构以相同的法律地位。

环境检测服务有两类机构可以提供。一是环境监测站。当前的环境监测站作为地方各级环保局下属的事业单位存在，接受环境局委托的业务，没有彻底的市场化，虽然它也是按照成本收取费用。由于具有官方的背景，它们受理群众提出的环境检测要求时，会受到地方人民政府的态度影响。如果地方人民政府对招商引进的污染企业有意关照的话，那么，群众希望获得及时、准确的环境检测要求就会难以得到满足。环境监测站所获得的信息是否公开以及如何公开，也会受到地方政府或者污染企业的影响。2005 年 1 月 25 日，时任环保局局长解振华在部署"十五"期间的环保工作时，曾痛斥环境监测的弄虚作假、玩弄数字游戏的行为。张村的案例即表明如此，2004 年 5 月 21 日下午，化工厂的排污口又排出了臭气熏天的黄色污水，周围群众多次向 F 省环保局和 P 县环保局投诉，请求他们派人前来对污水进行取样检测。然而，群众苦苦等来的，却只有失望。

二是市场化的社会环境检测机构。随着经济社会的不断发展，人民对环境检测的需求也在不断提升。当前的环保行业政府监测力量受限于资源配置、制度、监测体制改革等因素，已无法满足日益增长的环保检测需求，因此，推进环境监测的市场化已成为当务之急，势在必行①。以南京市为例，2012 年初，南京市环保局发布了《南京市环境检测实验室管理规定（暂行）》。其规定：凡从事环境监测活动，向政府或社会出具对环境质量、污染物排放等具有证明作用的监测数据的环境监测机构，必须获得环境保护行政主管部门的环境监测资质认定；经认定合格的单位，可在认定范围内从事环境监测服务工作。目前开展业务的 5 家社会环境监测机构均具备实验室资质认定计量认证资质，硬件设备满足分析业务要求。但软实力方面总体较弱，主要表现为环境行业经验的缺失。为此，南京市环境监测中心站逐步制定了相关质量管理规定，从质量手册、程序文件上对检测职责和程序进行了具体规定要求，细化了各流程记录，包括监测协议、社会环境检测机构能力评审、监督记录、质量评分等，并出台了社会环境检测机构业务考核实施方案，保证了检测工作的有序管理。从南京市环境监测总的工作量来分析，目前的市场化检测量约占 30%。其中，环评监测数据 12400 个，占总业务量的 41%；三同时监测数据为4839 个，占总业务量的 16%；专项监测数据为 7561 个，占 25%；委托监测数据为 5444 个，占 18%，其中水质样品占 52%②。

环境检测机构的关键是对真实信息负责。现在受到地方政府影响的环境监测机构不能胜任这个角色。改革的方向是由环境监

① 张建、许志娟：《探析加强环境监测管理的方式》，《北方环境》2012 年第 4 期，第 208~209 页。

② 金鑫等：《南京市社会环境检测机构管理措施与成效分析》，《中国资源综合利用》2015 年第 1 期。

测站对环境污染源进行监测并且向环保部门提供环境监测数据，转变成排污企业有责任定时向政府环保部门提供污染物排放数据，使之成为企业一项必尽的责任和义务；环保部门所属环境监测机构由承担具体监测任务转向监督管理方面，由社会性的监测服务机构承担日常的企业排污状况监测，从而营造环境监测需求市场①。政府引导环境检测企业增强检测能力，允许其跨地区作业，帮助其成为规范、负责的大型环境检测公司。

2. 损害评估

环境纠纷的焦点主要集中在损害评估上。环境污染事件的特点是影响范围广、因果关系难确定、损害评估难度大，特别是非经济损失以及对生态和环境资源本身的损害。目前的损失评估市场较为混乱，没有针对环境污染损害及其造成的经济损失出台一套科学的环境损害评价方法和相应的法律保障和制度体系，使得环境污染犯罪案件的刑事量刑和民事赔偿缺乏依据，收费价格也高低不一。除环境污染导致的经济损失在相关法律中得到体现外，环境损失的赔偿、纠纷的处理、责任的认定、环境资源的修复既没有明确的管理机构，也缺乏相应的法律制度规范，职能界定、组织体系、人员队伍、制度规范、法律体系和赔偿修复资金筹集等保障制度和措施近乎空白，从而导致人民财产和人身安全受到侵害、环境违法行为无法得到应有的惩处、环境纠纷案件处理不当引发社会矛盾、受损的生态环境资源难以修复。於方等人的研究认为，我国环境污染损害评估鉴定能力薄弱，具体表现在三个方面：第一，技术体系尚未建立，包括范围认定规则、损失计算指南、数额计算标准等在内的系列技术规范需要一一制定并逐步完善；第二，评估鉴定工作组织体系没有形成，环保部并不是唯一的环境损害评估和赔偿修复主管机构；第三，没有专业的环境损害评估鉴定机构和资金人员保障，鉴定结论五花八门、真伪难

---

① 金鑫等：《南京市社会环境检测机构管理措施与成效分析》，《中国资源综合利用》2015 年第 1 期。

辨，评估结果缺乏科学依据，司法裁决无据可依，受害方利益不能得到保障①。

从世界经验来看，任何一个国家的环境损害评估管理体系，已颁布的环境损害相关法律体系及其修订演变过程，都不是提前精心设计并且完美无瑕的。大多数国家的环境损害立法及责任追究都是被动地由环境污染事件造成严重社会负面影响而不得不尽快颁布实施，虽然在后续过程中逐步修订完善，但由于环境损害问题暴露的滞后性、科学技术和评估方法的缺陷、社会和公众环境意识不足、赔偿和恢复资金来源问题等，环境损害评估管理体系的完善依然是各方关注的重点问题②。一个悖论是，发达国家对环境损害评估机构的管理强度和关注程度都远低于国内，对评估机构的准入、资质和效力等一般不做明确的要求，评估结果的可信度和客观性以严格的法庭程序审查和评估机构自身的社会公信力和良好信誉约束为主③。在美国，法庭控辩双方都可以委托具有一定技术力量的环境咨询公司或科研机构，提供各自的评估报告，环境损害评估操作程序透明，相关信息共享，公众积极参与，原告和被告之间具有很好的交流平台，由法官决定采信哪份报告。日本也并未对从事司法鉴定的机构和人员资质进行规定，大学或科研机构的鉴定人员、民间鉴定行业协会或组织的工作人员以及专属于公诉机关的技术鉴定机构人员均可以从事鉴定活动④。

环境污染损害风险评估是开展环境损害评估和制定环境修复赔偿方案的基础性工作，随着未来污染场所问题的大量出现，制定环境损害风险评估标准、建立专业的环境损害风险评估机构将

---

① 於方等：《如何推进环境损害评估鉴定与赔偿修复》，《环境保护》2010 年第 8 期。

② 张红振等：《环境损害评估：构建中国制度框架》，《环境科学》2014 年第 10 期。

③ 张红振：《环境损害评估：国际制度及对中国的启示》，《环境科学》2013 年第 5 期。

④ 王灿发：《重大环境污染事件频发的法律反思》，《环境保护》2009 年第 17 期。

成为一项非常重要的工作①。目前，我国环境污染损害评估市场乱象丛生，收费不规范，有的环境污染证据鉴定费要花几万元甚至十几万元，存在暴利现象，这不仅加重了污染受害人的经济负担，而且不利于环境损害赔偿的诉讼。为此，国家有关部门需要制定统一的环境污染鉴定收费标准。环境污染损害评估鉴定组织作为中介服务机构，应建立资质诚信制度及行业自律规范，按市场化运作，对那些做虚假鉴定的机构给予行政和刑事处罚。

3. 环境科研

让污染受害者寻找污染的来源，让他们证明污染物与损失之间的因果关系，这是不公正的，这无视现代社会的分工合作体系，否定了环境科学的存在。环保部门有责任提供环境科技信息、环境影响评价标准以及产业规划和环境规划。但是环保部门并不是科研机构，它难以对层出不穷的新的污染物质的危害能力有清楚的了解。提供污染物质的危害能力、污染物排放与损害之间的因果关系，防治污染，是环境科研机构需要解决的问题。环保机构可以根据社会的实际需要向各高校、研究所和环保公司公开招标，建立全国性的环境科技信息库，供全国各地的环保机构和法院进行环境调解和环境案件的审判。为了防止污染企业对环境科研机构的影响，环境科研机构的经费来源的构成需要公示，并且科研结果应接受专家的匿名审查。

环境纠纷双方的共同体认识非常重要。环境理论研究者提出"我们只有一个地球""我们共同的未来"。笔者不敢设想，当前社会能形成一个全人类共同体，居民、企业与政府却构成了一个社区小生境。即使企业主及其亲朋好友没有住在污染企业的周围，也要尊重住在周围居民的生存环境安全，尊重他们的权益。污染企业向乡村转移有一定的政治和经济的合理性，但是接受地的农村居民应该有参与协商的权利，应该有知情的权利。污染企业的

---

① 张红振等：《环境损害评估：构建中国制度框架》，《环境科学》2014 年第 10 期。

落地和生产应该在法律的阳光之下操作。由国家法律或者环境影响评价标准确定受影响的空间范围，如果是大型工业区，要能够做到循环生产，不向外界排放废弃物。地方政府不能为了增强区域投资环境的竞争力而剥夺农村居民正当的环境权利，忽视农村居民的参与决策权。将企业、居民和地方政府塑造成一个共同体是必要的，它可以减少今后的摩擦、消除社会不安定的隐患，有助于构建一个和谐社会。

第三节　内容

如前所述，中央政府对保护全国环境具有不可推脱的责任①，希望环境不至于恶化到无可挽回的地步，也希望环境质量早日从恶化中走出，进入优化的发展轨道，使国家取得经济和环境发展双赢的结果。中央政府的最大弱点是不能直接执行政策。因为环境政策存在设计漏洞或者不够具体或者与地方短期利益相悖，地方政府缺乏严格执法的动力。转型机制的任务就是在满足上述条件的情况下，设计相关主体的权利与义务、竞争与合作、分工与关联、委托代理与监督制约的关系，让它们的环境行为向着有利于环境质量优化的方向发展。笔者从三个方面论述环境质量的转型机制的内涵：一是约束机制，论述地方政府、企业的环境义务和责任；二是激励机制，论述地方政府、企业和村民的环境权利；三是如果发生环境纠纷，所应该遵循的调解制度和补偿制度。

一　约束机制

约束机制探讨的是三个主体的环境义务和责任。环境义务是指社会主体应该承担的角色内容，环境责任是指如果社会主体没

---

① 对中央政府来说，其外部性效益最小，国内的环境行为主要是由本国人民承担。即使是外来企业造成的污染，中央政府也应该承担责任，因为外来企业是在政府同意设立之下生产和经营的。由中央政府负责环境，虽然能够保证国家之间的环境公平，但是不能保证国家内部人民之间的环境公平。

有承担相应角色的义务，那么它应该受到相应的惩罚。可以说环境义务是一种日常行为，环境责任是一种非常规行为（如发生生产事故）。

1. 地方政府的约束机制

地方政府是本地环境资源的管理者。地方政府因为不当行为或者非法行为也可能产生外部负效应。为了使地方政府之间展开公平的政绩竞争，国家必须对它们的行为进行适当的约束。笔者从四个方面进行设计，分别是地区环境政策、地区环境容量、面向企业的环境执法和回应居民的环境信息诉求。每一个主题又从义务和责任两个层面进行探讨。

第一，立法政策约束。

中央政府制定的政策必须照顾全国不同地域的特征，传递一种政策导向，因此，它的政策内容比较笼统、抽象、弹性较大。为了更好地执行环境法规，地方政府一般需要进行更详细的界定。为了更好地规范地区政策的制定，中央政府应制定概念清楚、程序明确、内容相对详尽的政策，可以允许地方政府在具体的参数上结合实际情况（可以参考相关统计指标）确定本地区的执行数值。也就是说，中央政府的政策与地方政府的政策应是一个体系，前者提供的是一个参数框架或区间，后者是一个确定的数值或更窄的区间。既然中央政府掌握政策的主导权、解释权，因此，如果地方政府出现立法、执法等疑惑，中央政府应该迅速做出回应。为了提高回应的准确性、科学性，中央政府应该凝聚一批行业顶尖的执法专家，有限度地执行一批环境典型案例，给地方政府做出示范，必要时也可以组建隶属最高法院的巡回法庭。

地方政府制定地区的环境政策。地方政府的政策约束是：城市规划、产业规划应根据国务院的环境政策和产业规划，制定本地区的具体方案，并向国务院备案，接受公众查询；公开本地区的环境信息；召集行业协会和有代表性的企业共同协商决定本地的环境技术标准；在法律和政策许可的范围内向企业做出优惠。地方政府之间的竞争应该体现在环境容量的大小和政府服务能力的高低上。如果民众发现地方政府并没有承担它所应该承担的义务，民众可以诉诸上级环保局，或启动行政诉讼程序，如果地方政府被判定违规或败诉，相关责任人应接受行政处罚。

第二，环境容量约束。

环境容量是根据一个地区的地理环境和国家环境标准计算出来的合理承受污染物的最大容量，是保持地区可持续发展和保障居民生活环境质量的必要限制条件。环境容量与环境治理能力和环境污染能力有简单的加减关系。环境治理能力越强，可容纳的污染排放量也可相应增加。在环境容量的限制问题上，地方政府的义务是：在环境容量的限制下，参与论证地方产业规划和环境规划①，合理安排本地产业的区位布局，向上级环保机构备案；为了提高地区更大的产值，可以通过提高环境治理能力扩大地区的排污总量；在条件允许的情况下，还可以与周围的地区协商进行排污权的地区交易。

第三，环境执法约束。

地方政府的主要任务并不是制定地区环境政策和遵循环境容量，而是对污染企业进行环境执法。在这个过程中，地方政府的义务是：组织和管理排污交易市场，督察污染企业执行"环评制度"和"三同时制度"，淘汰落后的技术和设备，进行环境检测，督察企业是否达标排放，是否按时足额上缴排污费，是否存在偷排和直排现象。在合法排污的范围之内，政府需要承担环境治理的公共责任。如果企业出现超标排放的现象，企业就要自己承担相应的责任。为了排污费的来源稳定以及纳入财政监管，国家需要将之转变为环境税。排污费的重点在于恢复生态、补偿受害者和科学研究，而不是返还给企业用于技术改造。地方政府与企业的关系应该是管理与被管理的关系。无论企业是招商引资进来的，还是本地土生土长的，都必须遵守国家的法律和政策。环境执法

---

① 环境规划包括产业规划和生态补偿，可以由环保总局负责，落实到省级和县，可以由省级提供初稿，由环保局审批。

环节也需要媒体、舆论的监督力量。

第四，信息公开约束。

环境信息公开是地方环保机构应尽的义务。利用信息手段进行环境治理是目前较为先进的做法。环境信息公开可以让社区和消费者对企业及其产品的环境因素有所了解，产生对于环境友好企业的支持与鼓励，对于污染严重企业整改形成社会舆论压力。目前，我国政府机构的信息公开制度不够健全，环境信息公开的数量和质量均不高，也没有专门机构检查此事项。

公开的信息包括两类：环境质量信息和环境事件信息。环保机构环境信息公开的义务：公示建设项目的环境影响评价书，提供污染企业的环境行为信息；应居民的要求对生活环境质量进行检测；如果发生环境事故，必须及时、准确地提供污染物的危害及处置情况信息；如果发生环境纠纷事件，必须及时调查，聘请相关机构进行损失评估，积极沟通双方的信息和要求，向村民提供环境知识、法规和维权渠道等信息，防止过激行为的发生。为了防止环境信息的弄虚作假，应加大中央机构对各地的环境检测力度（自动检测和随机检测），或者将检测业务推向市场运作。周围群众是污染企业外部效应的直接承担者，他们有极大的积极性监督污染企业的环境行为，因此，应加快群众的举报、信访等制度建设。如发现有单位存在弄虚作假、信息隐瞒和拒绝提供公共服务的情形，其需承担相应的行政处罚。

2. 污染企业的约束机制

良好市场经济的基础是经济主体之间的公平竞争。企业从地方政府手中获得了一定数量的环境排污权。由于我国法律对于污染企业的超标排污的处罚较轻，污染企业认为"违法比守法好"。迫于"劣币驱逐良币"的压力，环保技术先进的企业也被迫"同流合污"。结果，非法排污成为这些企业的惯习，成为该行业的行规。没有治理污染的压力，也就没有研发清洁技术、治污技术的动力。企业有时甚至会刻意拒绝采用先进的工艺或者清洁生产技术，因为先进工艺或者清洁技术需要高额的投资，即使从长远来看是有利的投资也会因为不利于短期经济核算而放弃。这是不正常的市场环境。面向企业的机制设计内容包括三个部分：一是通过改变法规约束企业行为；二是启动排污权交易市场诱导企业行为；三是赋权居民约束污染企业行为。

第一，法规约束。

从 1979 年颁布实施首部《中华人民共和国环境保护法（试行）》开始，中国陆续颁布实施了环境、资源、能源与清洁生产、循环经济促进方面的法律法规，有大约 22 部相关法律，超过 40 部条例法规，大约 500 个标准和 600 多个规范性法律文件①。这些法律扭转了我国环境行为无法可依的现状。特别是 2013 年 6 月 8 日通过的《关于办理环境污染刑事案件适用法律若干问题的解释》和 2014 年 4 月 24 日通过的《中华人民共和国环境保护法》。法规明确了我国坚持"保护优先、预防为主、综合治理、公众参与、损害担责"的原则，任何企业事业单位都应当防止、减少环境污染和生态破坏，对所造成的损害依法承担责任。如果企业事业单位违反法律法规规定排放污染物，造成或者可能造成严重污染的，县级以上人民政府环境保护主管部门和其他负有环境保护监督管理职责的部门，可以查封、扣押造成污染物排放的设施、设备。对违法建设、生产和排放污染物的，县级以上人民政府环境保护主管部门将案件移送公安机关，对其直接负责的主管人员和其他直接责任人员，处 10 日以上 15 日以下拘留；情节较轻的，处 5 日以上 10 日以下拘留。这些直接惩罚企业责任人的规定，让污染企业的决策者直接承担法律风险，比之前单纯的罚款更有效力。新法规是否能够有效遏制污染企业的逆向选择行为，还需要其他因素的配合，比如环境信息公开、同行监督、环境公益诉讼等。

---

① 李万新：《中国的环境监管与治理——理念、承诺、能力和赋权》，《公共行政评论》2008 年第 5 期；汪劲：《中国环境法治三十年：回顾与反思》，《中国地质大学学报》（社会科学版）2009 年第 5 期。

第二，市场约束。

对于企业来说，最大的压力来自市场。这里的市场不是指通常的产品市场，而是排污权交易市场。在严格执法的前提下，污染企业在排污技术上也展开了与产品市场相同逻辑的竞争。为了获得竞争优势，降低治理污染的成本，污染企业将会积极研究开发清洁技术、引进先进设备，积极培养员工的技术素质等。排污减少的企业可以出让自己的排污权获得收益，而政府也可以适时逐步提高环境技术标准，从而推动整个社会的技术进步，解决技术的硬约束。

第三，居民约束。

企业与居民之间在环境权利上存在一定的矛盾。两者的界限取决于法律的界定。由于相邻关系，企业的生产和发展行为可能影响周围居民的环境权利。周围居民为了维护自己的环境权利向企业提出环境诉求，或者求助于政府解决环境纠纷。企业为了应付这些纠纷，必须支付一定的成本。因此，居民的环境权利构成了对企业行为的外界约束。只要法律赋予居民更多的环境权利，周围居民会有更大的积极性制约企业的排污行为。由于地理上的邻近性，从信息获取成本上看，由居民承担环境监督义务具有更高的准确性和效率。有时，即使法律没有明确规定，居民也可能因为当地的习俗、迷信或者朴素的环境正义观念，采取环境维权行为，比如基于风水因素反对污染企业的建设。

二 激励机制

对于政府机构，如果仅有制度的约束，没有相应的激励机制，那么其工作人员就有可能会陷入官僚主义，回避风险和矛盾。对于污染企业，如果仅遵循法规要求，没有激励机制，它们就不会从社会的角度追求环境友好技术，不会有积极性承担自身造成的"外部负效应"。对于居民，2014年修订的《环境保护法》删去原来饱受诟病的第六条规定，即"一切单位和个人都有保护环境的义务，并有权对污染和破坏环境的单位和个人进行检举和控告"，原因是这样笼统的规定，并没有达到激励居民参与对环境违法行为的检举和控告的效果。代之以"一切单位和个人都有保护环境的义务。公民应当增强环境保护意识，采取低碳、节俭的生活方式，自觉履行环境保护义务"。该法规仍然只是表达倡导性的意向，并没有真正起到激励的作用。所谓激励机制，就是使得各个社会主体有积极性做出符合环境正义的行为，促使政策的具体执行人员有积极性严格执行政策，污染企业有积极性采用环境友好型技术，居民有积极性监督企业的污染排放行为和地方政府的环境执法行为。

1. 地方政府

绝大部分的环境执法活动是由县级和区级环保机构执行的。对于地方政府来说，经济发展的动力远远高于环境保护的动力，这是与我国以经济建设为中心的战略是相一致的。经济增长与环境保护之间并不必然矛盾或者对立，但是选择污染产业作为地区的支柱就会产生破坏环境的风险。如果环境监管权力缺乏、能力不足、意愿被动的话，环境污染纠纷、生态恶化几乎成为一种必然的结果。在环境使用和治理问题上，中央政府应该进行顶层设计，遵循科学和有序开发的原则，配置地区之间的产业规划，不能放任地区之间在环境问题上的"触底竞争"。当前一个有利的条件是，新环保法规重视环境保护规划，并将之与主体功能区规划、土地利用总体规划和城乡规划等相衔接。

第一，生态补偿机制。

因为生态环境在县域层次还有很大的外部性，因此，需要中央政府根据各地的生态环境贡献和利用情况，确定地区之间生态补偿的核算机制。比如 A 地属于生态保护区，为了维护高质量的生态环境，产业规划项目需要受到限制，同时也可以获得相应的保护投入；而 B 地是经济开发区（工业、农业、商业或者城市），因为它享受 A 地的环境保护所带来的收益，如生活环境质量的改善、房地产价格的上涨、工业投资密度的提高、环境容量的增加等。那么，可以建立地区之间的生态补偿机制，将 B 地的部分生态收益转移至 A 地用作生态保护基金。如果 A 地挪作他用，或者没有保持它所应该达到的环境质量，那么，就会面临补偿基金减少或者终止的危险。如果 B 地不支付给 A 地一定的生态补偿基金，A 地也进行经济开发，不仅效率低下，而且影响 B 地的生产成本和经济收益。因此，只要进行合理的设计和双方对等的协商谈判，生态补偿机制就能实现地区之间的双赢结果。这种生态补偿机制可以在多个地区展开。

生态补偿机制不同于生态税。税收是公民或者法人机构与国家发生的关系。而补偿机制是当事人双方之间就相互影响的问题进行收益平衡的制度。与生态税相比，它的特点是：具有更强的针对性，只是在生态环境的保护和收益之间建立地区之间的平衡，有助于保护环境质量；它具有更强的操作性，该制度具有明确的责任人和受益人，两者之间均是互惠互利的关系，均有监督对方行为的积极性；它具有更高的效率，是生态效益和经济效益的直接转换，让受益地区和保护地区之间建立监督和收益的良好平衡。

第二，评优机制。

激励地方政府积极从事环境治理建设的另一个措施是进行地区之间的环境质量评比，对优秀的环境治理经验和环境治理业绩进行表彰。日本治理琵琶湖的一个重要经验就是，琵琶湖流域被分成 7 个小流域，分别由不同的地区组织公众参与，让上、中、下游地区间相互交流、踏勘、学习，如参加除草、种树、捡拾垃圾、调查水质和品尝对方区域生产的山菜、稻米、鱼虾等新鲜食物，亲身感受加强湖泊综合管理和环境保护与日常生活之间的密切关系，通过调查、交流、流域信息共享和利用等民间活动，调动每一个人的积极性[1]。国内由环保部主导的评优项目有环境保护模范城市建设，但只是局限于城市，所选择的指标全部是总量性指标，没有对环境纠纷的数量和处理的结果进行评价，没有民众对环境

---

① 张兴奇、秋吉康弘、黄贤金：《日本琵琶湖的保护管理模式及对江苏省湖泊保护管理的启示》，《资源科学》2006 年第 6 期。

质量的评价，也没有环境质量进步的指标。这个方向是合理的，但需要在今后设计更为完善、合理的指标。

评优机制还涉及对环境管理工作人员的业绩评比。评比标准是"业务水平、敬业精神、执法的公正性、执法效率"等指标。它可以激励从业人员积极向上，让他们认识到"干好与干不好不一样"，让他们认识到根据法律办事、顶住企业和上级压力的价值。

2. 企业

对于污染企业，激励机制有两个目标：一是表现社会责任行为，二是积极引进环境友好型技术。笔者从三方面进行制度设计。

第一，法规激励。

对于污染企业的超过法规要求的行为，如引进先进的环境友好型技术或者环境治理技术，或者履行企业周围的环境治理义务，关心周围社区的环境质量等，这一些行为并不是每一个企业都能做到，所以法律并不做明文要求。但是，任何企业都是理性的，当它做出有利于社会的事情，如果没有得到正向的回馈，那么，很难激发其后续的环境友好行为。因此，政府可以在制度上设计一定的激励措施，比如设置环境保护先进单位、节能贡献奖，进行财政补贴，让企业在同业竞争者中体现优势。

第二，市场激励。

污染企业也受到来自消费者的激励。企业表现出社会责任行为的最大动力来自消费者的支持。企业如果采取自觉的环境管理行为，主动承担保护环境的社会责任，那么，其产品可以进入日益强大的绿色产品市场。因为随着人们环境保护观念的日益提高，对绿色产品的支付意愿也在不断提高，所以，企业产品一旦拥有"绿色"标记，就预示着可能获得极佳的市场机会及丰厚的利润回报。企业环境管理行为的质量不仅影响产品在市场中的竞争优势，还影响企业的社会形象。为了树立良好的企业形象，污染企业存在提高自己的环境管理能力的内在动力。对政府来说，需要建立一个可靠的、权威的"绿色产品"的认证体系，并维护"绿色产品"的市场秩序。

第三，员工激励。

污染企业中的工人也是环境污染的受害者，工作环境质量的改善也有利于工人提高生产效率，因此，他们有督促企业主改善工作环境的积极性。根据"效率工资"理论，工资越高，工人被解雇的机会成本越大，因此，其偷懒的倾向也会减少[1]。同样，如果污染企业改善内部的生产环境质量，那么工人面临的疾病风险和劳动付出就会减少，被解雇的机会成本变大，工人的劳动积极性也会相应增强。这样就会形成一个良性循环，企业改进环境—员工积极工作—产品竞争力提升—企业利润增长—进一步改善环境。这里的条件是，工人必须知道生产环境的质量以及职业风险，工人与企业主之间是一种和睦的合作关系。

3. 居民

对于居民，最大的问题就是"搭便车"现象。因为环境利益是群体的公共利益，如果环境得到治理，大家都可以获益，但是治理的成本由参与治理的人承担。这也是一种外部性。居民参与环境治理的方式主要有：环境影响评价、环境监督、上访、行政诉讼、民事诉讼。后三种是环境纠纷的解决途径，将在下一小节阐述。

居民参与环境治理活动的关键因素有三个：环境价值观、参与成本、预期收益。普及居民的环境知识，加强环境教育可以提高居民对环境的价值估量。政府提供环境基础信息，比如企业的环境影响评价资料，环境质量检测信息，可以降低居民获取信息的成本；由环境污染鉴定机构或者律师事务所提供法律援助也可以降低成本[2]。《固体废物污染环境防治法》在第八十四条中规定，"国家鼓励法律服务机构对固体废物污染环境诉讼中的受害人提供

---

[1] 张维迎：《博弈论与信息经济学》，上海人民出版社/上海三联书店，1996，第497页。

[2] 尹常庆、尹常健：《在环境损害赔偿案中司法鉴定的作用》，《中国司法鉴定》2005年第3期。

法律援助"。在受到污染危害后因经济特别困难而无法委托进行环境污染鉴定时，环境污染鉴定机构应当为受害人提供法律援助，减免环境污染鉴定费用，使更多的污染受害者通过法律手段维护自己的环境权利，也可以在一定程度上减少社会不安定因素，并对污染者形成一定压力，促使其自觉遵守环境法规。加强居民的组织化程度也可以降低居民的参与成本。预期收益取决于地方政府的环境执法行为，但也与居民的参与程度有关。公众不断参与环境维权行动，可以对环境执法机关和污染排放者施加强大的压力，迫使其严格执法和严格守法。

三　纠纷解决机制

上述的机制只能保证日常性的环境行为。如果环境纠纷的双方不能执行前述的约束机制，那么双方将产生关于环境权利的纠纷。因此，建立纠纷解决机制对于维持社会秩序，明确双方的权利预期是必要的。纠纷解决机制包括调解、诉讼和补偿等方式。

1. 调解

中国目前存在许多历史污染源，对于这些污染源引起的环境纠纷，如何处理是当前环境纠纷的重点。调解是一种社会成本较低的纠纷处理方式，它对证据的要求较低。调解存在的基础是双方承认对方权利的合法性，愿意做出一定的妥协。这个基础在当前的农村是存在的。如在邬村案例中，村民认同"企业主追求利润最大化"。在王村案例中，村民也为迈×公司损失较多，因为它已经投入1700多万元，但经营不到半年就要停业、搬迁。环境维权者并没有将企业主停止经营作为自己的行为目标。在一些案例中，即使事情发展到企业搬迁，老百姓还是认为，这样的结果是当初没有想到的。

造成环境调解失败的原因往往是，污染企业认为农民较为难缠，不愿意与农民交往，也对"环境诉讼可能承担更少的环境责任"抱有期望，也可能不信任调解机构的公正性。因此，政府也应加强调解机构的仲裁能力，促使调解机构公正、透明地处理环境纠纷。如果调解的结果与司法诉讼的结果大致相当，那么调解方式凭借低成本、高效率、灵活性，必然是替代诉讼的有效方法。

2. 诉讼

法律诉讼是非常昂贵的纠纷解决机制。在我国法制建设不完备、法官素质有待提高、执法能力欠缺以及存在司法腐败的条件下，对于原告来说，可能的结果是赢了官司还是赔了钱。美国关于"公民诉讼"的条款规定：为了减轻原告的诉讼费用负担，鼓励公众对行政机关进行监督。《清洁空气法》规定法院可决定诉讼费用（包括合理数额的律师费和专家作证费）由诉讼双方的任一方承担。这项规定意味着原告的诉讼费用有可能由被告负担[①]。我国关于环境诉讼的缺陷主要有三点。

第一，诉讼资格。

法院可以各种理由不予受理环境纠纷、驳回起诉或判决原告败诉。这里的关键在于诉讼资格的问题。2014 年修订的《环境保护法》规定了公益诉讼的资格范围，较以往的法律有很大的扩展。它允许依法在设区的市级以上人民政府民政部门登记、专门从事环境保护公益活动连续五年以上且无违法记录的社会组织对污染环境、破坏生态、损害社会公共利益的行为，以不牟取经济利益为目的，可以向人民法院提起诉讼，人民法院应当依法受理。但是，如果地方法院仍然有拒绝立案的权力的话，那么即使是公益诉讼，也仍然无济于事。因此，关键的地方在于约束法院"拒绝立案"的权力。只要有事实基础，比如环境检测报告，任何环境纠纷均可在法院立案，而且县级法院不能立案的案件，可以在地区或者更高级法院立案。

第二，"搭便车"问题。

由于环境纠纷的受害者一般是一个数量较大的群体，因此，采用代表人诉讼是比较理想的做法。但是，这也会产生"搭便车"的

---

① 高金龙、徐丽媛：《中外公众参与环境保护的立法比较》，《江西社会科学》2004 年第 3 期。

现象。未登记参与诉讼的其他受害者也可以获得同样的补偿。"搭便车"问题的存在可能导致诉讼集团无法形成，结果是谁也无法免费搭别人的便车。因此，有学者认为可将《民事诉讼法》第五十五条的规定修改为："人民法院做出的判决、裁定，对参加登记的全体权利人发生效力。未参加登记的权利人在诉讼时效期间内提起诉讼的，适用该判决、裁定，但所获补偿将酌情减少。"这样规定将有利于促进当事人诉讼集团的形成，并逐渐消除"搭便车"的行为。

第三，证据效力。

任何纠纷的解决都需要有效的证据。但是污染纠纷具有一定的特殊性。一方面，污染企业排放的污染物是不固定的，会随时间发生变化；另一方面，受害者的损失如果不及时取证，也会随时间发生变化。另外，污染物与企业的关系需要监测机构证实，污染物与损害之间的关系需要环境科研机构证实。关于污染物和损失的监测和评估，应该由什么部门操作，该操作的结果在法庭上是否有效。这些都是关键问题，需要制度进行明确的设计。

关于污染纠纷的证据可以由环境监测机构负责对污染物成分进行检测，关于污染与损害的因果关系可以由环境科研机构负责认定，关于污染损害估计可以由有环保、农业、水利等领域专家参与的具备环保部审批条件的评估中心负责。污染损害评估在我国还是薄弱环节，环境资源有价的概念还没有得到广泛认可，因此，目前需要先在环境保护部和省环保局分别设立环境污染事故损失鉴定和评价方面的专门技术中介机构，由环境保护部成立专业的环境损害评估技术研发机构，制定并发布相应的鉴定标准和技术规范，逐步建立一套符合中国国情的环境损害因果关系鉴定与损害评估技术方法体系，开发相应的环境污染损害评估工具、建立基于环境风险的环境管理体系，并指导全国环境污染损害评估、鉴定及后续赔偿工作的开展①。

---

① 於方等：《如何推进环境损害评估鉴定与赔偿修复》，《环境保护》2010 年第8 期。

3. 补偿

补偿是解决环境纠纷的必然归宿。人们内部之间围绕环境权益的侵害和损害可以通过经济补偿解决。人类与环境之间的侵害和损害也需要加害者对大自然进行补偿。不同收入的居民对环境纠纷的解决期望是不同的。对于处于社会底层的低收入居民来说，他们的生活更加依赖环境资源，也更多地影响环境资源，因此，希望污染企业能够满足他们基本的生活需求，如食物、材料、就业、社区文化以及安全；对于中等收入阶层的居民来说，好的生态环境意味着生活质量的保证，如蓝蓝的天、清澈见底的河水、新鲜的空气、茂密的森林、清洁的环境、美丽的景观，这可以发挥休闲对于他们的最大价值；对于高收入的居民，由于他们的选择空间大，所以，如果周边环境受到污染，他们有能力迁移到自己认为理想的地方居住，因此，只要存在宜居的环境，他们的居住权利总是得到优先保证。他们之中也有人意识到"只有一个地球""自己的环境责任"，愿意投资环境建设。显然，从人数来看，社会底层的低收入居民数量庞大，而且分布范围广泛，他们存在很强的动力愿意让渡自己的环境权，以换取经济货币。因此，环境的"货币化"是发展中地区的一个基本特征。

因此，从社会正义和环境正义出发，补偿机制的内容应该分为两个层次：一是属于受害者的损失应该足额进行补偿，避免农民收入的下降；二是污染者有责任治理环境污染，保持周围环境的功能水平。后者不能以货币化的形式补偿给农村居民，而应该专款用于环境保护。

第七章　尾论

环境库兹涅茨曲线的微观基础是一个具有现实价值又尚未讨论清楚的时代话题。社会机制的研究也开始成为社会学应用于社会的一个杠杆。本研究通过探讨环境污染发生和扩大的社会机制，将两者结合在一起。第三章到第五章分析了环境污染力量和环境治理力量在环境纠纷事件中的表现，展示了环境污染加重的微观发生机制，第六章对中国的环境治理机制做了大胆的设计。在尾论部分，笔者再总结一下本研究的发现以及今后的研究主题。

第一节　环境库兹涅茨曲线的再研究

环境库兹涅茨曲线上的每一个点都代表了当时的环境污染力量与环境治理力量之间相互竞争的结果，在上升期说明污染的力量超过治理的力量，在下降期说明治理的力量超过污染的力量。本书研究的内容就是工业污染中的两种力量之间的互动。环境库兹涅茨曲线还有另一重关系，就是它与生态阈值之间的关系。李树在《降低环境库兹涅茨曲线峰值的政策措施》[①] 一文中画了一张图描述两者之间的关系，见图 7－1。

该图的核心在于生态不可逆阈值限制下的库兹涅茨曲线如何及时转型。A 为不考虑环境成本的环境库兹涅茨曲线，环境退化超出生态不可逆阈值，将造成生态灾难。B 为部分考虑环境成本的环

---

① 李树：《降低环境库兹涅茨曲线峰值的政策措施》，《生态经济》2005 年第 10 期。

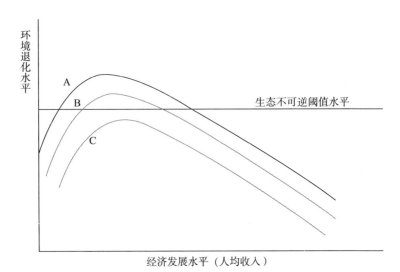

图 7 - 1　经济发展与环境退化之关系

境库兹涅茨曲线。它通过制定环境标准、去除有害的环境补贴等政策手段，使曲线变得平缓，环境恶化的峰值降低。C 为部分消除环境成本的环境库兹涅茨曲线。它通过明晰产权、成本内化及去除有害的环境补贴，使曲线峰值进一步降低，经济发展对环境的破坏水平降到较低限度，有效地防止经济发展过程中对环境的不可逆破坏。李树对三根曲线影响因素的分析值得商榷，但是，这三根曲线代表一个地区的可能命运。曲线 A 和 B 的峰值均超过生态不可逆阈值，如果放任该曲线的走势，该地区的环境状态就会陷入不可恢复的境地。当地居民经营的农地、渔场就会成为废弃地，他们建设的家园就会变得一文不值，他们也就成了“环境难民”。曲线 C 虽然有一段上升期，但是在生态不可逆阈值之下实现了环境的好转，避免生态环境的彻底破坏。

　　研究环境库兹涅茨曲线的实践目的就是要将社会中的环境发展趋势从 A 状态转向 C 状态。研究表明，曲线 A 并不会自动向曲线 C 转变，因为对大多数的企业来说，治理污染就是一种负担，它们存在规避治理责任的动机。如果没有外界的硬约束，它们就会将这种动机转化为行为。因此，转变的关键是培育环境治理力量，让他们有能力、有动力去实施环境治理行为，去遏制环境污染行为。

环境库兹涅茨曲线的微观基础研究，既可以深化原有的关于经济增长和环境质量变迁关系的研究，也符合中国社会的现实需求。从宏观层面上说，环境库兹涅茨曲线的研究是生态文明建设研究的一部分。生态文明是我国当前发展的理论指南，具有丰富的理论内涵。它要求政治、经济、社会、文化与生态系统相适应，避免生态环境的崩溃。环境库兹涅茨曲线微观研究关注的不是它的形状，而是寻找"少走弯路、减少代价"的办法，避免环境进入不可逆转的阶段。可见，研究环境库兹涅茨曲线与生态文明建设存在内在的一致性。从微观层面上说，环境库兹涅茨曲线微观研究可以实现环境正义和社会正义的双重目标，重点关注环境污染力量和环境治理力量之间的冲突。这种冲突既关系到社会正义，也关系到环境变迁。笔者的目标就是：在保证环境质量水平的条件下，维护社会各主体的正当权益。实现这个目标要求人们应该对自己行为的外部效应负责，不管这个外部效应是由环境还是由社会的其他主体承担。

宏观环境是人类的环境。人类对环境的不合理索取将导致环境资源的不可持续。微观环境是社区的环境，社区成员不合理使用环境资源也将导致周围生存环境的退化。对于环境污染者来说，他们的财富增长增加了自由，但应以不妨碍他人的生产和生活、不破坏环境资源为界。对于环境治理者来说，应该积极制约环境污染者的行为，保护环境的健康，保证居民的环境质量。维护环境正义也就消除了社会不公的一大来源。维护社会正义也有助于遏止环境非正义的行为。两者在微观的事件中能够得到统一。

第二节　研究发现

在引论中，笔者提出了三个研究命题，分别是：

命题1，地方官员与企业主之间的依赖关系导致企业非法排污行为的"合法化"。

命题2，村民与企业之间的竞争关系导致企业推卸在环境事务上的社会责任。

命题3，地方政府与村民之间的管制关系阻碍村民环境正义的实现。

经过前面的分析，笔者基本上证明了上述的命题，但还是觉得比较粗糙。如果将上述命题这样描述可能更为恰当，描述如下。

第一，在财政制度和以总量经济指标为核心的政绩考核制度的压力下，地方官员依赖于企业主的经济动力，污染企业为了降低排污成本依赖于地方官员的公共权力。双方相互依赖的关系导致了立法机关制定的法律轻软和行政机关的执法松懈，也导致污染企业非法排污行为的常态化、理性化，或者说，非法行为的"合法化"。

第二，企业主与村民缺乏社会联系，选择了"与村民在环境资源使用上进行竞争"的行为策略。村民的弱小导致其凭借自身力量难以遏止污染企业的非法排污行为，结果就是，污染企业在社区的环境事务上表现出"卸责行为"。

第三，面对受到伤害的事实，村民确实做了环境维权的努力，但是正式制度框架内的环境维权行为不能满足村民的社会正义要求，而激进的环境维权行为受到地方政府的管制。结果是，村民如果选择沉默，就不能实现环境正义和社会正义；如果选择激进抗争，就会导致两败俱伤的后果。

当然，如果地方政府能够公正处理环境纠纷，污染受害者可以获得环境正义和社会正义，污染企业也可以获得应有的环境资源使用权。但是，现实生活中往往找不到这个平衡点，甚至走向反面。由于居民缺乏自下而上的监督权和选举权难以束缚地方政府的行为，而上级政府（不是指中央政府）同样受到财政考核的压力，对下级政府的考核，除经济指标和群体性事件外，采取的是一种宽松的考核制度，因此，地方政府在环境决策中有较大的行政裁量空间。环境法制的不健全和以总体效率为导向的政府行为使得执法机构没有提供公正的服务，使得污染受害者的环境维权过程艰苦而又漫长，维权成本昂贵。村民要么诉诸暴力，两败俱伤，要么接受令人心酸和无奈的协商或诉讼结果。两者都不利于社会的和谐。

经过研究，笔者还发现以下几点。

第一，环境规划和污染企业布局的重要性。环境规划是避免环境纠纷、保护地区生态环境和保证最低环境质量的根本之举。在环境规划的前提下，合理安排污染企业的地理位置，尽量避免其与村民争夺环境资源，既能保证企业的经济自由，也能保证公民的生活质量。

第二，环保主体。以农业（特别是养殖业、种植业和捕捞业者）为职业的生产者和与污染源相邻的居住者是乡村环境保护的坚定力量。环境污染行为的产生与环境知识、意识的高低没有必然联系。在外来污染类型中，社会地位、收入高低并不影响环境维权的参与程度，党员和公职人员、高收入者反而是消极的参加者；村干部很可能成为反环境维权的力量。空间距离、文化程度、公益精神是重要的因素。

第三，提高社会组织化水平有助于环境维权目标的实现，但组织化程度与维权的社会成本关系复杂。组织化程度低时，出现一些小规模的维权方式。对这些维权者来说，他们承担了大部分的维权成本，但收益是共享的，是大部分群众搭"个别人"的便车。如果维权行动没有最终结果，大部分的沉默者也无法分享收益。当组织化程度高时，维权成本找到了一个合理的分摊方法，因此，可能出现大规模的维权行为。由于责任分摊范围扩大，维权个体成本较小，因此，维权参与者的人数就相应增多，构成一个良性循环。

第四，环境科研的重要。如果发生环境纠纷，最关键的信息就是污染物与损失之间的因果关系，以及损失量的大小。环境保护科技可以服务于环境规划、企业布局、环境影响评价、环境检测、污染损失估计和环境治理等活动。由于科学研究结果的客观性和可验证性，用科研结论解决环境纠纷中的矛盾，才能彻底解决环境问题，消除社会争论。但是，目前环境科研与实际需要存在脱节现象，笔者建议从排污费或者环境税中抽取一定比例的资金作为环境事故赔偿基金和环境科技基金。后者用来向大学、研究所、检测中心和环境评价单位等机构招标，以研究国家的环境标准、污染物的影响参数及其治理方法。

第五，恶性环境事件可以避免。以公平为导向的环境执法，是避免恶性环境事件发生的根本。在发展的大背景下，环境公平只能保证"最低环境质量标准"。环境冲突的强度与政府环境执法的公正程度和提供环境信息的完整程度直接关联。只要构建环境纠纷沟通平台，利益方就各自的诉求、愿望和能力在同一个平台中相互沟通，大部分恶性环境事件是可以避免的。

最后应该说明的是，环境问题很复杂，需要多学科通力合作。环境自然科学研究包括以下方面：各地区的环境容量；生产技术的环保标准、生态补偿标准；清洁生产技术和污染治理技术；环境质量对人们健康的影响等。环境社会科学的研究范围包括：研究人类的环境意识对环境行为的影响；如何保证环境政策的执行；在环境容量的限制下，如何进行环境资源的合理配置；出现环境纠纷时，如何公正合理地得以处理；如何发扬保护环境的传统文化；如何提高环境教育的效果，使人们自觉表现出保护环境的行为等。社会学以实证研究见长，因此环境社会学应该更多地关注现实生活中人们的环境行为和环境纠纷，特别是环境纠纷。通过环境纠纷的研究，环境社会学可以发现哪些主体是环境保护的坚实力量，也可以弄清楚环境科学（自然科学）、政治力量、社会力量、市场力量在环境保护中的表现和作用。通过微观的细致研究，环境社会学还可以获得环境法规的运行轨迹，认识居民的环境价值观、环境正义观、社会正义观等，由此获得关于环境纠纷的运作逻辑，为环境治理提供切实的帮助。

参考文献

一　中文部分

阿罗:《社会选择:个性与多准则》,钱晓敏、孟岳良译,首都经济贸易大学出版社,2000。

安妮·克鲁格等:《"意愿很好,努力不够,失败很多"——新兴市场国家的制度改革》,《经济社会体制比较》2004年第3期。

阿玛蒂亚·森:《以自由看待发展》,任赜、于真译,中国人民大学出版社,2002。

奥尔森:《集体行动的逻辑》,陈郁等译,上海三联书店/上海人民出版社,1995。

埃莉诺·奥斯特罗姆、拉里·施罗德、苏珊·温:《制度激励与可持续发展:基础设施政策透视》,陈幽泓等译,上海三联书店,2000。

奥斯特罗姆:《公共事物的治理之道——集体行动制度的演进》,余逊达、陈旭东译,上海三联书店,2000。

奥托兰诺:《环境管理与影响评价》,郭怀成、梅凤乔译,化学工业出版社,2004。

巴泽尔:《产权的经济分析》,费方域、段毅才译,上海人民出版社,1997。

贝克尔:《人类行为的经济分析》,王业宇、陈琪译,上海三联书店/上海人民出版社,1995。

宾默尔:《博弈论与社会契约:公平博弈》,王小卫、钱勇译,上海财经大学出版社,2003。

布迪厄、华康德：《实践与反思》，李猛、李康译，中央编译出版社，2004。

布劳：《社会生活中的交换与权力》，孙非、张黎勤译，华夏出版社，1988。

鲍学杰：《关于对环境污染纠纷仲裁的质疑——对〈关于进一步加强环境监测工作的决定〉中存在问题的看法》，《中国环境监测》1996年第2期。

蔡守秋：《中国环境监测机制的历史、现状和改革》，《宏观质量研究》2013年第2期。

陈阿江：《水域污染的社会学解释——东村个案研究》，《南京师大学报》（社会科学版）2000年第1期。

陈东、王良健：《环境库兹涅茨曲线研究综述》，《经济学动态》2005年第3期。

陈国富主编《委托–代理与机制设计：激励理论前沿专题》，南开大学出版社，2003。

陈华文、刘康兵：《经济增长与环境质量：关于环境库兹涅茨曲线的经验分析》，《复旦学报》（社会科学版）2004年第2期。

陈晶晶：《村边的化工厂何时让人放心》，《中国普法网》2003年10月13日。

陈玲玲等：《剧烈人类活动区经济发展与环境污染水平关系——以广东省东莞市为例》，《生态环境学报》2014年第2期。

陈强：《F省最大污染赔偿案开审　千余村民状告企业污染》，《中国青年报》2003年7月18日。

陈王琨、范纲祥：《社区环境政策：守望桃花源》，淑馨出版社，1997。

陈雯：《环境库兹涅茨曲线的再思考——兼论中国经济发展过程中的环境问题》，《中国经济问题》2005年第5期。

陈晓宇：《X区财政支出结构问题研究》，硕士学位论文，浙江大学公共管理系，2004。

慈继伟：《正义的两面性》，三联书店，2001。

笪素林、李志宇：《转型期乡镇政府的双重角色与制度创新》，《江苏社会科学》1997 年第 6 期。

丁品：《减速提效益 和谐促发展 杭州市 X 区重新规划定位工业园区功能》，《中国环境报》2005 年 4 月 15 日。

丹尼尔·科尔曼：《生态政治》，梅俊杰译，上海译文出版社，2002。

德维利耶：《水——迫在眉睫的生存危机》，严维明译，上海译文出版社，2001。

恩格斯：《自然辩证法》，于光远等译编，人民出版社，1984。

范例：《环境保护中的利益博弈研究——以长寿湖渔业养殖污染为例》，硕士学位论文，重庆大学环境工程系，2005。

方萍：《谁该为环境污染"埋单" F 省最大宗环境污染赔偿案的背后》，《人民法院报》2003 年 8 月 7 日。

费孝通：《从小城镇到开发区》，江苏人民出版社，1999。

费孝通：《乡土中国 生育制度》，北京大学出版社，1998。

费孝通：《江村经济：中国农民的生活》，戴可景译，商务印书馆，2001。

弗罗门：《经济演化》，李振明等译，经济科学出版社，2003。

饭岛伸子：《环境社会学》，包智明译，社会科学文献出版社，1999。

高金龙、徐丽媛：《中外公众参与环境保护的立法比较》，《江西社会科学》2004 年第 3 期。

高晓露：《完善中国环境管理体制的法律思考——云南铬渣污染事件引发的深思》，《财政监督》2011 年第 10 期。

顾金土：《环境污染损失评价框架探讨》，载《中国环境管理丛书》，长春出版社，2004。

顾金土：《乡村资源开发与环境保护》，载《农村社会管理学》，中国农业出版社，2004。

宫本宪一：《环境经济学》，朴玉译，三联书店，2004。

何海宁：《一个小山村的环保艰辛路》，《南方周末》2004 年 9 月 16 日。

何文初：《环境污染纠纷中的过激行为评析》，《邵阳师范高等专科学校学报》2001 年第 6 期。

贺雪峰、仝志辉：《论村庄社会关联——兼论村庄秩序的社会基础》，《中国社会科学》2002 年第 3 期。

洪大用、马芳馨：《二元社会结构的再生产——中国农村面源污染的社会学分析》，《社会学研究》2004 年第 4 期。

洪大用：《当代中国社会转型与环境问题——一个初步的分析框架》，《东南学术》2000 年第 5 期。

洪大用：《环境公平：环境问题的社会学观点》，《浙江学刊》2001 年第 4 期。

洪大用：《社会变迁与环境问题》，首都师范大学出版社，2001。

洪大用：《西方环境社会学研究》，《社会学研究》1999 年第 2 期。

洪大用：《中国社会转型中的环境问题及其对策研究》，博士学位论文，中国人民大学社会学系，1999。

洪乌金：《如何创办乡镇工业小区》，《乡镇企业研究》1996 年第 1 期。

侯佳儒：《论我国环境行政管理体制存在的问题及其完善》，《行政法学研究》2013 年第 2 期。

胡必亮、郑红亮：《中国的乡镇企业与乡村发展》，山西经济出版社，1996。

胡必亮：《中国村落的制度变迁与权力分配》，山西经济出版社，1996。

胡雪良、叶宏军：《X 区政府表示要铁腕治理污染企业》，《市场报》2004 年 12 月 17 日。

胡雪良、叶宏军：《Q 江××段化工污染调查：鱼米之乡 VS 癌症高发村——母亲河告急》，《市场报》2004 年 11 月 26 日。

黄渭、李长灿：《大限将至　X 区 N 镇化工园变本加厉顶风排污》，《今日早报》2005 年 6 月 23 日。

黄晓慧：《论环境影响评价制度的移植异化——以粤港两个案例的比较为视角》，《广东社会科学》2014 年第 3 期。

黄裕侃：《浙江批评三环评单位》，《中国环境报》2005 年 4 月

20 日。

黄宗智：《中国农村的过密化与现代化：规范认识危机与出路》，上海社会科学院出版社，1992。

哈耶克：《个人主义与经济秩序》，邓正来译，三联书店，2003。

哈耶克：《科学的反革命：理性滥用之研究》，冯克利译，译林出版社，2003。

哈耶克：《经济、科学与政治：哈耶克思想精粹》，冯克利译，江苏人民出版社，2000。

H. 培顿·扬：《个人策略与社会结构——制度的演化理论》，王勇译，上海三联书店/上海人民出版社，2004。

纪骏杰：《环境正义：环境社会学的规范性关怀》，第一届环境价值观与环境教育学术研讨会（台湾），1996。

贾康、白景明：《县乡财政解困与财政体制创新》，《财税与会计》2002 年第 5 期。

姜晓萍、陈昌岑主编《环境社会学》，四川人民出版社，2000。

蒋中意：《蔬菜病因至今难以确定》，《X 市日报》2005 年 1 月16 日。

金鑫等：《南京市社会环境检测机构管理措施与成效分析》，《中国资源综合利用》2015 年第 1 期。

吉尔兹：《地方性知识》，王海龙、张家瑄译，中央编译出版社，2000。

吉登斯：《现代性的后果》，田禾译，译林出版社，2000。

捷尔吉·塞尔等：《技术、生产、消费与环境》，《国际社会科学杂志》（中文版）1995 年第 2 期。

康晓光、韩恒：《分类控制：当前中国大陆国家与社会关系研究》，《社会学研究》2005 年第 6 期。

孔祥舵：《试论我国环境影响评价法律制度的不足与完善》，载《环境执法研究与探讨》，中国环境科学出版社，2005。

库珀：《协调博弈——互补性与宏观经济学》，张军、李池译，中国人民大学出版社，2001。

科尔曼：《社会理论的基础》，邓方译，社会科学文献出版社，1999。

柯武刚、史漫飞：《制度经济学——社会秩序与公共政策》，韩朝华译，商务印书馆，2000。

郎友兴：《商议性民主与公众参与环境治理：以浙江农民抗议环境污染事件为例》，转型社会中的公共政策与治理国际学术研讨会，2005。

李侃如：《中国的政府管理体制及其对环境政策执行的影响》，《经济社会体制比较》2011年第2期。

李培林等：《中国小康社会》，社会科学文献出版社，2003。

李培林：《村落的终结：羊城村的故事》，商务印书馆，2004。

李培林：《理性选择理论面临的挑战及其出路》，《社会学研究》2001年第6期。

李培林：《再论"另一只看不见的手"》，《社会学研究》1994年第1期。

李培林：《中国乡村里的都市工业》，《社会学研究》1995年第1期。

李树：《降低环境库兹涅茨曲线峰值的政策措施》，《生态经济》2005年第10期。

李万新：《中国的环境监管与治理——理念、承诺、能力和赋权》，《公共行政评论》2008年第5期。

李文钊：《环境管理体制演进轨迹及其新型设计》，《改革》2015年第4期。

李艳芳：《公众参与环境影响评价制度研究》，中国人民大学出版社，2004。

李义、王建荣：《陕西省生态环境与经济发展相关性分析》，《统计与决策》2002年第6期。

李友梅、刘春燕：《环境社会学》，上海大学出版社，2004。

李周、包晓斌：《中国环境库兹涅茨曲线的估计》，《科技导报》2002年第4期。

李周、孙若梅：《中国环境问题》，河南人民出版社，2000。

李周等：《乡镇企业与环境污染》，《中国农村观察》1999 年第
　　3 期。

林南：《地方性市场社会主义：中国农村地方法团主义之实际运
　　行》，《国外社会学》1996 年 5~6 期。

林世钰：《一个村庄的命运》，《检察日报》2003 年 4 月 25 日。

凌亢、王浣尘、刘涛：《城市经济发展与环境污染关系的统计研
　　究——以南京市为例》，《统计研究》2001 年第 10 期。

刘长喜、王利民：《乡镇社区的当代变迁：苏南七都》，上海人民
　　出版社，2002。

刘建福、李青松：《环评机构从经济独立到评价独立方法研究》，
　　《工业安全与环保》2015 年第 3 期。

刘绍仁：《知情权得到有多难》，《中国环境报》2002 年 4 月
　　13 日。

刘天齐：《环境经济学》，中国环境科学出版社，2003。

陆虹：《中国环境问题与经济发展的关系分析——以大气污染为
　　例》，《财经研究》2000 年第 10 期。

陆书玉主编《环境影响评价》，高等教育出版社，2001。

陆学艺主编《当代中国社会阶层研究报告》，社会科学文献出版
　　社，2002。

吕涛：《环境社会学研究综述——对环境社会学学科定位问题的讨
　　论》，《社会学研究》2004 年第 4 期。

吕玉海：《小学生环境素质教育状况分析》，《首都师范大学学报》
　　（自然科学版）2004 年第 3 期。

拉丰、马赫蒂摩：《激励理论：委托－代理模型》，陈志俊等译，
　　中国人民大学出版社，2002。

拉丰、梯若尔：《政府采购与规制中的激励理论》，石磊、王永钦
　　译，上海三联书店/上海人民出版社，2004。

拉丰：《激励理论》，北京大学出版社，2001。

拉丰：《激励理论的应用》，北京大学出版社，2001。

兰德尔：《资源经济学》，施以飞译，商务印书馆，1989。

罗尔斯:《正义论》,何怀宏等译,中国社会科学出版社,1988。

马丽梅等:《中国雾霾污染的空间效应及经济、能源结构影响》,《中国工业经济》2014 年第 4 期。

马世骏等:《社会—经济—自然复合生态系统》,《生态学报》1984 年第 1 期。

毛丹:《一个村落共同体的变迁》,学林出版社,2000。

麦金尼斯主编《多中心治道与发展》,毛寿龙等译,上海三联书店,2000。

缪勒:《公共选择理论》,杨春学等译,中国社会科学出版社,1999。

孟德拉斯:《农民的终结》,李培林译,中国社会科学出版社,1991。

聂国卿:《我国转型时期环境治理的经济分析》,《生态经济》2001 年第 11 期。

聂国卿:《我国转型时期环境治理的政府行为特征分析》,《经济学动态》2005 年第 1 期。

诺伊迈耶:《强与弱——两种对立的可持续性范式》,王寅通译,上海译文出版社,2002。

潘绥铭、黄盈盈、李楯:《中国艾滋病"问题"解析》,《中国社会科学》2006 年第 1 期。

庞皎明:《绿色 GDP:在部委争议中被"乌托邦化"》,《商务周刊》2005 年第 12 期。

彭本利、李爱年:《新〈环境保护法〉的亮点、不足与展望》,《环境污染与防治》2015 年第 4 期。

郄建荣:《X 区的发达与 N 镇的污染》,《中国环境报》2005 年 5 月 16 日。

秦晖、苏文:《田园诗与狂想曲:关中模式与前近代社会的再认识》,中央编译出版社,1996。

秦晖:《"大共同体本位"与传统中国社会》(上、中、下),《社会学研究》1999 年第 3、4、5 期。

丘昌泰:《剖析我国公害纠纷》,淑馨出版社,1995。

曲格平:《中国的工业化与环境保护》,《战略与管理》1998 年第

2 期。

青木昌彦：《比较制度分析》，周黎安译，上海远东出版社，2001。

汝信等主编《2004 年：中国社会形势分析与预测》，社会科学文献出版社，2004。

邵文其、陶晨主编《高中环境素质教育》，中国环境科学出版社，2003。

沈殿忠主编《环境社会学》，辽宁大学出版社，2004。

沈满洪：《论环境经济手段》，《经济研究》1997 年第 10 期。

沈满洪、许云华：《一种新型的环境库兹涅茨曲线——Z 省工业化进程中经济增长与环境变迁的关系研究》，《浙江社会科学》2000 年第 4 期。

沈满洪：《环境经济手段研究》，中国环境科学出版社，2001。

宋波：《改革和完善现行领导干部政绩考核制度》，《理论前沿》1997 年 15 期。

宋元：《Z 省 D 市环保纠纷冲突真相》，《凤凰周刊》2005 年第 13 期。

苏国勋：《理性化及其限制：韦伯思想引论》，上海人民出版社，1988。

孙立平：《“过程—事件”分析与当代中国国家—农民关系的实践形态》，载《清华社会学评论》特辑，鹭江出版社，2000。

孙立平：《机制与逻辑：关于中国社会稳定的研究》，载《转型与断裂：改革以来中国社会结构的变迁》，清华大学出版社，2004。

孙立平：《实践社会学与市场转型过程分析》，《中国社会科学》2002 年第 5 期。

孙长学：《政府作为与资源环境可持续发展》，《经济体制改革》2006 年第 1 期。

单昌瑜：《××市政府召开王村工业功能区整治工作专题会议》，《D 市日报》2005 年 4 月 16 日。

斯科特：《农民的道义经济学：东南亚的反叛与生存》，程立显等译，译林出版社，2001。

斯威德伯格：《经济学与社会学——研究范围的重新界定：与经济学家和社会学家的对话》，安佳译，商务印书馆，2003。

斯乌利：《理性选择理论在比较研究中的不足》，《国外社会学》2000年第1期。

萨谬尔森、诺德豪斯：《经济学》，萧琛等译，华夏出版社，1999。

谭柏平：《生态城镇建设中环境邻避冲突的源头控制——兼论环境影响评价法律制度的完善》，《北京师范大学学报》（社会科学版）2015年第2期。

汤敏、茅于轼主编《现代经济学前沿专题》，商务印书馆，1989。

陶传进：《环境治理：以社区为基础》，社会科学文献出版社，2005。

田国强：《激励、信息与经济机制》，北京大学出版社，2000。

田国强：《经济机制理论：信息效率与激励机制设计》，载《现代经济学与金融学前沿发展》，商务印书馆，2002。

田宪臣：《诺顿环境实用主义思想研究》，河南人民出版社，2010。

汪建红、王芝平主编《初中环境素质教育》，中国环境科学出版社，2003。

汪劲：《中国环境法治三十年：回顾与反思》，《中国地质大学学报》（社会科学版）2009年第5期。

王铂：《国际贸易对福建省劳工标准的影响研究》，《东南学术》2013年第6期。

王灿发、许可祝：《中国环境纠纷的处理与公众监督环境执法》，《环境保护》2002年第5期。

王灿发：《环境违法成本低之原因和改变途径探讨》，《环境保护》2005年第9期。

王灿发：《论我国环境管理体制立法存在的问题及其完善途径》，《政法论坛》2003年第4期。

王灿发：《重大环境污染事件频发的法律反思》，《环境保护》2009年第17期。

王灿发主编《环境纠纷处理的理论与实践》，中国政法大学出版社，2002。

王芳：《环境纠纷与冲突中的居民行动及其策略——以上海 A 城区为例》，《华东理工大学学报》（社会科学版）2005 年第 3 期。

王俊秀：《环境社会学的出发：让故乡的风水有面子》，桂冠图书公司，1994。

王俊秀：《环境社会学的想象》，巨流图书公司，2001。

王曦、邓旸：《从"统一监督管理"到"综合协调"——〈中华人民共和国环境保护法〉第 7 条评析》，《吉林大学社会科学学报》2011 年第 6 期。

王耀先、李炜、杨明明、洪大用：《建立环境素质评估指标体系提高公众环境素质》，《环境保护》2011 年第 6 期。

王子彦：《日本的环境社会学研究》，《北京科技大学学报》（社会科学版）1999 年第 4 期。

魏皓奋：《三年内鄥村开发区摘掉"化工"帽子 X 区治理污染下狠招》，《今日早报》2005 年 6 月 16 日。

翁国娟：《谁使你如此满目疮痍？——Z 省 H 镇工业园污染状况实录》，《中国化工报》2004 年 10 月 19 日。

翁永孟：《论地方政府的征地动力及制度成因》，《浙江海洋学院学报》（人文科学版）2004 年第 1 期。

吴高强：《坚持原则 实事求是 公开透明 科学论证》，《D 市日报》2005 年 4 月 21 日。

吴高强：《相信科学 依法行政 抓紧抓实环保整治》，《D 市日报》2005 年 4 月 17 日。

吴毅：《村治变迁中的权威与秩序：20 世纪川东双村的表达》，中国社会科学出版社，2002。

吴玉萍、董锁成、宋键峰：《北京市经济增长与环境污染水平计量模型研究》，《地理研究》2002 年第 2 期。

威廉森：《治理机制》，王健等译，中国社会科学出版社，2001。

夏光：《环境污染与经济机制》，中国环境科学出版社，1992。

熊小青：《人的生存旨趣与环境正义的理性解读》，《赣南师范学院学报》2005 年第 1 期。

徐嵩龄主编《环境伦理学进展：评论与阐释》，社会科学文献出版社，1999。

许宝强、渠敬东选编《反市场的资本主义》，中央编译出版社，2001。

许正中、苑广睿、孙国英：《财政分权：理论基础与实践》，社会科学文献出版社，2002。

薛进军等主编《中国的经济发展与环境问题：理论、实证与案例分析》，东北财经大学出版社，2002。

肖特：《社会制度的经济理论》，陆铭、陈钊译，上海财经大学出版社，2003。

杨春：《张村旁的化工厂》，《新闻调查》2003 年 4 月 12 日。

杨帆、许庆豫：《高校环境教育的一种路径：基于自尊与环境素质的关系》，《扬州大学学报》（高教研究版）2015 年第 1 期。

杨继涛：《知识、策略及权力关系再生产——对鲁西南某景区开发引起的社会冲突的分析》，《社会》2005 年第 5 期。

杨建民：《还我们青山绿水》，《方圆》2002 年第 3 期。

姚洋：《当代中国问题的复杂性》，见"经济演化与复杂性分析"网站，网址：http://web. cenet. org. cn/web/keyouxz/。

叶俊荣：《环境政策与法律》，中国政法大学出版社，2003。

叶文虎：《环境管理学》，高等教育出版社，2000。

尹常庆、尹常健：《在环境损害赔偿案中司法鉴定的作用》，《中国司法鉴定》2005 年第 3 期。

尹卫国：《扶贫岂能引进污染项目》，《中国信息报》2005 年 3 月 31 日。

於方等：《如何推进环境损害评估鉴定与赔偿修复》，《环境保护》2010 年第 8 期。

袁岳霞、张润昊：《经济学视角的环境问题及其解决》，《襄樊学院学报》2004 年第 4 期。

约翰·奈斯比特、帕特里夏·阿伯迪妮：《大趋势：改变我们生活的十个方向》，梅艳译，中国社会科学出版社，1984。

翟学伟：《中国人行动的逻辑》，社会科学文献出版社，2001。

张平：《十分关注——周末人物：农妇韦女士》，2004 年 12 月 17 日。

张红振等：《环境损害评估：国际制度及对中国的启示》，《环境科学》2013 年第 5 期。

张红振等：《环境损害评估：构建中国制度框架》，《环境科学》2014 年第 10 期。

张建、许志娟：《探析加强环境监测管理的方式》，《北方环境》2012 年第 4 期。

张静：《基层政权：乡村制度诸问题》，浙江人民出版社，2000。

张可、王娟：《江苏公布 6 起新环保法典型案例　溧阳一企业受罚最重》，《扬子晚报》2015 年 4 月 30 日。

张明星：《嘉兴水污染事件深层原因　跨界污染为何反复发生》，《今日早报》2005 年 7 月 11 日。

张维迎：《博弈论与信息经济学》，上海人民出版社/上海三联书店，1996。

张晓：《中国环境政策的总体评价》，《中国社会科学》1999 年第 3 期。

张兴奇、秋吉康弘、黄贤金：《日本琵琶湖的保护管理模式及对江苏省湖泊保护管理的启示》，《资源科学》2006 年第 6 期。

张医生：《F 省 P 县地方政府个别领导野蛮粗暴的行为——怎不值得关注!》，2004 年 8 月 7 日。

张医生：《悲哀吗？成了"环保"牺牲品!》，2004 年 10 月 23 日。

张玉林、顾金土：《谁是环境污染最大的受害者——论环境污染背景下的"三农问题"》，《经济管理文摘》2003 年第 11 期。

张远峰：《当前规划环境影响评价遇到的问题及对策分析》，《资源节约与环保》2015 年第 1 期。

郑易生、钱薏红：《深度忧患——当代中国的可持续发展问题》，今日中国出版社，1998。

郑玉歆主编《环境影响的经济分析——理论、方法与实践》，社会科学文献出版社，2003。

中国社会科学院环境与发展研究中心编《中国环境与发展评论》

（第 2 卷），社会科学文献出版社，2004。

钟志鲲：《治污，需要各方的共同努力——来自 P 县氯化钾厂环保问题的调查》，《F 省·环境与发展》2003 年 4 月 23 日。

周福庆：《县级站环境影响评价中的问题及对策》，《环境保护》1994 年第 5 期。

周晓虹：《传统与变迁——江浙农民的社会心理及其近代以来的嬗变》，三联书店，1998。

周益：《污染引发冲突事件调查××镇一年生了 5 个怪胎》，《周末报》2005 年 4 月 27 日。

周长城：《理性选择理论及其研究》，《国外社会学》2000 年第 1 期。

庄进源：《环境保护新论》，淑馨出版社，1993。

左玉辉主编《环境社会学》，高等教育出版社，2003。

曾国金：《城市总体规划环境影响评价研究》，《中国高新技术企业》2014 年第 7 期。

詹姆士：《实用主义》，陈羽纶、孙瑞禾译，商务印书馆，1979。

二 英文文献

Becker. G. S. ，"A Theory of Competition among Pressure Groups for Political Influence," *Quarterly Journal of Economics* 98（1983）.

Becker. G. S. ，*The Approach to Human Behavior*（Chicago：Universitv of Chicago Press，1976）.

Buttel F. H. ，"Age and Environmental Concern：A Multivariate Analysis," *Youth&Society* 10（1979）.

Charles L. Harper，*Food，Society，and Environment*（Bloomington：Trafford Publishing，2007）.

Charles L. Harper，*Environment and Society：Human Perspectives on Environmental Issues*（New Jersey：Prentice Hall，2003）.

Charles L. Harper，and Kevin T. Leicht，*Exploring Social Change*（New Jersey：Prentice Hall，2010）.

Craig R. Humphrey, Tammy L. Lewis, and Frederick H. Buttel. *Environment, Energy, and Society* (Belmont, CA: Wadsworth Thomson Learning, 2001).

David Goldblatt, *Knowledge and the Social Sciences : Theory, Method, Practice* (London: Routledge, 2004).

David Goldblatt, *Social Theory and the Environment* (Cambridge: Polity Press, 1996).

David Goodman, and Redclift M. , *The International Farm Crisis* (New York: St. Martin's Press, 1989).

David Goodman, *Refashioning Nature : Food, Ecology and Culture* (London: Routledge, 1991).

David Goodman, *from Peasant to Proletarian : Capitalist Development and Agrarian Transitions* (New York: St. Martin's Press, 1982).

Dodd, "For Whom are Corporate Managers Trustees?" *Harvard Law Review*45 (1932).

Douglass C. North, *Institution, Institutional Change and Economic Performance* (Cambridge: Cambridge University Press, 1990).

Edward A. Page, and Michael Redclift, "Human Security and the Environment: International Comparisons," *Global Environmental Change* (2002).

Gene M. Grossman, and Alan B. Krueger, "Economic Growth and the Environment," *Quarterly Journal of Economics* 2 (1995).

Gene M. Grossman, and Alan B. Krueger, "Environmental Impacts of a North American Free Trade Agreement," in Peter Garber, ed. , *The U. S. Mexico Free Trade Agreement* (Cambridge: MIT Press, 1994).

Gloria E. Helfand and L. James Peyton, "A Conceptual Model of Environmental Justice," *Social Science Quarterly* 1 (1999).

Hedstrom, "Rational Choice and Social Structure: On Rational Choice Theorizing Sociology," in B. Wittrock, ed. , *Social Theory and*

Human Agency (London: Sage, 1996).

Henk De Haan, Babis Kasimis and Michael Redclift, eds. , *Sustainable Rural Development* (Aldershot Brookfield: Ashgate, 1997).

James M. Buchanan, *The Limits of Liberty: Between Anarchy and Leviathan* (Chicago: University of Chicago Press, 1975).

James E. Alt et al. , *Competition and Cooperation: Conversations with Nobelists about Economics and Political Science* (New York: Russell Sage Foundation, 1999).

John Barry, *Environment and Social Theory* (London New York: Routledge, 1999).

Jon Elster, *Nuts and Bolts for the Social Sciences* (Cambridge: Cambridge University Press, 1989).

Jon Elster, *The Cement of Society: A Study of Social Order* (Cambridge: Cambridge university press, 1989).

John H. Goldthorpe, "The Quantitative Analysis of Large Scale Data Sets and Rational Action Theory," *European Sociological Review* 12 (1996).

John Hannigan, *Environmental Sociology : A Social Constructionist Perspective* (London: Routledge, 1995).

Joan DeBardeleben and John Hannigan, ed. , *Environmental Security and Quality after Communism: Eastern Europe and the Soviet Successor States* (Boulder: Westview Press, 1994).

Jun jing, "Environmental Protests in Rural China," in Elizabeth J. Perry and Mark Selden, eds. , *Chinese Society: Change, Conflict and Resistance* (London: Routledge, 2000).

Kneese Allen V. and Schulze William D. , "Ethics and Environmental Economics," *Handbook of Natural Resource and Energy Economics*1 (1985).

Mark Granovetter, "Economic Action and Social Structure: The Problem of Embeddedness," *American Journal of Sociology* 91 (1985).

Michael Mayerfeld Bell and Michael S. Carolan, *An Invitation to Environmental Sociology* (Thousand Oaks, Calif. : Pine Forge Press, 2004).

Michael R. Redclift, eds. , *The International Handbook of Environmental Sociology* (Cheltenham : Edward Elgar Publishing, 1997).

Michael Redclift, eds. , *Sustainability : Life Chances and Livelihoods* (London : Taylor & Francis Ltd, 1999).

Ronald S. Burt, *Structural Holes : The Social Structure of Competition* (Cambridge : Harvard University Press, 1992).

Redclift Michael and Graham Woodgate, eds. , *The Sociology of the Environment* (Cheltenham : Edward Elgar Publishing, 1995).

Redclift M. R. , *Development and the Environmental Crisis : Red or Green Alternatives?* (London : Methuen, 1984).

Redclift M. R. , *Sustainable Development : Exploring the Contradictions* (London : Methuen, 1987).

Riley E. Dunlap and William Michelson, eds. , *Handbook of Environmental Sociology* (Westport, CT : Greenwood Press, 2002).

Riley E. Dunlap, eds. , *Sociological Theory and the Environment : Classical Foundations, Contemporary Insights* (Lanham, Md : Rowman & Littlefield Publishers, 2002).

Rob White, eds. , *Controversies in Environmental Sociology* (Cambridge : Cambridge University Press, 2004).

Routledge Schultz, T. W. *Transforming Traditional Agriculture* (New Haven, Conn : Yale University Press, 1964).

Sen A. , "Rationality and Social Choice," *American Economic Review* 85 (1995).

Sen A. , "The Possibility of Social Choice," *American Economic Review* 89 (1999).

Simon H. A. , *Models of Bounded Rationality* (Cambridge, Mass : MIT Press, 1982).

Sunderlin William D. , *Ideology*, *Social Theory and the Environment* (Lanham: Rowman & Littlefield, 2002).

Yearley S. , *The Green Case : A Sociology of Environmental Issues*, *Arguments*, *and Politics* (London: Routledge, 1991).

后　记

　　选择一个主题，就是选择了一条道路。选择了一条道路，也就选择了社会关系，这决定了你所接触的社会角色和社会个体。我首先选择了社会机制分析方法，然后选择了环境社会学这条道路，并通过各种渠道接触了一些当事人（他们中有学者、村民、环保管理者、律师、地方公务员），也间接接触了污染企业主、媒体记者、环保志愿者和司法人员等。我觉得，这条道路十分艰苦，但又非常坚实。艰苦的原因主要是环境问题总是在人们的责任意识之外，他们关心自己的环境权利，忽视自己相应的环境责任。环境的公共性意味着人们并不能单独获得环境权利，环境的复杂性意味着人类还有很多没有认识到的科学知识。因此，政府可以为此做出环境保护的努力，但也不能保证环境质量。在现实中，获得优良环境资源的人们在于他们占据了优势的政治和经济资源，处于恶劣环境的人们在于他们没有可以运用的政治和经济资源。环境的不公平处处可见。在一个处处讲利益、权利的时代，人们认为环境资源是大自然的恩赐，是来自上天的福利，因此，最不能忍受的就是环境权利方面的不公平。人们对于环境的意识总是错位的。当环境健康时，人们没有意识到它的存在；当环境恶化时，人们方才感觉到它的宝贵、脆弱，但情况往往已经变得极为复杂。因此，环境本身的复杂性和人类认识的复杂性相互交织，这使得环境研究变成一门复杂的学科。坚实的原因主要是乡村环境污染是一个巨大的现实问题。说它巨大是因为个别的研究几乎不影响它的运行轨迹。说它现实是因为环境纠纷矛盾协调需要现实的判断和处理方案。虽然研究方案的科学性需要探讨和争论，但是相关社会主体的耐心是有限度的，他们的反应是理性和感性的综合体，而且前后的行动相互关联形成一根链条，有的案例还会节外生枝，牵涉一些与环境纠纷无关的其他恩怨。不了解这一根或多根链条的关节点和演变轨迹，就不能真正了解环境污染纠纷的表象和实质。因此，环境社会学的案例研究需要较长时段的跟踪，需要我们持久地考察。

本书是我在自己的中国社会科学院研究生院的博士论文基础上，增加了大量新的资料和案例信息，并融合了近年来我对乡村工业污染纠纷的探索和思考而写出的。读博士的三年是我人生发展的重要阶段。我有幸得到景天魁研究员的悉心指导，还有李培林、李汉林、折晓叶、沈崇麟、夏传玲、关信平、洪大用以及答辩老师的指导，也要感谢我的同学宋国恺、尉建文、代堂平、王建光、罗静以及邹珺、王俊秀、邓万春、何健等师兄弟与我的讨论和对我的鼓励。博士论文选题缘起于我与张玉林教授早期合作的一项课题，之后我也一直得到张教授的关心和帮助；日本经济学家都留重人的环境保障制度思想对我思考中国的环境问题有很大的启发；景天魁老师的社会监督课题和社会公正研究对我思考村民的环境正义有多方面的理论和方法支持。在调查过程中，我也得到了许多人的帮助。邵韦夫妇不仅给我详细描述环境纠纷的发生和进展，还带我实地察看污染情况。他们是聪明的、热情的、开朗的。我还在他们家里住了一晚，体验到身处污染环境的滋味。我也听说，那些记者不吃他们的饭，不喝他们的水，有的来去还让邵先生他们接送。韦女士经常与我保持电话联系，交流双方的想法，我还给她介绍了其他环境维权人士。在王村，我听不懂当地的方言，但村民很热情，招呼了几个能讲普通话的人与我交流。第一次我就是以私人的身份前去调查的，他们表现出了适当的谨慎，内在蕴藏着坚定和勇敢。最后，村民还是给了我充分的信任，给我介绍了当时的情景，让我浏览上访材料、判决书和律师咨询意见。是巧合还是必然，我的第二次实地调查经历了 2005 年 8 月 26 日的一次集体抗争。这次抗争的主要原因是政府未能如期将化工厂搬迁完毕，我作为他们的朋友目睹了抗争的整个过程，并进行了深入访谈。张村案例中的张医生与我已经保持了十年的友谊。我折服于他为环境保护殚精竭虑，虽然遭遇重重阻力，但其毅然的态度、高效的行动足以成为我的榜样。由于存在方言上的沟通问题，我请了来自案例所在地的学生协助我整理原始资料，他们是卜玉梅、李亚艳、胡小平、李胜等，在此一并表示感谢，在此也要感谢为本书进行了认真校对的学生们。我要感谢河海大学给予我良好的工作环境，让我可以安心致力于环境问题的研究，并资助本书出版；也感谢公共管理学院领导和社会学系的各位同仁对我的各种关心和支持。

由于我个人能力的限制，看似不起眼的工作占用了我的绝大部分时间，因此，只有无法令人满意的一小部分时间放在家庭生活上。家庭生活是不能中断的，我的家人替我承担了很多的工作，他们就是我的父母、爱人以及兄妹。

最后，我还要以此书纪念韦女士的侄儿和侄媳——邵军夫妇（化名）。2006 年 6 月 5 日，他们没有穿救生衣在 q 江捕鱼，因为一条大船经过，掀起大浪使渔船倾斜，双双落水身亡，年仅 28 岁。4 个月前，我还与他们访谈过。他们本来是不会去江面上打鱼的，只因为村子里卖掉了田地，没有了土地，就上旁边的化工厂打工，可干了两年就化验出得了肝炎，因此不敢再上化工厂打工了，两个人上江面打鱼以维持生活，不到半年就出了事故，留下 6 个月大的儿子。韦女士 86 岁的婆婆眼泪汪汪地说："我丈夫去世的时候最小的儿子才 7 个月，可我可怜的孙子，留下的儿子才 6 个月啊！本来我们农民总是做做吃吃的，不论怎样，总可以在地上种些粮食吃的，可现在连地也没有了，叫我们怎么活呀！"谨此表达生者对亡者的纪念！

顾金土

2015 年 6 月 30 日于清睦学苑

275

图书在版编目（CIP）数据

乡村工业污染的社会机制研究／顾金土著．—北京：社会科学
文献出版社，2016.4
（田野中国）
ISBN 978 - 7 - 5097 - 8674 - 1

Ⅰ.①乡… Ⅱ.①顾… Ⅲ.①乡村 - 工业污染防治 - 研究
Ⅳ.①X322

中国版本图书馆 CIP 数据核字（2016）第 013420 号

·田野中国·

乡村工业污染的社会机制研究

著　　者／顾金土

出 版 人／谢寿光
项目统筹／童根兴
责任编辑／王　莉　杜　敏　任晓霞

出　　版／社会科学文献出版社·社会学编辑部（010）59367159
　　　　　地址：北京市北三环中路甲29号院华龙大厦　邮编：100029
　　　　　网址：www. ssap. com. cn
发　　行／市场营销中心（010）59367081　59367018
印　　装／三河市尚艺印装有限公司

规　　格／开 本：787mm×1092mm　1/16
　　　　　印 张：17.75　字 数：248千字
版　　次／2016 年 4 月第 1 版　2016 年 4 月第 1 次印刷
书　　号／ISBN 978 - 7 - 5097 - 8674 - 1
定　　价／79.00 元

本书如有印装质量问题，请与读者服务中心（010 - 59367028）联系